Knaus

K

LAWRENCE M. KRAUSS

Das größte ABENTEUER der MENSCHHEIT

Vom Versuch, das Universum zu entschlüsseln

Aus dem Englischen von Helmut Reuter

KNAUS

Für Nancy

Hier sind Tränen dem Leid,
und das Herz rührt menschliches Schicksal.
Vergil

INHALT

TEIL III: OFFENBARUNG

PROLOG

Am schwierigsten ist es, das zu sehen, was tatsächlich da ist.

J. A. BAKER, *DER WANDERFALKE*

A*m Anfang war das Licht.*
Doch da war noch mehr, nämlich die Schwerkraft.
Danach brach die Hölle los.

So könnte man die Erzählung des größten geistigen Abenteuers der Menschheitsgeschichte angemessen einleiten. Die Geschichte handelt von der Suche der Wissenschaft, die unserer Erfahrungswelt zugrunde liegenden verborgenen Wirklichkeiten aufzudecken – eine Suche, für die die Spitzenleistungen menschlicher Schöpferkraft und intellektuellen Wagemuts in einem beispiellosen globalen Maßstab aufgeboten werden mussten. Ohne die Bereitschaft, alle Arten von Glaubensüberzeugungen und vorgefassten Meinungen – ob wissenschaftlicher oder anderer Natur – aufzugeben, wäre dieser Prozess nicht möglich gewesen. Die Geschichte ist voller Dramatik und Überraschungen. Sie umfasst den ganzen Bogen der Menschheitsgeschichte; und erstaunlicherweise ist die aktuelle Version noch nicht einmal die letzte, sondern nur ein weiterer Arbeitsentwurf.

Diese Geschichte verdient es, in weit größerem Umfang verbreitet zu werden. In den Staaten der westlichen Welt tragen Teile dieser Story bereits dazu bei, allmählich die Mythen und den Aberglauben zu ersetzen, in denen unwissendere Gesellschaften vor Jahrhunderten oder Jahrtausenden Trost fanden. Dessen ungeachtet wird die jüdisch-christliche Bibel dank der Regisseure George Stevens und David Lean immer noch gelegentlich »die größte Geschichte aller Zeiten« genannt. Diese Bezeichnung ist deswegen so erstaunlich, weil die Bibel als literarisches Werk, selbst wenn man den häufigen Sex und die Gewalt und ein wenig Poesie in den Psalmen berücksichtigt, sich nicht mit den ebenso feurigen, aber weniger gewalttätigen griechischen und römischen Epen wie der *Aeneis* oder der *Odyssee* messen kann – auch wenn die englische Übersetzung der Bibel als Vorbild für viele nachfolgende Bücher gedient hat. Wie auch immer – als Leitfaden zum Verständnis der Welt ist die Bibel erschreckend widersprüchlich und überholt. Und man könnte mit Recht vorbringen, dass als Anleitung für menschliches Verhalten weite Teile davon ans Obszöne grenzen.

In der Wissenschaft ist schon das Wort »heilig« lästerlich. Keine Idee, ob religiös oder anderweitig, bekommt einen Freifahrtschein. Der Höhepunkt der Menschheitsgeschichte ging deshalb nicht mit der Opferung eines Propheten vor 2000 Jahren zu Ende, und auch nicht mit dem Tod eines anderen Propheten 600 Jahre später. Die Geschichte unserer Ursprünge und unserer Zukunft ist eine Erzählung, die ständig weitergesponnen wird. Und diese Geschichte wird im Lauf der Zeit immer interessanter – nicht dank einer Offenbarung, sondern dank des beständigen Vorankommens wissenschaftlicher Entdeckungen.

Diese Geschichte der Wissenschaft schließt – anders, als oft wahrgenommen – auch Poesie und eine tiefe Spiritualität ein. Doch diese Spiritualität weist den zusätzlichen Vorzug auf, dass sie an die reale Welt gebunden ist und nicht weitgehend zu dem Zweck erschaffen wurde, unseren Hoffnungen und Träumen entgegenzukommen.

Die Lektionen unserer nicht von unseren Wünschen, sondern von der Kraft des Experiments geleiteten Erkundungsfahrt ins Unbekannte vermitteln Demut. 500 Jahre Wissenschaft haben die Menschheit von den Ketten der aufgezwungenen Unwissenheit befreit. Gemessen daran: Welche kosmische Anmaßung bildet den Kern der Behauptung, das Universum sei geschaffen worden, damit wir existieren können? Welche Kurzsichtigkeit bildet den Kern der Annahme, das Universum unserer Erfahrung sei für alle Zeiten und Räume kennzeichnend für das Universum?

Diese anthropozentrische, also den Menschen in den Mittelpunkt stellende Sicht ist als ein Ergebnis der Wissenschaftsgeschichte auf der Strecke geblieben. Wodurch wird sie ersetzt? Ist uns in diesem Prozess etwas verloren gegangen, oder haben wir, wie ich erörtern werde, dabei etwas noch Größeres gewonnen?

Bei einer öffentlichen Veranstaltung habe ich einmal gesagt, dass es Aufgabe der Wissenschaft sei, den Menschen Unbehagen zu bereiten. Kurzzeitig bedauerte ich die Bemerkung, weil ich befürchtete, sie würde die Leute abschrecken. Doch es ist eine Tugend und keine Behinderung, sich unbehaglich zu fühlen. Alles in unserer Evolutionsgeschichte hat unser Denken dahingehend geprägt, dass wir uns mit Vorstellungen wohlfühlen, die uns beim Überleben halfen. Dazu gehört etwa die natürliche teleologische Tendenz von Kindern, anzunehmen, Gegenstände seien dazu da, einem Zweck zu dienen. Und dazu gehört auch die weiter gefasste Tendenz, etwas zu anthropomorphisieren und leblosen Objekten Handlungsfähigkeit zuzuschreiben, weil es eindeutig besser ist, ein reaktionsloses Objekt für eine Gefahr zu halten, als eine tatsächliche Gefahr für ein reaktionsloses Objekt.

Die Evolution hat unser Denken nicht darauf vorbereitet, lange oder kurze Zeitskalen oder auch kurze oder weite Entfernungen abzuschätzen, die wir nicht direkt erfahren können. Deshalb ist es kein Wunder, dass bemerkenswerte Entdeckungen wissenschaftlicher Art – etwa die Evolution oder die Quantenmechanik – bestenfalls nicht intuitiv zu begreifen sind und schlimmstenfalls die meisten aus ihrer Komfortzone zerren.

Das ist auch der Grund, weshalb die größte Geschichte aller Zeiten – das größte Abenteuer der Menschheit – so mitteilenswert ist. Die besten Storys fordern uns heraus. Sie bringen uns dazu, dass wir uns anders wahrnehmen und das Bild, das wir von uns und unserer Stellung im Kosmos haben, neu ausrichten. Das gilt nicht nur für die bedeutendste Literatur, Musik und Kunst, sondern auch für die Wissenschaft.

In diesem Sinne ist es bedauerlich, dass der Ansatz, alte Glaubensüberzeugungen durch moderne wissenschaftliche Aufklärung zu ersetzen, oft als »Verlust des Glaubens« dargestellt wird. Wie viel größer als die Geschichte, die wir unseren Kindern erzählt haben, wird die Geschichte sein, die sie werden erzählen können? Der größte Beitrag der Wissenschaft zur Zivilisation ist ganz sicher, dass die großartigsten Bücher nicht die der Vergangenheit, sondern die der Zukunft sein werden.

Jedes Epos vermittelt eine Moral. In unserem Epos stoßen wir darauf, dass wir, wenn wir dem Kosmos gestatten, unser Denken durch empirische Entdeckungen anzuleiten, einen unglaublichen geistigen Reichtum erzeugen können, der das Beste nutzbar macht, was die Menschheit zu bieten hat. Er kann uns Hoffnung auf die Zukunft geben, indem er es uns ermöglicht, mit offenen Augen in die Zukunft zu gehen und mit den Werkzeugen, die notwendig sind, um aktiv daran teilzuhaben.

Mein voriges Buch *Ein Universum aus Nichts* zeigte auf, wie die revolutionären Entdeckungen der letzten 100 Jahre die Art und Weise verändert haben, in der wir unser sich entwickelndes Universum in den größten Maßstäben verstehen. Dieser Wandel hat die Wissenschaft dazu gebracht, die Frage »Warum gibt es etwas und nicht nichts?« – sie war einst religiöses Hoheitsgebiet – direkt aufzugreifen und sie in eine weniger solipsistische und in der Anwendung nützlichere Form zu überführen.

Wie *Ein Universum aus Nichts* ist auch diese Geschichte aus einem meiner Vorträge entstanden. In diesem Fall handelte es sich um eine Vorlesung am Smithsonian Museum in Washington, die damals für einige Aufregung sorgte und mich wieder einmal dazu antrieb, die Ideen, die ich für einen Vortrag ansatzweise entwickelt hatte, weiter auszuarbeiten. Im vorliegenden Buch werde ich jedoch das andere Ende unseres Wissensspektrums erkunden, und dazu dessen ebenso mächtige Implikationen für das Verständnis sehr alter Fragen. Die tief reichenden Veränderungen, die über die letzten 100 Jahre in unserem Verständnis der Natur in ihren kleinsten Maßstäben erfolgten, machen es möglich, auch die ebenso fundamentale Frage »Warum sind wir hier?« mit aufzugreifen.

Wir werden darauf stoßen, dass die Realität nicht das ist, was wir glauben. Unter der Oberfläche finden sich »seltsame«, unsichtbare innere Funktionen, die unserer Intuition zuwiderlaufen und unsere vorgefassten Ansichten von dem, was Sinn ergibt, ebenso in Frage stellen können wie ein Universum, das aus nichts hervorgeht.

Und in Anlehnung an die Schlussfolgerung aus meinem letzten Buch lässt sich aus der Geschichte, die ich hier erzählen möchte, ebenfalls der Schluss ziehen, dass es für die Welt, in der wir uns befinden, keinen offensichtlichen Plan oder Zweck gibt. Unsere Existenz war nicht vorgegeben, sondern scheint ein merkwürdiger Zufall zu sein. Wir taumeln auf einem schmalen Grat, wobei das Gleichgewicht letztlich von Phänomenen bestimmt wird, die tief unter der Oberfläche unserer Erfahrung liegen – von Phänomenen die in keiner Weise von unserer Existenz abhängen. In diesem Sinne lag Einstein falsch: »Gott« scheint tatsächlich um das Universum – oder die Universen – zu würfeln, und bisher haben wir Glück gehabt. Doch wie am Spieltisch könnte es sein, dass unser Glück nicht ewig andauert.

Die Menschheit unternahm einen großen Schritt in die Moderne, als unseren Vorfahren allmählich bewusst wurde, dass das Universum mehr umfasst als das, was ins Auge fällt. Diese Erkenntnis war möglicherweise kein Zufall. Wir sind anscheinend so angelegt, dass wir eine Geschichte brauchen, die über unsere eigene Existenz hinausgeht und ihr einen Sinn gibt. Dieses Bedürfnis war wahrscheinlich eng mit dem Aufkommen religiöser Vorstellungen in frühen menschlichen Gesellschaften verknüpft.

Die Geschichte vom Aufstieg der modernen Wissenschaft und ihrer Abspaltung vom Aberglauben erzählt dagegen davon, wie die verborgenen Wirklichkeiten der Natur durch Vernunft und Experimente aufgedeckt wurden. Bei diesem Prozess verstand man, dass scheinbar getrennte, seltsame und manchmal bedrohliche Phänomene letztlich direkt unter der sichtbaren Oberfläche miteinander zusammenhängen. Am Ende vertrieben diese Zusammenhänge die Kobolde und Feen, die zuvor zwischen unseren Vorfahren herumgewuselt waren.

Dass man Zusammenhänge entdeckt, welche ansonsten scheinbar getrennte Phänomene miteinander verknüpfen, ist mehr als jeder andere Indikator das Wahrzeichen wissenschaftlichen Fortschritts. Dafür gibt es viele klassische Beispiele, etwa Newtons Verknüpfung der Mondumlaufbahn mit einem fallenden Apfel, Galileis Erkenntnis, dass die großen Unterschiede im Verhalten fallender Gegenstände die Tatsache verbergen, dass sie in Wahrheit mit der gleichen Geschwindigkeit von der Erdoberfläche angezogen werden, und Darwins epochale Einsicht, dass die Vielfalt des irdischen Lebens durch den simplen Prozess der natürlichen Selektion aus einem einzelnen Vorfahren hervorgegangen sein könnte. Keiner dieser Zusammenhänge war anfangs offensichtlich. Wenn er dann aber ans Licht kommt, wird er klar und beinahe selbstverständlich – er sorgt für ein »Aha-Erlebnis« der Einsicht und der Vertrautheit. Man hört sich fast sagen: »Darauf hätte ich doch gleich kommen können!«

Die Überfülle an Erkenntnissen, die unser modernes Bild von der Natur auf der fundamentalen Skala – dem Standardmodell, wie man es genannt hat – prägt, hat Zusammenhänge ergeben, die unvermeidlich sehr weit vom Reich der Alltagserfahrungen entfernt sind. Tatsächlich ist die Entfernung so groß, dass es ohne ein gewisses Fundament unmöglich ist, sie mit einem einzigen Schritt zu veranschaulichen.

Es ist keine Überraschung, dass ein solcher einziger Schritt auch historisch nie stattgefunden hat. Eine Reihe bemerkenswerter, unerwarteter und scheinbar nicht miteinander verknüpfter Zusammenhänge tauchte auf und wuchs zu dem kohärenten Bild zusammen, über das wir heute verfügen. Die derzeitige mathematische Struktur, die sich dabei ergeben hat, ist so kunstvoll konstruiert, dass sie beinahe willkürlich erscheint. »Aha« ist gewöhnlich das Höchste, was Uneingeweihten über die Lippen kommt, wenn sie vom Higgs-Boson oder der Großen Vereinheitlichung der Naturkräfte hören.

Wenn wir uns unter die obersten Schichten der Realität begeben wollen, brauchen wir eine Story, welche die uns bekannte Welt mit den tiefsten Winkeln der unsichtbaren Welt um uns herum verknüpft. Jene verborgene Welt können wir nicht durch intuitives Erfassen verstehen, das allein auf direkter Wahrnehmung beruht. Diese Story möchte ich hier erzählen. Ich möchte Sie auf eine Reise ins Herz der Mysterien mitnehmen, die am Rand unseres Verständnisses von Raum und Zeit sowie der darin wirkenden Kräfte liegen. Damit will ich den Leser nicht unnötig provozieren oder kränken, sondern ihm einen Anstoß geben – wie wir Physiker unsererseits einen Anstoß bekamen und durch neue Entdeckungen in eine neue Wirklichkeit gezogen wurden, die sowohl unbequem als auch erhebend ist.

Unsere jüngsten Entdeckungen über die fundamentalen Größenordnungen der Natur haben unsere Wahrnehmung von der Unvermeidlichkeit unserer Existenz im Universum auf ernüchternde Weise verändert. Auch sie liefern Belege, dass die Zukunft zweifellos radikal anders aussehen wird, als wir uns das vielleicht vorgestellt haben, und auch sie lassen unsere eigene kosmische Bedeutung weiter schrumpfen.

Wir würden diese unbequeme, unpassende Wirklichkeit, dieses unpersönliche und anscheinend zufallsbestimmte Universum vielleicht am liebsten leugnen, doch wenn wir es in einem anderem Zusammenhang betrachten, muss das alles nicht zwangsläufig deprimierend sein. Ein Universum ohne Zweck – was es nach allem, was ich weiß, tatsächlich ist – erscheint bei Weitem spannender als eines, das speziell für uns geschaffen wurde, weil es bedeutet, dass die Möglichkeiten der Existenz erheblich vielfältiger und weitreichender sind. Wie belebend ist es doch, dass wir uns in einer exotischen, zu erkundenden Menagerie befinden – mit Gesetzen und Phänomenen, die zuvor jenseits unserer kühnsten Träume zu liegen schienen – und wir versuchen können, die verknotete Wirrnis der Erfahrung aufzudröseln und nach irgendeiner darunterliegenden vernünftigen Ordnung zu forschen. Und wie faszinierend ist es, diese Ordnung zu entdecken und ein kohärentes Bild des Universums auf Skalen zu entwerfen, die weit jenseits dessen liegen, was wir jemals direkt erfahren können – ein Bild, gewebt aus unserer Fähigkeit vorherzusagen, was als Nächstes geschehen wird, und der daraus folgenden Fähigkeit, die Umwelt um uns herum zu kontrollieren. Was für ein Glück, dass wir unseren kurzen Augenblick an der Sonne erleben. Mit jedem Tag, an dem wir etwas Neues und Überraschendes entdecken, wird die Story noch besser.

Teil I

GENESIS

KAPITEL 1

VOM LEHNSTUHL IN DIE HÖHLE

Die Unverständigen erben Torheit;
aber Erkenntnis ist der Klugen Krone.

SPRÜCHE 14:18

A*n meinem Anfang war Licht.*

Am Beginn der Zeit gab es mit Sicherheit Licht, doch ehe wir zum Beginn der Zeit kommen können, müssen wir unsere eigenen Anfänge erkunden, und das heißt, auch den Anfang der Wissenschaft. Was wiederum bedeutet, dass wir zum größten Motiv für Wissenschaft wie auch für Religion zurückkehren müssen: dem Verlangen nach *etwas anderem*. Nach etwas hinter dem Universum unserer Erfahrung.

Für viele Menschen übersetzt sich dieses Verlangen in etwas, was dem Universum Bedeutung und Sinn vermittelt, und erweitert sich zu einem Verlangen nach irgendeinem verborgenen Ort, der *besser* ist als die Welt, in der wir leben, und an dem Sünden vergeben werden, Schmerz abwesend ist und der Tod nicht existiert. Andere dagegen sehnen sich nach einem verborgenen Ort ganz anderer Art, zu dem die physische Welt jenseits unserer Sinne gehört – jene Welt, die uns zu verstehen hilft, auf welche Weise die Dinge sich so verhalten, wie wir es wahrnehmen, und nicht, weshalb sie das tun. Diese verborgene Welt liegt dem zugrunde, was wir erfahren, und das zu verstehen gibt uns die Macht, unser Leben, unsere Umwelt und unsere Zukunft zu verändern.

Der Gegensatz zwischen diesen beiden Welten spiegelt sich in zwei sehr unterschiedlichen literarischen Werken wider.

Das erste mit dem Titel *Der König von Narnia* von C. S. Lewis stammt aus dem 20. Jahrhundert und ist ein Fantasy-Roman für Kinder mit entschieden religiösen Untertönen. Er fängt eine Kindheitserfahrung ein, welche die meisten von uns gemacht haben – unter dem Bett, im Wandschrank oder auf dem Dachboden nachzusehen, ob ein verborgener Schatz zu finden ist oder irgendein mysteriöser Beleg dafür, dass es da draußen mehr gibt als das, was wir normalerweise erfahren. In dem während des Zweiten Weltkriegs spielenden Buch steigen einige britische Schulkinder, die evakuiert wurden und Schutz in einem Landhaus außerhalb Londons fanden, in einen großen Wandschrank und entdecken dort die merkwürdige Welt Narnia. Die Kinder retten Narnia mithilfe eines Löwen, der sich auf einem Altar erniedrigen und opfern lässt, um wie Christus das Böse in seiner Welt zu besiegen.

Obwohl die religiösen Anklänge in Lewis' Geschichte klar sind, können wir sie doch auch anders deuten – nicht als Allegorie der Existenz Gottes oder des Teufels, sondern der bemerkenswerten und potenziell schrecklichen Möglichkeiten des Unbekannten. Möglichkeiten, die knapp unter der Oberfläche unserer Sinne liegen und nur darauf warten, dass wir so tapfer sind, sie aufzuspüren. Möglichkeiten, die, wenn erst entdeckt, vielleicht unser Verständnis von uns selbst bereichern könnten, oder einigen, die ein Bedürfnis danach verspüren, einen Sinn von Wert und Zweck vermitteln.

Diese Pforte zu einer verborgenen Welt im Wandschrank ist ein sicherer Ort mit dem vertrauten Geruch oft getragener Kleidung, aber zugleich geheimnisvoll. Sie schließt die Notwendigkeit ein, sich außerhalb der klassischen Begriffe von Raum und

Zeit zu begeben. Denn wenn sich einem vor oder hinter dem Schrank stehenden Beobachter nichts enthüllt, sondern nur jemand, der sich im Inneren aufhält, etwas wahrnimmt, dann muss der innerhalb des Wandschranks erlebte Raum erheblich größer sein, als man von außen sieht.

Tatsächlich ist eine solche Vorstellung charakteristisch für ein Universum, in dem Raum und Zeit – wie in der Allgemeinen Relativitätstheorie – dynamisch sein können. Dort könnte beispielsweise ein Schwarzes Loch von außerhalb des Ereignishorizonts – innerhalb dieses Radius' gibt es kein Entkommen – so aussehen, als umfasse es ein kleines Volumen, während das Volumen für einen Beobachter im Inneren (der durch die Gravitationskräfte noch nicht in tausend Stücke zermalmt wurde) ganz anders aussehen kann. So ist es in der Tat möglich, wenn auch jenseits des Bereichs, für den wir verlässliche Berechnungen anstellen können, dass der Raum im Inneren eines Schwarzen Loches vielleicht eine Pforte in ein anderes, nicht mit unserem Universum verbundenes Universum bereitstellt.

Ich möchte aber vor allem auf den Punkt zurückkommen, dass die Möglichkeit von Universen jenseits unserer Wahrnehmung – zumindest in der literarischen und philosophischen Fantasie – unausweichlich an die Möglichkeit geknüpft ist, dass der Raum an sich nicht das ist, was er scheint.

Der Vorbote dieser Vorstellung – die »Urstory«, wenn man so will – wurde 23 Jahrhunderte vor der Zeit verfasst, in der Lewis seinen Fantasy-Roman schrieb. Ich denke da an Platos *Republik* und speziell an meinen darin enthaltenen Lieblingsabschnitt: das Höhlengleichnis. Trotz seiner frühen Entstehung beleuchtet es direkter und deutlicher sowohl die potenzielle Notwendigkeit als auch die möglichen Gefahren des Versuchs, etwas zu verstehen, dass sich außerhalb der Reichweite unserer unmittelbaren sinnlichen Erfahrungen befindet.

In seiner Allegorie vergleicht Plato unsere Erfahrung der Wirklichkeit mit der einer Gruppe von Individuen, die ihr ganzes Leben als Gefangene in einer Höhle verbringen. Sie sind gezwungen, eine leere Wand anzusehen. Ihr einziger Blick auf die Welt ist diese Wand, die durch ein Feuer hinter ihrem Rücken beleuchtet wird und auf der sie nur sich bewegende Schatten sehen. Die Schatten stammen von Gegenständen hinter ihnen, die durch das Licht des Feuers an die Wand projiziert werden.

Ich veranschauliche das mit der folgenden Zeichnung. Sie stammt aus dem Text, in dem ich auf der Oberschule erstmals von dem Gleichnis las – einer Übersetzung von Platos Dialogen aus dem Jahr 1961.

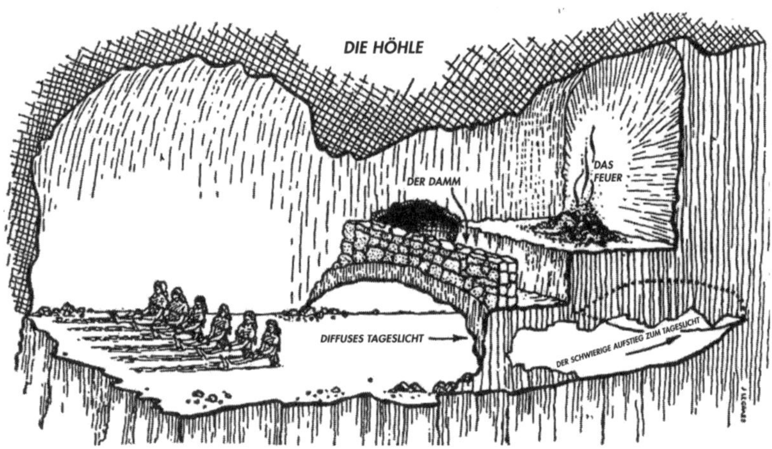

Die Zeichnung ist amüsant, weil sie eindeutig ebenso viel über die Zeit aussagt, in der sie skizziert wurde, wie es die im Dialog geschilderte Beschaffenheit der Höhle vermittelt. Warum zum Beispiel sind hier alle Gefangenen Frauen, die noch dazu nur spärlich bekleidet sind? Zu Platos Zeit dürfte jede sexuelle Anspielung ganz einfach Knaben gezeigt haben.

Plato meint, die Gefangenen würden die Schatten als die Wirklichkeit ansehen und ihnen sogar Namen geben. Das ist nicht unvernünftig, und in einem gewissen Sinn ist es, wie wir bald sehen werden, eine sehr moderne Sicht dessen, was Wirklichkeit ist – nämlich das, was wir direkt messen können. Meine Lieblingsdefinition ist in der Tat diejenige, die der Science-Fiction-Autor

Philip K. Dick gab. Er sagte: »Wirklichkeit ist das, was nicht verschwindet, wenn du aufhörst, daran zu glauben.« Für die Gefangenen sind die Schatten das, was sie sehen. Wahrscheinlich hören sie auch nur die Echos von Geräuschen, die hinter ihnen erzeugt und von der Wand zurückgeworfen werden.

Plato vergleicht einen Philosophen mit einem Gefangenen, der von seinen Fesseln befreit wird und – beinahe gegen seinen Willen – gezwungen ist, nicht nur auf das Feuer zu schauen, sondern sich darüber hinaus an das Tageslicht dahinter zu begeben. Zunächst wird die arme Seele leiden, da der Schein des Feuers und später die Sonnenstrahlen außerhalb der Höhle in den Augen schmerzen. Gegenstände werden vollkommen fremd erscheinen, sie werden keine Ähnlichkeit mit ihren Schatten aufweisen. Plato meint, der gerade befreite Mensch dürfte die gewohnten Schatten weiterhin als zutreffendere Darstellung der Wirklichkeit empfinden als die Gegenstände, welche die Schatten werfen, selbst.

Wenn das Individuum schließlich widerstrebend ganz ins Sonnenlicht hinausgezerrt wird, werden sich all diese Gefühle von Verwirrung und Schmerz vervielfachen. Doch zuletzt wird es sich an die reale Welt gewöhnt haben; es wird die Sterne, den Mond und den Himmel sehen – seine Seele und sein Geist werden von den Illusionen befreit sein, die sein Leben vorher beherrscht hatten.

Wenn dieser Mensch in die Höhle zurückkehrte, würden laut Plato zwei Dinge geschehen. Erstens würde er, weil seine Augen nicht mehr an die Dunkelheit gewöhnt sind, die Schatten nicht mehr so gut unterscheiden und erkennen können, und seine zurückgelassenen Mitgefangenen würden ihn bestenfalls für sehbehindert, schlimmstenfalls für blind halten. Zweitens würde er die bedeutungslosen und kurzsichtigen Prioritäten seiner früheren Gemeinschaft nicht mehr als achtenswert ansehen, ebenso wenig wie die Ehren, die man denen zuteilwerden ließ, welche die Schatten anscheinend am besten erkennen und ihre Zukunft vorhersagen konnten. Poetisch und mit einem Homer-Zitat versehen, klingt es bei Plato wie folgt:

> […] wird ihm das Homerische begegnen und er viel lieber wollen »das Feld als Tagelöhner bestellen einem dürftigen Mann« und lieber alles über sich ergehen lassen, als wieder solche Vorstellungen zu haben wie dort und so zu leben?

So viel zu denen, die ihr Leben vollständig in einer Illusion zubringen, was Plato zufolge mehr oder weniger den größten Teil der Menschheit einschließt.

Dann konstatiert das Gleichnis, dass die Reise nach oben – ans Licht – den Aufstieg der Seele in die Welt des Geistes repräsentiert.

In Platos Denken konnte eindeutig nur ein Rückzug in die rein »geistige Welt« – eine nur wenigen, also den Philosophen, vorbehaltene Reise – die Illusion durch die Wirklichkeit ersetzen. Zum Glück ist diese Reise heutzutage um vieles einfacher, wenn man die Methoden der Wissenschaft verwendet – sie vereinen Vernunft und Reflektion mit empirischer Untersuchung. Dennoch stehen die Wissenschaftler heute weiterhin vor dieser Herausforderung: nachzuschauen, was hinter den Schatten liegt, um das zu erkennen, was nicht verschwindet, wenn man seine überlieferten Vorstellungen fallen lässt.

Auch wenn Plato nicht ausdrücklich davon spricht, impliziert seine Geschichte, dass die Mitgefangenen die arme Seele, die sich nach draußen gewagt hatte und zurückgekommen war, nun nicht nur als behindert ansähen, sondern den Betreffenden für verrückt halten würden, falls er von den Wundern der wahren Wirklichkeit erzählte, die er gesehen hat – von Sonne, Mond, Seen, Bäumen, anderen Menschen und deren Kulturen.

Diese Idee ist verblüffend modern. Da die Grenzen der Wissenschaft sich immer weiter von der aus unserer direkten Erfahrung abgeleiteten, vertrauten Welt und der Welt des gesunden Menschenverstands entfernt haben, wird es für uns zunehmend schwieriger, das unserer Erfahrung zugrunde liegende Bild der Wirklichkeit zu erfassen oder zu akzeptieren. Manche finden es angenehmer, auf Mythen und Aberglauben zurückzugreifen und sich davon leiten zu lassen.

Wir sollten uns jedoch aus guten Gründen darüber im Klaren sein, dass der »gesunde Menschenverstand«, der sich ursprünglich entwickelte, damit wir in den Savannen Afrikas besser mit Raubtieren fertigwerden konnten, uns in die Irre führen könnte, wenn wir versuchen, über die Natur in ganz anderen Größenordnungen nachzudenken. Im Lauf der Evolution haben wir nicht die Fähigkeit entwickelt, die Welt des sehr Kleinen, des sehr Großen oder des sehr Schnellen intuitiv zu begreifen. Wir sollten nicht erwarten, dass die Regeln, auf die wir uns in unserem Alltagsleben herkömmlicherweise verlassen, universell gültig sind. Auch wenn diese Kurzsichtigkeit aus evolutionärer Sicht nützlich gewesen sein mag, können wir als denkende Wesen über sie hinaus gelangen.

In diesem Zusammenhang kann ich der Versuchung nicht widerstehen, eine letzte Ermahnung aus Platos Höhlengleichnis zu zitieren:

> Das sehe ich so, dass zuletzt unter allem Erkennbaren und nur mit Mühe die Idee des Guten erblickt wird, wenn man sie aber erblickt hat, sie auch gleich dafür anerkannt wird, dass sie für alle die Ursache alles Richtigen und Schönen ist, im Sichtbaren das Licht und die Sonne, von der dieses abhängt, erzeugend, im Erkennbaren aber sie allein als Herrscherin Wahrheit und Vernunft hervorbringend …

Anschließend meint Plato, danach sollten diejenigen streben, die sowohl im öffentlichen als auch im privaten Leben vernünftig handeln wollten; sie sollten nach dem »Guten« streben, indem sie sich auf Vernunft und Wahrheit konzentrieren. Und er führt weiter aus, das könnten wir nur, wenn wir die unserer direkten Erfahrungswelt zugrunde liegenden Wirklichkeiten erforschen, anstatt die Illusionen einer Wirklichkeit zu erkunden, von der wir uns vielleicht *wünschen*, dass es sie geben möge. Rationales Handeln oder das Gute sei nur mithilfe rationaler Überprüfung dessen möglich, was wirklich ist, und nicht durch Glauben allein.

Platos Vision des »reinen Denkens« ist heute durch die wissenschaftliche Methode ersetzt worden. Sie beruht auf Vernunft und Experiment und ermöglicht uns, die der Welt zugrunde liegenden Realitäten zu entdecken. Rationales Handeln im öffentlichen und privaten Bereich erfordert heute eine Begründung in der Vernunft wie auch in der empirischen Untersuchung, und oft verlangt es auch, dass wir uns von der solipsistischen Welt unserer unmittelbaren Erfahrung verabschieden. Dieses Prinzip ist tatsächlich die Quelle für den größten Teil meiner eigenen öffentlichen Aktivitäten – im Gegensatz zu staatlicher Politik, die statt auf Beweisen auf Ideologie basiert. Wahrscheinlich ist es auch der Grund, warum ich so negativ auf das Konzept des »Heiligen« reagiere – es schließt eine gewisse Vorstellung oder Mahnung ein, die für öffentliche Fragen, Erkundungen und Debatten unzulässig und manchmal lächerlich ist.

Diese Sicht lässt sich kaum stärker zum Ausdruck bringen, als ich es in einem Artikel für den *New Yorker* tat: »Wann immer wissenschaftliche Behauptungen als nicht hinterfragbar präsentiert werden, untergräbt das die Wissenschaft. Und wenn es in unserer Gesellschaft möglich ist, die Forschung wegen religiöser Handlungen oder Behauptungen über Heiligkeit zu unterbinden, untergraben wir die Basis der modernen säkularen Demokratie. Wir sind es uns selbst und unseren Kindern schuldig, keinen Freibrief für Staaten – ob totalitär, theokratisch oder demokratisch – auszustellen, welche die Unterdrückung offenen Fragens unterstützen, ermutigen, durchsetzen oder sonst wie legitimieren, um Vorstellungen zu schützen, die als ›heilig‹ angesehen werden. 500 Jahre Wissenschaft haben die Menschheit von den Fesseln aufgezwungener Unwissenheit befreit.«

Abgesehen von philosophischen Überlegungen bringe ich Platos Höhle vor allem deswegen hier ein, weil sie uns ein konkretes Beispiel für die Natur der wissenschaftlichen Entdeckungen bietet, die den Kern der hier erzählten Geschichte ausmachen.

Man stelle sich einen Schatten vor, den unsere Gefangenen an der Wand sehen. Er wird von einem bösen Puppenspieler vorgeführt, der sich auf einem Felsvorsprung vor dem Feuer befindet:

Dieser Schatten weist sowohl Länge als auch Richtung auf, zwei Konzepte, die wir – nicht in der Höhle eingeschlossen – für verlässliche Größen halten.

Für die Gefangenen ändert sich dieser Schatten jedoch, während sie die Wand ansehen:

Später sieht er so aus:

Und noch etwas später so:

Und wieder etwas später so:

Was würden die Gefangenen aus alledem schließen? Vermutlich, dass Konzepte wie Länge oder Richtung keine absolute Bedeutung zukommt. In ihrer Welt können die Gegenstände sowohl ihre Länge als auch ihre Ausrichtung beliebig verändern. In der Wirklichkeit ihrer unmittelbaren Erfahrung scheinen weder Länge noch Richtung von Bedeutung zu sein.

Was wird der Naturphilosoph entdecken, der entkommen ist, um die reichhaltigere Welt jenseits der Schatten zu erkunden? Er wird feststellen, dass der Schatten vor allem ein Schatten ist: das zweidimensionale Bild eines realen dreidimensionalen Gegenstands, der sich hinter den Gefangenen befindet. Er wird erkennen, dass der Gegenstand eine festgelegte Länge aufweist, die sich nie verändert, und dass er zusammen mit einem Pfeil auftritt, der sich stets auf derselben Seite des Gegenstands befindet. Von einem leicht erhöhten Standort aus sieht er, dass die Bildabfolge von der Projektion einer rotierenden Wetterfahne auf die Wand herrührt:

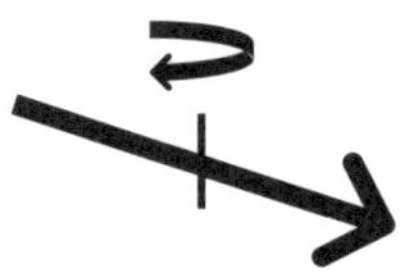

Wenn er zu seinen ehemaligen Kollegen zurückkehrt, kann der Philosoph und Wissenschaftler erklären, dass es in Wirklichkeit eine absolute Größe namens Länge gibt, die sich nicht mit der Zeit verändert, und dass gewissen Gegenständen auch eine eindeutige Ausrichtung zukommt. Er wird seinen Freunden mitteilen, dass die reale Welt nicht zweidimensional, sondern dreidimensional ist, und dass ihre ganze Verwirrung wegen der scheinbar willkürlichen Veränderungen verschwände, sobald sie das verstanden hätten.

Würden sie ihm glauben? Er hätte wohl schwer zu kämpfen, weil sie keine intuitive Vorstellung von Rotation hätten (denn mit einer allein auf zweidimensionalen Erfahrungen beruhenden Intuition dürfte es schwierig sein, sich irgendwelche Rotationen in einer dritten Dimension »bildlich« vorzustellen). Verständnislose Blicke? Wahrscheinlich. Klapsmühle? Vielleicht. Doch er könnte seine Gemeinschaft möglicherweise überzeugen, wenn er die attraktiven Merkmale betonen würde, die mit seiner Behauptung verbunden sind: *Oberflächlich scheinbar komplexes und willkürliches Verhalten kann aus einem viel einfacheren zugrunde liegenden Bild der Natur hervorgehen, sodass anscheinend nicht miteinander zusammenhängende Phänomene in Wahrheit verknüpft sind und Teil eines vereinten Ganzen sein können.*

Besser noch – er könnte Vorhersagen machen, die seine Freunde überprüfen könnten. Erstens: Falls die von der Gruppe gemessene offensichtliche Änderung der Schattenlänge tatsächlich auf eine Rotation in einer dritten Dimension zurückzuführen sei, so würde die Längendimension des Gegenstands, wann immer sie kurz verschwände, gleich darauf wieder erscheinen, wobei der Pfeil in die entgegengesetzte Richtung wiese. Zweitens: Während die Länge schwankt, würde die maximale Länge des Schattens immer dann, wenn der Pfeil in eine Richtung weist, genau der Länge entsprechen, die man misst, wenn er in die entgegengesetzte Richtung zeigt.

Platos Höhle wird damit zur Allegorie für etwas weit Umfassenderes, als er beabsichtigt haben mag. Platos befreiter Gefangener entdeckt die Kennzeichen der bemerkenswert wahren Geschichte unseres eigenen Kampfes, die Natur in ihren grundlegenden Größenordnungen von Raum, Zeit und Materie zu verstehen. Dabei mussten auch wir den Fesseln unserer vorherigen Erfahrungen entkommen, um tief reichende und schöne Vereinfachungen und Vorhersagen aufzudecken, die so wundervoll wie erschreckend sein können.

Doch so schmerzhaft das Licht außerhalb von Platos Höhle anfangs auch sein mag – mit der Zeit elektrisiert es uns. Und sobald man einmal Zeuge davon wurde, führt kein Weg mehr zurück.

KAPITEL 2

IM DUNKELN SEHEN

Es werde Licht! Und es ward Licht.

1. BUCH MOSE, 1:3

Am Anfang war das Licht.

Es ist kein Zufall, dass die Menschen des Altertums sich vorstellten, das Licht sei am ersten Schöpfungstag geschaffen worden. Ohne Licht wäre von dem ungeheuer großen Universum, das uns umgibt, wenig wahrzunehmen. Wenn wir nicken und im Englischen einem Freund gegenüber sagen »*I see*« (»Ich sehe«), teilen wir nicht nur eine einfache Beobachtung mit, sondern grundlegendes Verstehen.

Platos Gleichnis drehte sich passenderweise um Licht – das Licht eines Feuers, das Schatten auf die Höhlenwand wirft, und das Licht von außerhalb, das den befreiten Gefangenen zeitweilig blendet und ihm dann die reale Welt erhellt. Wie die Gefangenen in der Höhle sind auch wir Gefangene des Lichts – fast alles, was wir über die Welt erfahren, rührt von dem her, was wir sehen.

Doch während die wichtigsten Worte im religiösen Kanon des Westens »Es werde Licht« sein dürften, hat dieser Satz in unserer heutigen Welt eine völlig andere Bedeutung als einst. Menschen mögen Gefangene des Lichts sein, doch das gilt auch für das Universum. Was einst als Laune eines jüdisch-christlichen Gottes oder anderer Gottheiten vor diesem einen erschien, verstehen wir heute als notwendiges Erfordernis der Gesetze, die dem Himmel, aber vor allem der Erde die Existenz ermöglichen. Das eine ist nicht ohne das andere zu haben. Die Erde oder die Materie folgen auf das Licht. Diese veränderte Wahrnehmung liegt fast jeder Weiterentwicklung des Gebäudes zugrunde, das wir moderne Wissenschaft nennen. Während ich dies schreibe, blicke ich von einem Schiff aus auf eine der Galapagos-Inseln, die durch Darwin berühmt geworden sind und die ihrerseits ihn berühmt gemacht haben, als er unsere Wahrnehmung des Lebens und seiner Vielfalt mit einer brillanten Einsicht veränderte – dass nämlich alle lebenden Arten sich durch die natürliche Auslese kleiner, vererbter Variationen entwickelt haben, die von den Überlebenden an nachfolgende Generationen weitergegeben wurden. Und so, wie unser verändertes Verständnis der Evolution alles verwandelte, was wir unter Biologie verstanden, hat unser verändertes Verständnis des Lichts alles verändert, was wir über unseren Platz im Universum zu verstehen glaubten. Als nützlicher Nebeneffekt ergab sich aus diesem Wandel praktisch die gesamte Technologie, auf der die moderne Welt aufbaut.

Wie sehr unsere Beobachtungen der Welt unser Denken gefangen halten und unserer Darstellung von der Struktur unseres Universums den Rahmen vorgeben, blieb nach Plato für mehr als 20 Jahrhunderte unerkannt. Und als seriöse Denker begonnen hatten, die verborgene Natur des Universums ernsthaft zu erforschen, dauerte es mehr als vier Jahrhunderte, bis sie die Frage »Was ist Licht?« umfassend gelöst hatten.

Der vielleicht seriöseste, wenn auch sicher nicht der erste moderne Denker, der diese Frage stellte, war auch einer der berühmtesten – und eigenartigsten – Wissenschaftler der Geschichte: Isaac Newton. Es ist durchaus angemessen, Newton als einen modernen Denker einzustufen – schließlich offenbarten seine *Principia* (*Die mathematischen Grundlagen der Naturphilosophie*) im 17. Jahrhundert die klassischen Gesetze der Bewegung und legten das Fundament für seine Theorie der Gravitation. Beides zusammen bildete die Grundlage eines großen Teils der modernen Physik. Doch wie John Maynard Keynes festhielt, war

> Newton nicht der Erste dieses Zeitalters der Aufklärung; er war der Letzte der Magier, der Letzte der Babylonier und Sumerer, der letzte große Geist, der mit den gleichen Augen in die sichtbare und geistige Welt blickte wie jene, die vor weniger als 10 000 Jahren anfingen, unser geistiges Erbe zu errichten.

Die Wahrheit dieser Aussage spiegelt die höchst revolutionäre Bedeutung von Newtons eigener Arbeit wider. Nach seinen *Principia* konnte kein rational denkender Mensch die Welt weiterhin so sehen, wie die Menschen der Antike sie betrachtet hatten. Doch sie spiegelt auch den Charakter Newtons. Schließlich verwendete Newton weit mehr Zeit und Tinte auf seine Schriften über die verborgenen Bedeutungen und Codes der Bibel – insbesondere konzentrierte er sich auf die Offenbarung des Johannes und die mit dem antiken Tempel des Salomon verbundenen Mysterien – als auf Arbeiten über die Physik.

In einer langen Reihe von Leuten (sowohl vor als auch nach ihm) war Newton einer, der den Eindruck hatte, er sei von Gott dazu auserwählt, zur Enthüllung der wahren Bedeutung der Heiligen Schrift beizutragen. In welchem Ausmaß seine Untersuchungen des Universums sich aus seiner Faszination für die Bibel ableiteten, ist nicht klar, doch man kann vernünftigerweise zu dem Schluss kommen, dass er sich hauptsächlich für die Theologie interessierte und die Naturphilosophie – wie auch die Alchimie – erst weit dahinter kam.

Viele versuchen auf Newtons Faszination für Gott zu verweisen, um zu belegen, dass Wissenschaft und Religion vereinbar seien, und um geltend zu machen, dass die moderne Wissenschaft ihre Existenz notwendigerweise dem Christentum verdanke. Diese Ansicht verwechselt Geschichte mit Kausalität. Es ist nicht zu bestreiten, dass, von Newton an, viele frühen Giganten der modernen westlichen Naturphilosophie tief religiös waren, auch wenn Darwin später im Leben in beträchtlichem Maße, wenn nicht sogar ganz vom Glauben abkam. Dabei darf man jedoch nicht vergessen, dass es für den längsten Teil dieses Zeitraumes nur zwei Quellen für Bildung und Reichtum gab: Kirche und Krone. In diesem Sinn war die Kirche die nationale Studienstiftung des 15., 16. und 17. Jahrhunderts. Alle höheren Bildungseinrichtungen waren an verschiedene Konfessionen geknüpft, und für gebildete Personen war es undenkbar, keiner Kirche anzugehören. Und wie Giordano Bruno und später Galileo Galilei erfuhren, war es im besten Fall unerfreulich, sich gegen ihre Lehre zu stellen. Es wäre bemerkenswert gewesen, wenn einer dieser führenden Pioniere der Wissenschaft nicht religiös gewesen wäre.

Die Religiosität der frühen Wissenschaftspioniere wird heute auch von Sophisten angeführt, die behaupten, wissenschaftliche und religiöse Lehre seien vereinbar – doch diese Leute verwechseln »Wissenschaft« mit »Wissenschaftler«. Obwohl es oft so scheint, als sei das Gegenteil der Fall, sind Wissenschaftler Menschen. Und wie alle Menschen sind sie dazu imstande, gleichzeitig viele einander potenziell widersprechende Vorstellungen im Kopf zu haben. Bei einem Individuum steht die Korrelation zwischen voneinander abweichenden Ansichten für nichts anderes als für eine menschliche Schwäche.

Wenn behauptet wird, manche Wissenschaftler seien religiös oder zumindest einmal religiös gewesen, so gleicht das der Aussage, einige Wissenschaftler seien Republikaner, glaubten, die Erde sei eine Scheibe, oder hingen dem Kreationismus an. Das schließt weder Kausalität noch Widerspruchsfreiheit ein. Mein Freund Richard Dawkins hat mir von einem Professor der Astrophysik erzählt, der tagsüber Aufsätze schreibt, die in astronomischen Fachzeitschriften veröffentlicht werden und sich auf die Tatsache stützen, dass das Universum mehr als 13 Milliarden Jahre alt ist … dann aber nach Hause geht und privat die biblische Behauptung vertritt, das Universum sei 6000 Jahre alt.

In den Wissenschaften wird intellektuelle Konsistenz oder deren Fehlen allein durch die Kombination rationaler Argumente mit darauf folgenden Belegen und fortwährender Überprüfung bestimmt. Deshalb ist es absolut vernünftig zu behaupten, dass Religion zumindest in der westlichen Welt die Mutter der Wissenschaft sein dürfte. Doch wie alle Eltern wissen, wachsen Kinder selten zu Abbildern ihrer Eltern heran.

Der Tradition folgend, könnte Newton sich deshalb für das Licht interessiert haben, weil es eine Gabe Gottes war. An sein Werk erinnern wir uns jedoch nicht wegen seiner Motivation, sondern wegen seiner Entdeckungen.

Newton war davon überzeugt, dass Licht aus Teilchen besteht, die er als Korpuskeln bezeichnete, während Descartes und später Newtons Erzfeind Robert Hooke sowie – noch später – der holländische Wissenschaftler Christiaan Huygens behaupteten, Licht sei eine Welle. Eine der zentralen Beobachtungen, welche die Wellentheorie zu stützen schienen, war die Tatsache, dass weißes Licht (wie das Sonnenlicht) in alle Farben des Regenbogens zerlegt werden konnte, wenn man es durch ein Prisma leitete.

Wie so oft in seinem Leben war Newton davon überzeugt, dass er recht hatte und mehrere seiner berühmtesten Zeitgenossen (und Konkurrenten) falsch lagen. Um das zu demonstrieren, ersann er ein raffiniertes Experiment mit Prismen, das er – um der Pest zu entkommen, die in Cambridge wütete – erstmals zu Hause in Woolsthorpe durchführte. Wie er der Royal Society 1722 berichtete, hatte er beim 44. Durchlauf genau das beobachtet, was er zu sehen gehofft hatte.

Vertreter der Wellentheorie hatten vorgebracht, Lichtwellen bestünden aus weißem Licht; die Zerlegung in Farben, die man beim Durchgang durch ein Prisma beobachte, erfolge durch eine »Schädigung« der Strahlen, die das Glas durchquerten. In diesem Fall hätte eine weitergehende Zerlegung stattfinden müssen, wenn man es durch zusätzliches Glas leitete.

Newton dachte, das treffe nicht zu, und meinte, Licht bestehe aus farbigen Teilchen, die sich vereinigten und so weiß erschienen. (Mit einer Reverenz an seine Faszination für Okkultes teilte Newton die farbigen Teilchen des »Spektrums« – der Begriff wurde von ihm geprägt – in sieben verschiedene Arten ein: Rot, Orange, Gelb, Grün, Blau, Indigo und Violett. Seit der Zeit der Griechen hatte man speziell der Zahl Sieben besondere mystische Eigenschaften zugeschrieben.) Um zu zeigen, dass das Bild von Welle und Schädigung nicht korrekt war, leitete Newton einen Strahl weißen Lichts durch zwei unterschiedlich ausgerichtete Prismen. Das erste Prisma zerlegte das Licht in sein Spektrum, das zweite setzte es wieder zu einem einzigen weißen Lichtstrahl zusammen. Dies wäre nicht möglich gewesen, wenn das Glas das Licht geschädigt hätte. Ein zweites Prisma hätte alles nur noch schlimmer gemacht und das Licht nicht in seinen ursprünglichen Zustand zurückversetzt.

Die Wellentheorie des Lichts wird durch dieses Ergebnis in Wahrheit nicht widerlegt (eigentlich wird sie dadurch bestätigt, weil Licht sich verlangsamt, wenn es beim Eintritt in das Prisma gebeugt wird, so, wie es auch bei Wellen der Fall wäre). Doch weil die Vertreter der Wellentheorie (fälschlicherweise) vorgebracht hatten, die spektrale Zerlegung sei auf eine Schädigung zurückzuführen, gelang Newton mit seiner Demonstration, dass dies nicht der Fall war, ein bedeutender Schlag zugunsten seines Teilchenmodells.

Interessanterweise entdeckte Newton anschließend viele andere Facetten des Lichts, die wir heute bei unserem Verständnis seiner Wellennatur anwenden. Newton zeigte, dass jede Farbe des Lichts beim Durchgang durch ein Glasprisma einen eigenen Beugungswinkel besitzt. Er zeigte auch, dass alle Objekte scheinbar die Farbe des sie beleuchtenden Lichtstrahls annehmen. Und er zeigte, dass farbiges Licht seine Farbe nicht ändert, egal wie oft es ein Prisma durchläuft oder von ihm reflektiert wird.

All diese Resultate einschließlich seines ersten Ergebnisses können auf einfache Weise erklärt werden, wenn weißes Licht tatsächlich aus einer Kollektion unterschiedlicher Farben zusammengesetzt ist – insofern behielt er recht. Doch sie können nicht erklärt werden, wenn Licht aus unterschiedlich gefärbten Teilchen besteht. Weißes Licht setzt sich vielmehr aus Wellen vieler verschiedener Wellenlängen zusammen.

Newtons Gegner gaben nicht so leicht auf, nicht einmal angesichts seiner wachsenden Popularität oder des Todes seines Hauptgegners Hooke. Sie ließen nicht einmal locker, als Newton 1704 zum Präsidenten der Royal Society gewählt wurde, dem Jahr, in dem er auch seine Forschung über Licht in seinem Werk *Opticks* veröffentlichte. Tatsächlich zog sich die heftige Diskussion über die Natur des Lichts noch mehr als ein Jahrhundert lang hin.

Zu dem Problem, sich das Licht als Welle vorzustellen, gehörte auch die Frage: Woraus besteht diese Welle eigentlich? Und falls es eine Welle ist und da alle bekannten Wellen ein Medium benötigten: In welchem Medium bewegt es sich fort? Diese Fragen waren so verwirrend, dass die Anwender der Wellentheorie eine unsichtbare Substanz wiederauferstehen lassen mussten, die den ganzen Raum durchdringt – den Äther.

Die Auflösung des Rätsels kam, wie das bei solchen Lösungen oft der Fall ist, aus einer völlig unerwarteten Ecke der Physik – einer Welt voller Blitze und sich drehender Räder.

Als ich als junger Professor in Yale tätig war, hatte man für mich – in dem altertümlichen, aber riesigen Büro, das ich glücklicherweise beziehen konnte, als ein ebenso altertümlicher Kollege in den Ruhestand ging – die Kopie einer Fotografie von Michael Faraday aus dem Jahr 1861 hängen lassen. Ich habe das Bild seitdem stets geschätzt.

Ich glaube eigentlich nicht an Heldenverehrung, doch wenn ich es täte, gehörte Faraday hier zu den Besten. Vielleicht mehr als jeder andere Wissenschaftler des 19. Jahrhunderts ist er für die Technologie verantwortlich, die unsere derzeitige Zivilisation antreibt. Faraday wurde jedoch kaum formale Bildung zuteil, und mit 14 Jahren begann er als Lehrling eines Buchbinders. In seiner späteren beruflichen Laufbahn, nachdem seine wissenschaftlichen Beiträge weltweit Anerkennung gefunden hatten, hielt er an seiner bescheidenen Herkunft fest. Er lehnte es ab, in den Adelsstand erhoben zu werden, und weigerte sich zweimal, den Vorsitz der Royal Society zu übernehmen. Noch später weigerte er sich, der britischen Regierung bei der Produktion chemischer Waffen für den Krimkrieg zu helfen und führte dafür ethische Gründe an. Außerdem hielt er 33 Jahre lang Weihnachtsvorlesungen an der Royal Institution ab, um junge Menschen für die Wissenschaft zu begeistern. Was könnte einem da missfallen?

So sehr man den Menschen bewundern mag – für unsere Geschichte kommt es auf den Wissenschaftler an. Und Faradays erste wissenschaftliche Lektion vermittle ich auch meinen Studenten: Buckelt immer vor euren Professoren. Mit 20 Jahren, nach sieben Jahren Lehrzeit als Buchbinder, hörte er die Vorlesungen des berühmten Chemikers Humphrey Davy, damals Vorstand der Royal Institution. Anschließend schenkte Faraday Davy ein wunderschön gebundenes Buch von 300 Seiten mit den Notizen, die er sich während der Vorlesungen gemacht hatte. Binnen eines Jahres wurde Faraday zu Davys Sekretär ernannt und erhielt kurz darauf eine Anstellung als chemischer Assistent an der Royal Institution. In der Folge musste Faraday seine erste Lektion noch einmal lernen, diesmal mit umgekehrtem Ausgang. Er ließ sich von der Aufregung über einige seiner frühen, ziemlich wichtigen Experimente leiten und vergaß in seinen veröffentlichten Resultaten versehentlich, die Zusammenarbeit mit Davy anzugeben. Diese Brüskierung brachte es wahrscheinlich mit sich, dass er von Davy mit anderen Aufgaben betraut wurde; seine die Welt verändernde Forschung verzögerte sich dadurch um mehrere Jahre.

Als Faraday eine andere Tätigkeit zugewiesen wurde, hatte er sich gerade mit dem »heißen« neuen Gebiet der wissenschaftlichen Forschung befasst, auf dem die kurz zuvor entdeckten Zusammenhänge zwischen Elektrizität und Magnetismus untersucht wurden – angetrieben von den Ergebnissen des dänischen Physikers Hans Christian Oersted. Diese beiden Kräfte scheinen einerseits ziemlich verschieden zu sein, sind sich aber in einigen Aspekten merkwürdig ähnlich. Elektrische Ladungen können einander anziehen oder abstoßen. Das könnten auch Magnete. Doch Magnete scheinen mit Nord- und Südpol immer zwei Pole zu besitzen, die nicht voneinander getrennt werden können, während elektrische Ladungen jeweils positiv oder negativ sein können.

Einige Zeit lang fragten sich Wissenschaftler und Naturphilosophen, ob es vielleicht einen verborgenen Zusammenhang zwischen den beiden Kräften geben könne, und der erste empirische Hinweis fiel Oersted durch einen Zufall auf. Als er 1820 eine Vorlesung hielt, sah er, dass eine Kompassnadel ausgelenkt wurde, wenn er den Strom einer Batterie einschaltete. Einige Monate später ging er dieser merkwürdigen Entdeckung gründlicher nach und fand heraus, dass ein Strom bewegter elektrischer Ladungen – heute bezeichnen wir das als elektrischen Strom – eine magnetische Anziehung hervorrief. Diese brachte Kompassnadeln dazu, rund um den Draht einen Kreis zu beschreiben.

Oersted hatte einen neuen Weg markiert, was sich unter Wissenschaftlern auf dem Kontinent und über den Ärmelkanal hinweg rasch herumsprach. Wenn man elektrische Ladungen bewegte, erzeugte man eine magnetische Kraft. Konnte es da noch andere Zusammenhänge geben? Konnten Magnete vielleicht ihrerseits elektrische Ladungen beeinflussen?

Wissenschaftler suchten nach einer solchen Möglichkeit, kamen aber zu keinem Ergebnis. Davy und ein anderer Kollege wollten auf Basis des von Oersted gefundenen Zusammenhangs einen elektrischen Motor konstruieren, doch der Versuch scheiterte. Faraday gelang es schließlich, einen stromführenden Draht dazu zu bringen, sich um einen Magneten zu bewegen, was eine primitive Art von Motor darstellte. Es war diese aufregende Entwicklung gewesen, die er dokumentiert hatte, ohne Davys Namen zu nennen.

Zum Teil war das alles nichts als ein Ablenkungsmanöver. Es wurde kein grundlegend neues Phänomen entdeckt. Möglicherweise war dies der Anlass für eine meiner (wahrscheinlich unwahren) Lieblingsgeschichten über Faraday. Wie es heißt, hatte der spätere britische Premierminister William Gladstone von Faradays Labor voller seltsamer Apparate gehört und 1850 angefragt, was denn der praktische Nutzen all dieser Studien zur Elektrizität sei. Laut dem 1903 erschienen Buch *Democracy and Liberty* soll Faraday erwidert haben: »Nun, Sir, es besteht eine große Wahrscheinlichkeit, dass Sie bald in der Lage sein werden, sie zu besteuern.«

Ob wahr oder nicht – die witzige Erwiderung enthält sowohl Ironie als auch Wahrheit. Von Neugier getriebene Forschung mag maßlos selbstsüchtig erscheinen und wenig mit dem Gemeinwohl zu tun haben. Doch unsere gesamte heutige Lebensqualität – zumindest für diejenigen, die in den Staaten der Ersten Welt leben – ist im Wesentlichen aus den Früchten solcher Forschung hervorgegangen; dazu gehört auch die elektrische Energie, die fast jedes unserer im Alltag verwendeten Geräte antreibt.

Zwei Jahre nach Davys Tod im Jahr 1829 und sechs Jahre, nachdem Faraday Leiter des Labors der Royal Institution geworden war, machte er die Entdeckung, die seinen Ruf als möglicherweise größter Experimentalphysiker des 19. Jahrhunderts verfestigte – die magnetische Induktion. Seit 1824 hatte er versucht herauszufinden, ob Magnetismus den in einem nahen Draht fließenden Strom verändern oder auf andere Weise irgendeine Art elektrischer Kraft auf geladene Teilchen ausüben konnte: Er wollte vor allem erkennen, ob der Magnetismus Elektrizität induzieren konnte – genau wie Oersted gezeigt hatte, dass Elektrizität und speziell elektrische Ströme magnetische Effekte hervorrufen können.

Am 28. Oktober 1831 hielt er in seinem Labor-Notizbuch eine bemerkenswerte Beobachtung fest. Wenn er den Schalter umlegte, um in einem um einen Eisenring gewickelten Draht einen Strom fließen zu lassen, der das Eisen magnetisieren sollte, fiel ihm auf, dass in einem anderen, um den gleichen Eisenring gewickelten Draht kurzzeitig ein Strom floss. Damit war klar, dass es nicht die bloße Anwesenheit eines nahen Magneten sein konnte, die eine elektrische Kraft hervorrief und so dafür sorgte, dass in einem anderen Draht ein Strom floss – Grund war das Ein- oder Ausschalten des Magneten. Anschließend zeigte er, dass der gleiche Effekt auftrat, wenn er einen Magneten in der Nähe eines Drahtes bewegte. Wenn der Magnet näher kam oder sich entfernte, floss in dem Draht ein Strom. So, wie eine sich bewegende Ladung einen Magneten erzeugte, schuf ein sich bewegender Magnet – oder ein Magnet mit sich verändernder Stärke – irgendwie eine elektrische Kraft in dem nahen Draht und erzeugte einen Strom.

Wenn einem die tief reichende theoretische Implikation dieses einfachen und überraschenden Resultats nicht sofort aufgeht, ist das verzeihlich – diese Implikation ist subtil, und es bedurfte des größten theoretischen Denkers des 19. Jahrhunderts, um sie ans Licht zu bringen.

Wenn wir sie jedoch angemessen formulieren wollen, müssen wir eine Vorstellung ins Spiel bringen, die Faraday selbst eingeführt hatte. Wie schon gesagt, verfügte Faraday kaum über formale Bildung und hatte sich sehr viel selbst beigebracht. Deshalb kam er mit Mathematik nie besonders gut zurecht, und laut einer anderen, wahrscheinlich nicht der Wahrheit entsprechenden Story rühmte Faraday sich, in all seinen Publikationen nur eine einzige mathematische Gleichung verwendet zu haben. Tatsächlich wahr ist hingegen, dass er die bedeutende Entdeckung der magnetischen Induktion nie in mathematischen Begriffen dargestellt hat.

Weil er sich mit formaler Mathematik nicht wohl fühlte, war Faraday auf bildliche Vorstellungen angewiesen, wenn er die Physik hinter seinen Beobachtungen intuitiv erfassen wollte. Deshalb kam er auf eine Idee, die den Eckstein der gesamten modernen Physiktheorie bildet und tatsächlich ein Rätsel löste, das Newton bis ans Ende seiner Tage beschäftigt hatte.

Faraday stellte sich im Grunde folgende Frage: Woher »weiß« eine elektrische Ladung, wie sie auf die Gegenwart einer anderen, entfernten elektrischen Ladung reagieren soll? Die gleiche Frage hatte Newton sich in Hinblick auf die Gravitation gestellt; er überlegte, woher die Erde »wusste«, dass sie auf die Anziehung der Sonne so zu reagieren hatte, wie sie es tat. Wie wurde die Schwerkraft von einem Körper zum anderen übertragen? Darauf gab Newton die berühmte Antwort »Hypothesis non fingo« (»Ich bilde keine Hypothesen«), was besagte, er habe das Gesetz der Schwerkraft ausgearbeitet und gezeigt, dass seine Vorhersagen mit den Beobachtungen übereinstimmten, und das reiche völlig aus. Mit dieser Aussage haben sich in den Jahren danach viele von uns Physikern verteidigt, wenn sie gebeten wurden, mancherlei merkwürdige Resultate in der Physik zu erklären – insbesondere in der Quantenmechanik, wo die Mathematik funktioniert, das physikalische Bild jedoch stets verrückt zu sein scheint.

Faraday stellte sich vor, dass jede elektrische Ladung von einem elektrischen »Feld« umgeben sei, das er sich geistig vergegenwärtigen konnte. Er stellte sich vor, das Feld lasse sich als Bündel von radial aus der Ladung austretenden Linien veranschaulichen. Dabei seien die Feldlinien mit Pfeilen versehen, die bei einer positiven Ladung nach außen und bei einer negative Ladung nach innen zeigten:

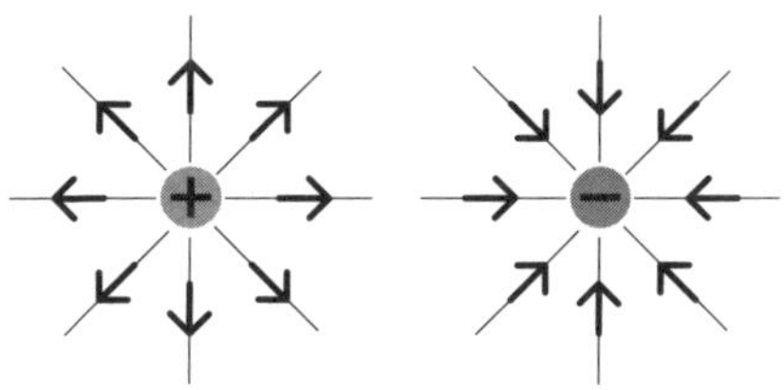

Faraday stellte sich weiter vor, dass die Zahl der Feldlinien mit der Größe der Ladung zunahm:

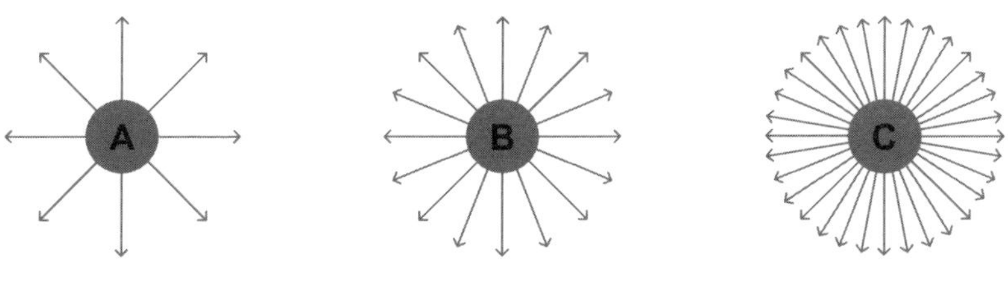

Dieses mentale Bild ermöglichte es Faraday nun, intuitiv zu verstehen, was geschehen würde, wenn er eine weitere Testladung in die Nähe der ersten Ladung bringen würde, und in gewissem Sinn auch zu erfassen, warum das so war. (Zur Erinnerung: Wann immer ich das umgangssprachliche »warum« gebrauche, meine ich eigentlich »wie«.)

In Faradays bildlicher Vorstellung würde die Testladung das »Feld« der ersten Ladung spüren, wo immer die zweite Ladung sich befinden mochte; die Stärke der Kraft sollte dabei proportional zur Zahl der Feldlinien im Bereich und in der Richtung der Feldlinien sein. Demnach würde die fragliche Testladung beispielsweise in der gezeigten Richtung nach außen gelenkt:

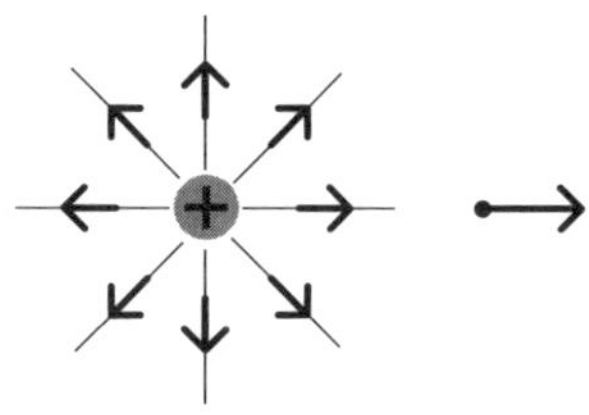

Mit Faradays Bildern lässt sich noch mehr anfangen. Stellen wir uns zwei Ladungen vor, die sich nahe beieinander befinden. Da die Feldlinien in einer positiven Ladung beginnen, in einer negativen Ladung münden und sich nie überschneiden können, leuchtet es fast intuitiv ein, dass die Feldlinien zwischen zwei positiven Ladungen einander abzustoßen scheinen und auseinandergedrängt werden. Zwischen einer positiven und einer negativen Ladung hingegen sollten sie sich miteinander verbinden:

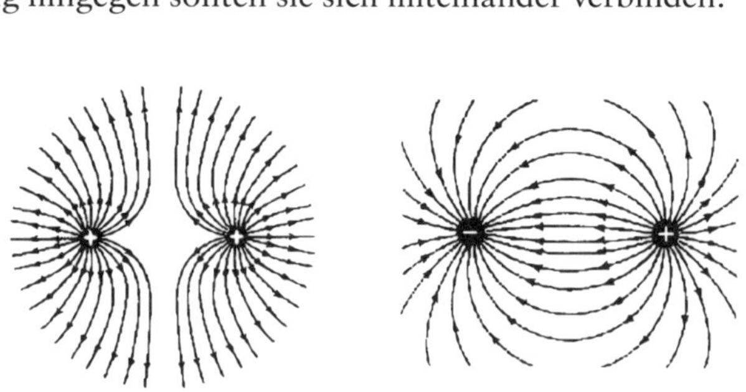

Eine Testladung, die man an einen beliebigen Punkt in der Nähe dieser beiden Ladungen bringt, erfährt auch in diesem Fall eine Kraft in Richtung der Feldlinien; die Größe der Kraft ist proportional zur Zahl der Feldlinien in diesem Bereich.

So konnte Faraday auch die Natur elektrischer Kräfte zwischen Teilchen darstellen, ohne dazu die algebraischen Gleichungen lösen zu müssen, die elektrische Kräfte beschreiben. Besonders erstaunlich an diesen Bildern ist, dass sie die Mathematik exakt und nicht nur annäherungsweise erfassen.

Eine ähnliche bildliche Anschauung konnte auf Magneten und Magnetfelder angewandt werden; sie reproduzierte das Gesetz magnetischer Kräfte zwischen Magneten, das Coulomb experimentell verifiziert hatte, oder stromführender Drähte, wie es von André-Marie Ampere abgeleitet worden war. (Damit sollte klar sein, dass die Gesetze der Elektrizität und des Magnetismus vor Faraday vor allem von den Franzosen entdeckt wurden.)

Mithilfe dieser mentalen Krücken können wir Faradays Entdeckung der magnetischen Induktion nun folgendermaßen neu ausdrücken: Eine Zunahme oder Abnahme der Zahl magnetischer Feldlinien, die durch eine Drahtschleife verlaufen, lässt in dem Draht einen Strom fließen.

Faraday begriff rasch, dass seine Entdeckung die Umwandlung von mechanischer in elektrische Energie erlauben würde. Wenn man eine Drahtschleife an einer Schaufel befestigte, die wie bei einem Wasserrad durch einen Wasserstrahl in Bewegung versetzt wurde, und die ganze Vorrichtung mit einem Magneten umgeben war, so würde sich die Zahl der durch den Draht verlaufenden magnetischen Feldlinien mit der Drehung der Schaufel ständig verändern. Im Draht würde dann fortwährend ein Strom erzeugt. Und siehe da: Niagara-Fälle, Hydroelektrizität und die moderne Welt!

Das allein würde schon ausreichen, Faradays Ruf als größter Experimentalphysiker des 19. Jahrhunderts festzuschreiben. Doch tatsächlich war es nicht die Technik, die Faraday motivierte, und deshalb schätze ich ihn besonders. Es war sein tief empfundenes Staunen und seine Bereitschaft, seine Entdeckungen möglichst umfassend mitzuteilen, was ich am meisten an ihm bewundere. Meiner Überzeugung nach würde er der Aussage zustimmen, dass der entscheidende Nutzen der Wissenschaft in ihrer Fähigkeit liegt, unser grundlegendes Verständnis von unserer Stellung im Kosmos zu verändern. Und das ist ihm letztlich gelungen.

In diesem Sinn fällt mir unvermeidlich ein anderer großer Experimentalphysiker aus jüngerer Zeit ein, nämlich Robert R. Wilson. Er wurde mit 29 Jahren Leiter der Forschungsabteilung in Los Alamos, die während des Manhattan-Projekts die Atombombe entwickelte. Viele Jahre später war er dann der erste Direktor des Fermi National Accelerator Laboratory in Batavia, Illinois. Nachdem das Fermilab errichtet worden war, zitierte man Wilson 1969 vor den Kongress; er sollte die Aufwendung erheblicher Finanzmittel für den exotischen neuen Beschleuniger begründen, mit dem die grundlegenden Wechselwirkungen von Elementarteilchen untersucht werden sollten. Auf die Frage, ob das Projekt zur nationalen Sicherheit beitrage (was aus Sicht der Mitglieder des Kongressausschusses die Ausgabe problemlos gerechtfertigt hätte), verneinte er das tapfer und erklärte vielmehr:

> Es hat allein mit der Achtung zu tun, mit der wir einander ansehen, mit der Würde von Menschen, unserer Liebe zur Kultur … Es hat zu tun mit: Sind wir gute Maler, gute Bildhauer, große Dichter? Ich meine all die Dinge, die wir in unserem Land wirklich hochachten und ehren und auf die wir stolz sind. In diesem Sinne hat dieses neue Wissen alles mit Ehre und unserem Land zu tun, doch mit der Verteidigung unseres Landes hat es nicht direkt zu tun, wenn man davon absieht, dass es dazu beiträgt, es verteidigenswert zu machen.

Aus praktischer Perspektive haben Faradays Entdeckungen es uns ermöglicht, unsere Zivilisation zu erschaffen und mit Energie zu versorgen, unsere Städte zu beleuchten und unsere elektrischen Geräte zu betreiben. Man kann sich kaum eine Entdeckung vorstellen, die stärker in die Abläufe unserer modernen Gesellschaft eingebunden ist. Doch in einem tieferen Sinn ist sein Beitrag zu unserer Story aus einem anderen Grund so bemerkenswert: Das von ihm entdeckte fehlende Puzzlestück hat die Art verändert, in der wir heute über praktisch alles in der physischen Welt nachdenken (angefangen beim Licht selbst). Wenn Newton der letzte Magier war, so war Faraday der letzte moderne Wissenschaftler, der hinsichtlich des Lichtes im Dunkeln lebte. Nach seinen Arbeiten lag der Schlüssel, mit dem wir die wahre Natur unseres wichtigsten Fensters zur Welt entdecken konnten, offen da und wartete darauf, dass er von der richtigen Person gefunden wurde.

Binnen eines Jahrzehnts unternahm ein junger, vom Pech verfolgter theoretischer Physiker aus Schottland den nächsten Schritt.

KAPITEL 3

DURCH EIN GLAS – GANZ NEBENHER

Nichts ist zu schön, um wahr zu sein, solange es mit den Naturgesetzen übereinstimmt; und bei solchen Dingen ist das Experiment der beste Weg, diese Übereinstimmung zu prüfen.

MICHAEL FARADAY, LABORNOTIZ 10,040 (18. MÄRZ 1849)

James Clerk Maxwell, der größte theoretische Physiker des 19. Jahrhunderts (Einstein sollte ihn später wegen seines Einflusses auf die Physik mit Newton vergleichen), wurde zufällig im gleichen Jahr geboren, in dem Michael Faraday die großartige Entdeckung der Induktion machte.

Wie Newton fand Maxwell zu Beginn seiner wissenschaftlichen Karriere Farbe und Licht faszinierend. Newton hatte das Spektrum der sichtbaren Farben erforscht, in die weißes Licht beim Durchgang durch ein Prisma zerlegt wird; Maxwell dagegen ging schon als Student in gewissem Sinn der umgekehrten Frage nach: Welche minimale Kombination von Primärfarben würde für die menschliche Wahrnehmung alle im weißen Licht enthaltenen Farben reproduzieren? Mithilfe einer Sammlung farbiger Kreisel zeigte er, dass praktisch alle von uns wahrgenommenen Farben aus den passenden Mischungen von Rot, Grün und Blau entstehen können – diese Tatsache ist jedem vertraut, der RGB-Kabel in einen Farbfernseher gesteckt hat. Maxwell nutzte diese Idee, um das erste rudimentäre Farbfoto der Welt herzustellen. Später interessierte er sich für polarisiertes Licht, das aus Lichtwellen hervorgeht, deren elektrische und magnetische Felder nur in bestimmten Richtungen schwingen. Er legte Gelatineblöcke zwischen polarisierende Prismen und ließ Licht durch diese Konstruktionen fallen. Wenn die zwei Prismen nur Licht durchließen, das in unterschiedliche, senkrecht aufeinander stehende Richtungen polarisiert war, und wenn eines hinter dem anderen angebracht war, so drang kein Licht hindurch. Falls in der Gelatine jedoch Belastungen wirksam waren, dann konnte die Polarisationsachse des Lichts beim Durchgang durch das Material gedreht werden, sodass ein gewisser Lichtanteil durch das zweite Prisma gelangen konnte. Indem Maxwell nach solchen durch das zweite Prisma gelangenden Lichträndern suchte, konnte er Belastungen innerhalb des Materials sichtbar machen. Mittlerweile ist dies zu einem nützlichen Werkzeug zur Erforschung möglicher Materialbelastungen in komplexen Strukturen geworden.

Doch selbst diese scharfsinnigen Experimente geben die Stärke seines unersättlichen Geistes und seine mathematischen Fähigkeiten nicht angemessen wieder – beides zeigte sich schon in einem bemerkenswert frühen Alter. Tragischerweise starb Maxwell mit 48 Jahren, wodurch ihm wenig Zeit blieb, all das zu vollenden, was er geschafft hat.

Sein Forscher-Naturell spiegelt sich in einer Passage wider, mit der die Mutter einen Brief des Vaters an seine Schwägerin ergänzte, als Maxwell gerade drei Jahre alt war:

> Er ist ein sehr glücklicher Mensch und hat sehr große Fortschritte gemacht, seit das Wetter besser geworden ist; er beschäftigt sich intensiv mit Türen, Schlössern, Schlüsseln etc., und »zeig mir, wie das geht« kommt ihm nie über die Lippen. Er erforscht auch den verborgenen Verlauf von

> strömenden Flüssigkeiten und Klingeldrähten, den Weg,
> auf dem Wasser vom Teich durch die Wand gelangt ...

Nach dem frühen Tod seiner Mutter (sie starb an Magenkrebs, dem später auch Maxwell im gleichen Alter erliegen sollte) wurde seine schulische Ausbildung unterbrochen, doch mit 13 Jahren war er an der angesehenen Edinburgh Academy deutlich vorangekommen und bestand in Mathematik ebenso wie in Englisch und Poesie mit Auszeichnung. Anschließend veröffentlichte er seinen ersten wissenschaftlichen Aufsatz über die Eigenschaften mathematischer Kurven, der in der Royal Society of Edinburgh vorgestellt wurde, als er gerade 14 Jahre alt war.

Nach diesem Frühstart war er an der Universität erfolgreich. In Cambridge machte er seinen Abschluss und wurde dann innerhalb eines Jahres Fellow am College – weit früher als der Durchschnitt der Universitätsabsolventen. Kurz darauf kehrte er in seine Heimat Schottland zurück, wo er in Aberdeen einen Lehrstuhl für Naturphilosophie übernahm.

Mit nur 25 Jahren war er Leiter einer Fakultät, unterrichtete 15 Wochenstunden und hielt an einem nahegelegenen College eine zusätzliche Gratisvorlesung für Arbeiter ab (etwas, das man von einem heutigen Lehrstuhlinhaber noch nie gehört hat; ich selbst könnte mir nur schwer vorstellen, so etwas zu leisten und noch genügend Energie für die Forschung aufzubringen). Doch Maxwell fand auch noch die Zeit, ein zwei Jahrhunderte altes Problem zu lösen: Wie konnten die Saturnringe stabil bleiben? Er kam zu dem Schluss, dass die Ringe aus kleinen Teilchen bestehen mussten. Die Feststellung brachte ihm ein hohes Preisgeld ein – man hatte es ausgeschrieben, um eine Beantwortung der Saturn-Frage anzuregen. Seine Theorie wurde mehr als 100 Jahre später bestätigt, als die Raumsonde »Voyager« die ersten Nahaufnahmen des Planeten lieferte.

Nach diesen bemerkenswerten Leistungen sollte man meinen, dass Maxwell in seiner Stellung als Professor gesichert gewesen wäre. Doch 1860 – es war das Jahr, in dem er für seine Arbeiten über Farben die angesehene Rumford-Medaille der Royal Society erhalten hatte – fusionierte das College, an dem er unterrichtete, mit einem anderen College, und fortan gab es keinen Platz für zwei Professoren der Naturphilosophie. In einer Entscheidung, die sicher als eine der dümmsten akademischen Beurteilungen aller Zeiten in die Geschichte eingehen wird (und die Liste dummer Entscheidungen ist lang), entließ man Maxwell ohne große Umstände. Er bemühte sich um einen Lehrstuhl in Edinburgh, doch auch diese Stellung wurde an einen anderen Kandidaten vergeben. Schließlich fand er weiter südlich am Londoner King's College eine Anstellung.

Man könnte annehmen, dass Maxwell wegen dieser Entwicklung niedergeschlagen oder untröstlich gewesen sei, doch wenn er es war, dann ist seinem Werk nichts davon anzumerken. Tatsächlich waren die folgenden fünf Jahre am King's College vermutlich die produktivste Phase seines Lebens. In dieser Zeit veränderte er wahrlich die Welt – und das gleich vier Mal.

Seine ersten drei Beiträge waren: die Entwicklung der ersten lichtschnellen Farbfotografie, die Entwicklung der Theorie, wie Teilchen eines Gases sich verhalten – was dazu beitrug, ein Fachgebiet zu begründen, das heute als statistische Mechanik bekannt und für das Verständnis der Eigenschaften von Materie und Strahlung entscheidend ist –, sowie schließlich die Entwicklung der »Dimensionsanalyse«, eines Werkzeugs, das moderne Physiker vielleicht am häufigsten verwenden, um tief reichende Zusammenhänge zwischen physikalischen Größen zu erkennen. Beispielsweise habe ich sie im letzten Jahr zusammen mit meinem Kollegen Frank Wilczek genutzt, um eine fundamentale Eigenschaft der Gravitation zu zeigen, die für die Entstehung unseres Universums relevant ist.

Jede Leistung für sich hätte Maxwell bereits unter die größten Physiker seiner Zeit eingereiht. Doch es war sein vierter Beitrag, der am Ende alles änderte – einschließlich unserer Vorstellungen von Raum und Zeit.

Während seiner Zeit am King's College suchte Maxwell oft die

Royal Institution auf, wo er mit Michael Faraday in Kontakt kam. Dieser war 40 Jahre älter, aber immer noch eine Inspiration. Die Treffen ermutigten Maxwell möglicherweise, sich wieder auf die aufregenden Entwicklungen hinsichtlich Elektrizität und Magnetismus zu konzentrieren, ein Thema, das er fünf Jahre vorher zu untersuchen begonnen hatte. Auf jeden Fall nutzte Maxwell seine beträchtlichen mathematischen Talente, um die von Faraday erkundeten Phänomene zu beschreiben und zu verstehen. Er begann, Faradays hypothetische Kraftlinien auf ein stabileres mathematisches Fundament zu stellen, was es ihm ermöglichte, die von Faraday entdeckte Induktion eingehender zu untersuchen. In den zwölf Jahren zwischen 1861 und 1873 legte Maxwell letzte Hand an sein großartigstes Werk – eine umfassende Theorie der Elektrizität und des Magnetismus.

Dazu nutzte er Faradays Entdeckung als entscheidenden Hinweis, dass die Beziehung zwischen Elektrizität und Magnetismus eine gewisse Symmetrie aufweist. Oersteds und Faradays Experimente hatten einfach Folgendes gezeigt: Ein Strom bewegter Ladungen erzeugt ein Magnetfeld. Ein sich änderndes Magnetfeld (etwa durch die Bewegung eines Magneten oder durch einfaches Einschalten eines Stroms, der einen Magneten hervorruft) bringt ein elektrisches Feld hervor.

Maxwell formulierte diese Resultate 1861 erstmals mathematisch, bemerkte aber bald, dass seine Gleichungen unvollständig waren. Magnetismus schien sich von Elektrizität zu unterscheiden. Bewegte Ladungen rufen ein Magnetfeld hervor, doch ein Magnetfeld kann ein elektrisches Feld sogar ohne eine Bewegung erzeugen – allein durch seine Veränderung. Wie Faraday entdeckt hatte, wird durch das Einschalten eines Stroms, der ein sich änderndes Magnetfeld produziert, während der Strom sich aufbaut, eine elektrische Kraft erzeugt, die in einem weiteren Draht in der Nähe einen Strom fließen lässt.

Wenn er einen vollständigen und widerspruchsfreien Satz von Gleichungen erhalten wollte, musste Maxwell einen weiteren Term hinzufügen, der berücksichtigte, was er als »Verschiebungsstrom« bezeichnete. Er überlegte, dass bewegte Ladungen – also ein Strom – ein Magnetfeld hervorrufen, und dass bewegte Ladungen in Wirklichkeit eine Möglichkeit repräsentieren, ein sich änderndes elektrisches Feld zu erzeugen (weil das Feld jeder Ladung sich im Raum verändert, wenn die Ladung weiterwandert). Vielleicht konnte ja ein sich änderndes elektrisches Feld – das stärker oder schwächer wird – in einem Bereich ohne bewegte Ladungen ein Magnetfeld hervorrufen.

Maxwell stellte sich vor, zwei parallele Platten (also einen Kondensator) an entgegengesetzte Pole einer Batterie anzuschließen. Die Platten würden sich aufgrund des von der Batterie fließenden Stroms entgegengesetzt aufladen. Dadurch würde zwischen den Platten ein anwachsendes elektrisches Feld erzeugt, und dazu ein Magnetfeld rund um die mit den Platten verbundenen Drähte. Um vollkommen widerspruchsfreie Gleichungen zu erhalten, sollte, wie Maxwell erkannte, das anwachsende elektrische Feld im leeren Raum zwischen den Platten auch in diesem Bereich ein Magnetfeld hervorrufen. Und dieses Feld würde genau dem Magnetfeld entsprechen, das ein realer, durch den leeren Raum zwischen den Platten fließender Strom erzeugte.

Also änderte Maxwell seine Gleichungen, indem er einen neuen Term (»Verschiebungsstrom«) einführte, um mathematische Widerspruchsfreiheit zu erhalten. Dieser Term verhielt sich faktisch genau wie ein zwischen den Platten fließender imaginärer Strom; er erzeugte ein sich änderndes elektrisches Feld, dessen Größe genau mit der des eigentlichen sich ändernden elektrischen Felds im leeren Raum zwischen den Platten übereinstimmte. Es entsprach auch genau dem magnetischen Feld, das ein realer Strom erzeugen würde, wenn er zwischen den Platten flösse. Ein solches magnetisches Feld tritt tatsächlich auf, wenn man das Experiment mit den Kondensatorplatten durchführt – wie Studenten der Physik täglich weltweit in Laboren demonstrieren.

Mathematische Widerspruchsfreiheit und eine gesunde physikalische Intuition zahlen sich in der Physik gewöhnlich aus.

Diese kleine Änderung in den Gleichungen mag einem geringfügig erscheinen, doch physikalisch wirkt sie sich tief greifend aus. Sobald man die realen elektrischen Ladungen aus dem Bild entfernt hat, kann man alles über Elektrizität und Magnetismus vollständig in Ausdrücken der hypothetischen »Felder« beschreiben, die Faraday als bloße mentale Krücken verwendet hatte. Die Zusammenhänge zwischen Elektrizität und Magnetismus können damit einfach ausgedrückt werden: Ein sich veränderndes elektrisches Feld erzeugt ein Magnetfeld. Ein sich veränderndes Magnetfeld erzeugt ein elektrisches Feld.

In den Gleichungen treten die Felder plötzlich als eigenständige, reale physikalische Objekte auf und nicht als eine Möglichkeit, die Kraft zwischen Ladungen zu quantifizieren. Elektrizität und Magnetismus wurden unzertrennlich. Es ist nicht möglich, nur über elektrische Kräfte allein zu sprechen, weil die elektrische Kraft des einen, wie ich gleich zeigen werde, die magnetische Kraft eines anderen sein kann – je nach den Umständen des Beobachters und abhängig davon, ob das Feld sich im jeweiligen Bezugsrahmen ändert.

Inzwischen sprechen wir aus gutem Grund von »Elektromagnetismus«, wenn wir diese Phänomene beschreiben. Denn nach Maxwell wurden Elektrizität und Magnetismus nicht mehr länger als getrennte Naturkräfte betrachtet. Sie waren verschiedene Manifestationen einer einzigen Kraft.

Maxwell veröffentlichte seinen vollständigen Satz von Gleichungen 1865 und vereinfachte sie später in seinem Lehrbuch von 1873. Sie sollten zu den berühmten vier »Maxwell-Gleichungen« werden, die heute (zugegebenermaßen in modernen mathematischen Ausdrücken formuliert) die T-Shirts von Physikstudenten in aller Welt zieren. Man kann 1873 zu Recht als das Jahr bezeichnen, in dem die zweite große Vereinheitlichung der Physik stattgefunden hat; die erste manifestierte sich in Newtons Erkenntnis, dass die Bewegungen der Himmelskörper von derselben Kraft gelenkt wurden wie die zu Boden fallenden Äpfel. Diese hervorragende Errungenschaft des menschlichen Geistes, die mit Oersteds und Faradays experimentellen Entdeckungen begonnen hatte, wurde von Maxwell vollendet – einem umgänglichen jungen theoretischen Physiker aus Schottland, der durch die Launen der akademischen Welt ins englische Exil gelangt war.

Wenn man eine neue Sicht auf den Kosmos gewinnt, ist das immer höchst befriedigend – oder es sollte zumindest befriedigend sein. Doch die Wissenschaft fügt noch einen weiteren und starken Nutzen hinzu. Neues Verständnis zieht auch greifbare und überprüfbare Konsequenzen nach sich, und das oft unmittelbar.

So war es auch bei Maxwells Vereinigung, die Faradays hypothetische Felder buchstäblich so real werden ließ wie die Nase in Ihrem Gesicht. Buchstäblich, weil Sie die Nase in Ihrem Gesicht ohne das damit verbundene Phänomen nicht sehen könnten.

Maxwells Genie beschränkte sich nicht darauf, die Grundsätze des Elektromagnetismus in eine elegante mathematische Form zu fassen. Er nutzte die Mathematik, um die verborgene Natur dieser fundamentalsten aller physikalischen Größen zu enthüllen – sie war den bedeutenden Naturphilosophen von Plato bis Newton entgangen. Tatsächlich handelt es sich um das am besten beobachtbare Phänomen der Natur: Licht.

Gehen wir einmal das folgende Gedankenexperiment durch. Man nehme ein elektrisch geladenes Objekt und bewege es auf und ab. Was geschieht dabei?

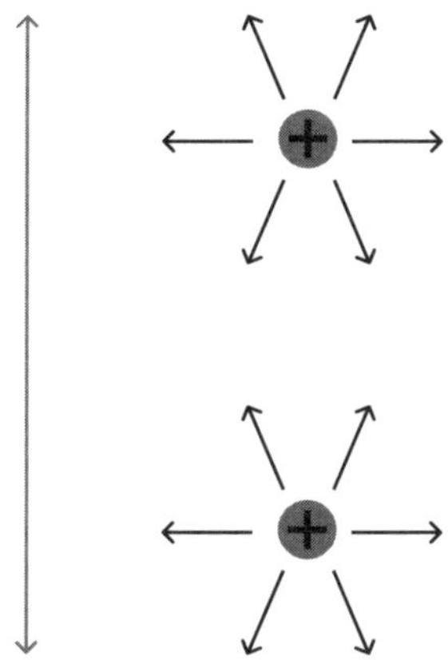

Nun, die Ladung ist von einem elektrischen Feld umgeben, und wenn man die Ladung bewegt, verändert sich die Position der Feldlinien. Doch laut Maxwell erzeugt dieses sich ändernde elektrische Feld ein Magnetfeld, das, wie hier zu sehen ist, aus dem Papier heraus- und wieder hineintritt:

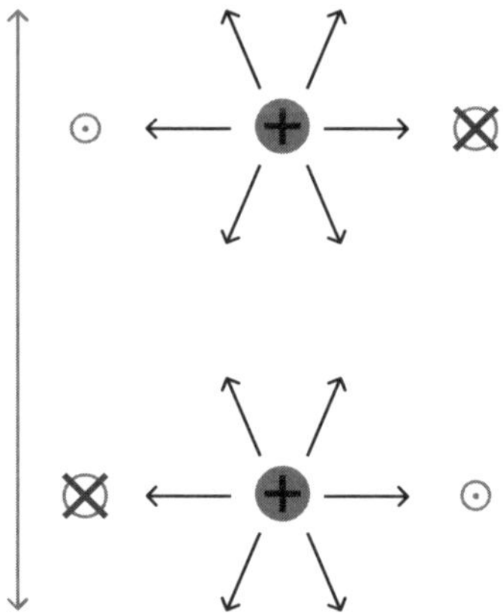

Die ins Papier eintretende Feldlinie ist hier durch ein Kreuz (wie das Ende eines Pfeils) dargestellt, die aus dem Papier kommende Linie durch einen Punkt (wie die Pfeilspitze). Dieses Feld wechselt die Richtung, wenn die Ladung ihre Bewegungsrichtung von aufwärts zu abwärts (oder umgekehrt) ändert.

Doch wir sollten hier nicht aufhören. Wenn ich die Ladung fortwährend auf und ab bewege, wird sich auch das elektrische Feld ständig ändern, doch das gilt ebenso für das induzierte Magnetfeld. Ein sich änderndes Magnetfeld erzeugt jedoch ein elektrisches Feld. Demnach gibt es neue induzierte elektrische Feldlinien; wie sich herausstellt, sind sie vertikal gerichtet und ändern ihre Richtung von aufwärts zu abwärts, wenn das Magnetfeld sein Vorzeichen ändert. Aus Platzmangel zeichne ich nur die elektrische Feldlinie rechts, doch das Spiegelbild wird auf der linken Seite induziert.

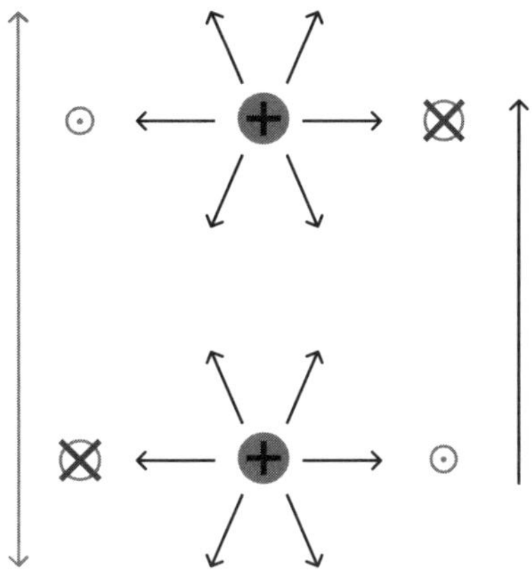

Dieses sich ändernde elektrische Feld wird jedoch seinerseits ein sich änderndes Magnetfeld erzeugen, das weiter außerhalb zur Linken wie zur Rechten des Diagramms existiert, und so weiter.

Damit ist klar, dass eine auf und ab bewegte Ladung eine Folge von Störungen sowohl im elektrischen als auch im magnetischen Feld hervorruft. Diese Störungen breiten sich nach außen aus, wobei die Änderung in jedem Feld als Quelle für die des anderen dient – das ist auf die von Maxwell ausgearbeiteten Regeln des Elektromagnetismus zurückzuführen. Das oben gezeigte Bild können wir zu einer dreidimensionalen Darstellung erweitern, welche die vollständige Natur der Veränderung einfängt:

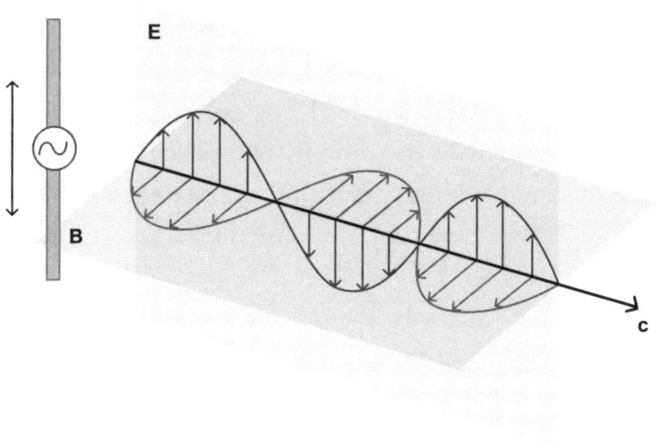

Wir sehen eine Welle elektrischer und magnetischer Störungen, nämlich eine sich nach außen bewegende elektromagnetische Welle, deren elektrische und magnetische Felder in Raum und Zeit schwingen, dazu die beiden Felder, die aufeinander und zur Richtung der Welle senkrecht stehen.

Schon bevor Maxwell die endgültige Form seiner Gleichungen notiert hatte, konnte er zeigen, dass oszillierende Ladungen eine elektromagnetische Welle hervorrufen würden. Doch er vollbrachte etwas Bedeutenderes. Er war in der Lage, die Geschwindigkeit dieser Welle zu berechnen – mit einer schönen und einfachen Rechnung, deren Ableitung mir bei der Vorführung vor Studenten wahrscheinlich die liebste ist. Und so sieht das aus:

Man kann die Stärke einer elektrischen Kraft quantifizieren, wenn man ihre Größe zwischen zwei Ladungen misst, deren Größe wir schon kennen. Die Kraft ist dem Produkt der Ladungen proportional. Diese Proportionalitätskonstante wollen wir A nennen.

In ähnlicher Weise lässt sich die Stärke der magnetischen Kraft zwischen zwei Elektromagneten – beide mit einem Strom bekannter Größe – quantifizieren. Diese Kraft ist dem Produkt der beiden Ströme proportional. Diese Proportionalitätskonstante wollen wir B nennen.

Wie Maxwell zeigen konnte, lässt sich die Geschwindigkeit einer elektromagnetischen Störung, die von einer oszillierenden Ladung ausgeht, genau in Ausdrücken der gemessenen Stärke der Elektrizität und der gemessenen Stärke des Magnetismus wiedergeben, die durch die Messung der Konstanten A und B im Labor bestimmt werden. Als er die damals verfügbaren Daten für die gemessene Stärke der Elektrizität und die gemessene Stärke des Magnetismus verwendete und die Zahlen einsetzte, erhielt er folgenden Wert:

Geschwindigkeit elektromagnetischer Wellen
≈ 311.000.000 Meter pro Sekunde.

Als Albert Einstein seine Allgemeine Relativitätstheorie vollendet hatte und seine Vorhersagen für die Umlaufbahn des Merkur mit den gemessenen Zahlen verglich, behauptete er einer berühmten Geschichte zufolge, er habe starkes Herzklopfen gehabt. Die Aufregung, die Maxwell ergriffen haben musste, als er diese Berechnung durchführte, kann man sich da nur vorstellen. Denn diese Zahl, die einem willkürlich erscheinen mag, war ihm als die Geschwindigkeit des Lichts gut bekannt. 1849 hatte der französische Physiker Fizeau mittels einer damals extrem schwierigen Messung die Lichtgeschwindigkeit gemessen und dabei folgenden Wert erhalten:

Lichtgeschwindigkeit
≈ 313.000.000 Meter pro Sekunde.

Angesichts der zu jener Zeit möglichen Messgenauigkeit sind die beiden Zahlen identisch. (Inzwischen kennen wir diese Geschwindigkeit sehr viel präziser als 299.792.485 Meter pro Sekunde, und sie ist ein zentraler Bestandteil der modernen Definition des Meters.)

Als er die Berechnung 1862 erstmals ausführte, notierte Maxwell in seinem typischen zurückhaltenden Tonfall: »Den Schluss, dass Licht aus einem transversalen Auf und Ab des gleichen Mediums besteht, welches die Ursache elektrischer und magnetischer Phänomene ist, können wir kaum vermeiden.«

Anders gesagt, Licht ist eine elektromagnetische Welle.

Als er zwei Jahre darauf schließlich seine klassische Arbeit über den Elektromagnetismus niederschrieb, fügte er ein wenig überzeugter an: »… Licht ist eine elektromagnetische Störung, die sich gemäß elektromagnetischen Gesetzen durch das Feld ausbreitet.«

Mit diesen Worten schien Maxwell das 2000 Jahre alte Mysterium bezüglich der Natur und des Ursprungs von Licht endlich ad acta gelegt zu haben. Wie so oft bei bedeutenden Erkenntnissen ergab sich sein Resultat als unbeabsichtigtes Nebenprodukt anderer fundamentaler Untersuchungen. In diesem Fall war es das Nebenprodukt eines der wichtigsten theoretischen Fortschritte in der Geschichte – der Vereinigung von Elektrizität und Magnetismus zu einer einzigen herausragenden mathematischen Theorie.

Vor Maxwell entsprang die hauptsächliche Quelle des Wissens aus einem Glauben an das Göttliche, der auf die Schöpfungsgeschichte zurückging. Tatsächlich verließ sogar Newton sich auf diese Quelle, um den Ursprung des Lichts zu verstehen. Doch nach 1862 änderte sich alles.

Auch James Clerk Maxwell war ein tief religiöser Mensch, und wie Newton vor ihm wurde auch er von seinem Glauben gelegentlich dazu gebracht, seltsame Behauptungen über die Natur aufzustellen. Dennoch – wie die mythische Person Prometheus, die den Göttern das Feuer stahl und es den Menschen als Werkzeug gab, das ihre Zivilisation für immer verändern sollte, so stahl auch Maxwell Feuer von den ersten Worten des jüdisch-christlichen Gottes und änderte deren Bedeutung für immer. Seit 1873 haben Generationen von Physikstudenten stolz verkündet: »Maxwell schrieb seine vier Gleichungen nieder und sagte dann: ›Es werde Licht.‹«

KAPITEL 4

HIN UND ZURÜCK

Der du das Erdreich gegründet hast auf festen Boden, dass es bleibt immer und ewiglich.

PSALM 104:5

Als man Galileo Galilei 1633 wegen Ketzerei anklagte, weil »er die von einigen gelehrte falsche Doktrin für wahr hält, dass die Sonne der Mittelpunkt der Welt sei«, soll er angesichts seiner kirchlichen Inquisitoren leise gemurmelt haben: »Und sie bewegt sich doch …« Mit diesen Worten zeigte sich erneut sein revolutionärer Charakter, ungeachtet dessen, dass man ihn gezwungen hatte, sich öffentlich zu der archaischen Position der katholischen Kirche zu bekennen, wonach die Erde stillstehe.

Auch wenn der Vatikan in der Frage der Erdbewegung schließlich kapitulierte, sprach sich das nie zu dem armen Gott der Psalmen herum. Das ist einigermaßen erstaunlich, weil, wie Galilei ein Jahr vor dem Prozess gezeigt hatte, ein absoluter Ruhezustand experimentell nicht zu verifizieren ist. Ein Experiment – etwa einen Ball hochzuwerfen und ihn wieder zu fangen – bringt bei der Durchführung im Ruhezustand das gleiche Ergebnis wie bei der Durchführung während einer Bewegung mit konstanter Geschwindigkeit – etwa an Bord eines fliegenden Flugzeugs, wenn gerade keine Turbulenzen auftreten. Wenn die Fenster des Flugzeugs geschlossen sind, lässt sich dort kein Experiment durchführen, das einem sagen würde, ob das Flugzeug in Bewegung ist oder stillsteht.

Als Galilei die Kugel 1632 sowohl buchstäblich als auch metaphorisch ins Rollen brachte, dauerte es noch weitere 273 Jahre, bis das Thema vollständig zur letzten Ruhe gebettet wurde (anders als Gegenstände *können* Themen nämlich zum Stillstand gebracht werden). Dazu brauchte es Albert Einstein.

Im Gegensatz zu Galilei war Einstein alles andere als ein Revolutionär. Revolutionäre reißen die Diktate der Autoritäten, die vor ihnen kamen, ein, so wie Galilei es mit Aristoteles getan hatte. Einstein machte genau das Gegenteil.

Ihm war bewusst, dass Regeln, die auf der Grundlage von Experimenten aufgestellt worden waren, nicht einfach beiseitegeschoben werden konnten, und es war ein Zeichen seiner Genialität, dass er es unterließ.

Dies ist so wichtig, dass ich es zum Nutzen jener Leute wiederholen möchte, die mir fast wöchentlich schreiben, sie hätten eine neue Theorie entdeckt, die zeige, dass alles, was wir im Moment über das Universum zu wissen glauben, falsch sei, und Einstein als Rechtfertigung für diese Möglichkeit heranziehen. Mit Ihrer Theorie liegen Sie nicht nur falsch, Sie leisten Einstein auch einen Bärendienst: *Regeln, die auf der Grundlage von Experimenten aufgestellt worden sind, können nicht einfach beiseitegeschoben werden.*

Albert Einstein wurde 1879 geboren – im Todesjahr von James Clerk Maxwell. Man ist versucht zu sagen, dass ein einzelner simpler Planet nicht ausreichte, ihre vereinte Brillanz zu beherbergen. Doch es war nur ein zufälliges, wenn auch glückliches Zusammentreffen. Wäre Maxwell nicht vor ihm dagewesen, hätte Einstein nicht Einstein sein können. Er kam aus der ersten Generation junger Wissenschaftler, die sich mit dem von Maxwell und Faraday erbrachten neuen Wissen über Licht und Elektromagnetismus herumschlagen mussten. Am Ende des 19. Jahrhunderts war das für einen »jungen Wilden« wie Einstein die wahre Front der Physik. Alle hatten Licht im Kopf.

Schon als Teenager war Einstein so aufgeweckt, dass er das fundamentale Problem erkannte, das sich in Maxwells schönen Ergebnissen hinsichtlich der Existenz elektromagnetischer Wellen verbarg: Sie waren nicht mit den ebenso schönen und gut untermauerten Ergebnissen hinsichtlich der Grundeigenschaften der Bewegung zu vereinbaren, die Galilei drei Jahrhunderte früher geliefert hatte.

Wie bereits erwähnt, hatte Galilei schon vor seinem epischen Kampf mit der katholischen Kirche über die Bewegung der Erde vorgebracht, niemand könne ein Experiment ausführen, mit dem zu bestimmen sei, ob man sich in gleichförmiger Bewegung oder im Ruhezustand befinde. Doch bis zu Galilei hatte man einen Zustand absoluten Stillstands als Sonderfall angesehen. Aristoteles hatte entschieden, dass Ruhe der Zustand sei, den alle Gegenstände anstrebten, und die Kirche entschied, der Ruhezustand sei so speziell, dass es der Zustand des Mittelpunkts des Universums sein müsse, nämlich des Planeten, auf den Gott uns gestellt hatte.

Wie einige – keineswegs alle – Behauptungen des Aristoteles klingt auch diese Aussage, wonach der Ruhezustand ein besonderer Fall sei, ziemlich einleuchtend. (Für diejenigen, die gern Aristoteles' Weisheit anführen, wenn sie sich für die Existenz Gottes auf sein Argument vom »ersten Beweger« berufen, sei daran erinnert, dass er auch behauptet hat, Frauen besäßen eine andere Anzahl von Zähnen als Männer – vermutlich ohne sich die Mühe zu machen, das zu prüfen.)

Alles, was wir im Alltag sehen, kommt zur Ruhe. Alles außer dem Mond und den Planeten, was möglicherweise einer der Gründe ist, dass man diese im Altertum für etwas Besonderes hielt, geleitet von Engeln oder Göttern.

Doch jegliche Empfindung, wir befänden uns in Ruhe, ist eine Illusion. Im Fall des schon genannten Beispiels, bei dem wir in einem fliegenden Flugzeug einen Ball hochwerfen und wieder auffangen, wird man schließlich angeben können, dass das Flugzeug in Bewegung ist, weil man die Stöße von Turbulenzen spürt. Doch selbst wenn das Flugzeug auf dem Vorfeld steht, ist es nicht bewegungslos. Der Flughafen bewegt sich mitsamt der Erde mit etwa 30 km/sec um die Sonne, die Sonne kreist mit etwa 200 km/sec um die Galaxis und so weiter.

Galilei brachte diese Tatsache auf die berühmte Formel, dass die Gesetze der Physik für alle Beobachter, die sich in gleichförmiger Bewegung (also mit konstanter Geschwindigkeit und in gerader Linie) befinden, gleich seien. (Beobachter in Ruhe sind nichts als ein Spezialfall mit der Geschwindigkeit null.) Damit ist gemeint, dass es unmöglich ist, mit einem solchen Gegenstand einen Versuch durchzuführen, der einem sagt, dass dieser sich nicht im Ruhezustand befindet. Wenn man ein Flugzeug am Himmel betrachtet, ist leicht zu erkennen, dass es sich in Bezug auf einen selbst bewegt. Doch es gibt keinen am Boden oder im Flugzeug durchführbaren Versuch, um festzustellen, ob der Boden, auf dem man steht, sich am Flugzeug vorbeibewegt oder umgekehrt.

Einerseits ist es bemerkenswert, dass es so lange gedauert hat, bis überhaupt jemand diese grundlegende Tatsache über die Welt erkannt hat. Andererseits stellt sie eine weitgehende Herausforderung für unsere Erfahrung dar. Weitgehend, aber nicht umfassend. Galilei selbst verwendete als Beispiele Kugeln, die auf schiefen Ebenen rollen. Damit wollte er zeigen, dass genau das, was frühere Philosophen als grundlegend für die Welt angesehen hatten – die bremsende Kraft der Reibung, die einen Gegenstand schließlich zum Stillstand bringt –, in keiner Weise grundlegend war, sondern eine darunter liegende Realität verbarg. Wenn Kugeln eine Ebene hinab- und eine weitere wieder hinaufrollen, so rollen die Kugeln, wie Galilei feststellte, auf sehr glatten Flächen auf die gleiche Höhe zurück, aus der sie gestartet waren. Als er dann jedoch Kugeln betrachtete, die Ebenen mit immer geringerer Neigung hinaufrollten, zeigte sich, dass die Kugeln eine längere Strecke zurücklegen mussten, um ihre Ausgangshöhe zu erreichen. Daraus schloss er, dass die Kugeln, falls die zweite Steigung völlig verschwand, ihren Weg mit gleicher Geschwindigkeit für immer fortsetzen würden.

Diese zentrale Erkenntnis war überaus bedeutsam und änderte die Art und Weise, in der wir über die Welt nachdenken, in vielen Aspekten grundlegend. Man bezeichnet sie oft einfach als Trägheitsgesetz, und sie führte zu Newtons Bewegungsgesetz, das die Größe einer äußeren Kraft mit der beobachteten Beschleunigung eines Gegenstandes in Beziehung setzte. Da Galilei erkannt hatte, dass es keiner Kraft bedurfte, um etwas in konstanter Bewegung zu halten, konnte Newton den natürlichen Schritt vollziehen und vorschlagen, dass eine Kraft nötig sei, um die Geschwindigkeit zu verändern.

Zwischen Himmel und Erde gab es keinen grundlegenden Unterschied mehr. Die verborgene Wirklichkeit, die der Bewegung alltäglicher Gegenstände zugrunde lag, machte auch deutlich, dass die endlose Bewegung astronomischer Objekte in diesem Sinn keine übernatürliche Erscheinung war. Sie bereitete die Bühne für Newtons Allgemeines Gravitationsgesetz, was die Notwendigkeit, dass Engel oder andere Wesen eine Rolle im Kosmos spielten, weiter herabsetzte.

Galileis Entdeckung war demnach ein Grundstein für die Entwicklung der modernen Physik, wie wir sie heute kennen. Dasselbe gilt auch für Maxwells spätere brillante Vereinigung von elektrischer und magnetischer Kraft, die das mathematische Gerüst bildete, auf dem die gesamte gegenwärtige theoretische Physik aufbaut.

In dieser reichen intellektuellen Landschaft begann Albert Einstein seine eigene Reise, doch unterwegs erspähte er rasch eine tiefe und unüberbrückbare Kluft: Galilei und Newton konnten nicht gleichzeitig recht haben.

Vor mehr als 20 Jahren, als meine Tochter noch sehr klein war, dachte ich erstmals darüber nach, wie ich das Paradoxon erklären könnte, mit dem der junge Einstein sich herumgeschlagen hatte, und als ich sie im Kleinkindalter im Auto spazieren fuhr, traf mich ein gutes Beispiel buchstäblich am Kopf.

Wie Galilei gezeigt hatte, sollten die Gesetze der Physik in unserem Auto, solange ich sicher und mit konstanter Geschwindigkeit fuhr und nicht plötzlich beschleunigte, dieselben sein, die man in den Laboren des Physikgebäudes maß, in dem ich arbeitete und zu dem ich gerade unterwegs war. Falls meine Tochter auf dem Rücksitz mit einem Spielzeug spielte, konnte sie es in die Luft werfen und erwarten, es ohne irgendwelche Überraschungen wieder aufzufangen. Die Intuition, die ihr Körper sich beim Spielen zu Hause erworben hatte, hätte ihr auch im Auto gute Dienste geleistet.

Doch anders, als das bei vielen anderen kleinen Kindern der Fall ist, schaukelte sie das Autofahren nicht in den Schlaf, es bereitete ihr vielmehr Angst und Unbehagen. Während unserer Fahrt wurde ihr übel; sie übergab sich, und das Erbrochene folgte einer von Newton trefflich beschriebenen Flugbahn – mit einer Anfangsgeschwindigkeit von, sagen wir, 15 Meilen pro Stunde, und in einer hübschen, an meinem Kopf endenden Parabelbahn.

Sagen wir, mein Auto würde sich in dieser Zeit relativ langsam (vielleicht mit 10 Meilen pro Stunde) einer Verkehrsampel nähern. Jemand, der auf der Straße steht und all das beobachtet, sähe das Erbrochene mit 25 Meilen pro Stunde dahinfliegen – der Geschwindigkeit des Autos im Verhältnis zu ihm (10 Meilen/h) plus der Geschwindigkeit des Erbrochenen (15 Meilen/h) –, und auch hier würde die Flugbahn bei der höheren Geschwindigkeit von 25 Meilen pro Stunde durch Newton richtig beschrieben, während es auf meinen (jetzt bewegten) Kopf zufliegt.

So weit, so gut. Doch nun kommt das Problem. Meine Tochter ist inzwischen älter und fährt selbst gern Auto. Sagen wir, sie fährt hinter dem Auto einer Freundin her und ruft sie (aus Sicherheitsgründen, ohne die Hände zu benutzen) mit dem Smartphone an, um ihr zu sagen, dass sie rechts abbiegen soll, damit sie zu der verabredeten Stelle kommt. Während sie ins Telefon spricht, hüpfen in dem Gerät Elektronen hin und her und erzeugen eine elektromagnetische Welle (im Mikrowellenband). Diese Welle breitet sich mit Lichtgeschwindigkeit zum Smartphone der Freundin aus (eigentlich reist sie hinauf zu einem Satelliten und wird von dort nach unten zu der Freundin gesendet, doch diese Komplikation wollen wir für den Moment außer Acht lassen) und erreicht die Empfängerin rechtzeitig, sodass sie korrekt abbiegt.

Was würde nun ein auf der Straße stehender Beobachter messen? Der gesunde Menschenverstand würde uns sagen, dass das Mikrowellensignal vom Auto meiner Tochter zum Auto ihrer Freundin mit einer Geschwindigkeit unterwegs ist, die sich aus der Lichtgeschwindigkeit (die durch einen Detektor im Auto meiner Tochter gemessen werden könnte und die wir mit »c« bezeichnen) plus der Geschwindigkeit des Autos ergibt.

Doch der gesunde Menschenverstand ist genau deswegen trügerisch, weil er auf der allgemeinen Erfahrung beruht. Im Alltag messen wir nicht, wie viel Zeit das Licht oder Mikrowellen benötigen, um von einer Seite des Raums zur anderen oder von einem Handy zum anderen zu gelangen. Wäre hier der gesunde Menschenverstand anzuwenden, würde das bedeuten, dass jemand auf dem Boden (mit einem raffinierten Messgerät) die zappelnden Elektronen im Telefon meiner Tochter messen und die Aussendung eines Mikrowellensignals beobachten würde, das mit einer Geschwindigkeit c plus, sagen wir, 10 Meilen pro Stunde unterwegs wäre.

Der große Triumph Maxwells bestand jedoch in dem Nachweis, dass er die von einer oszillierenden Ladung ausgehenden elektromagnetischen Wellen allein durch eine Messung der Stärke von Elektrizität und Magnetismus berechnen konnte. Wenn also der Beobachter auf der Straße feststellen würde, dass die Wellen mit c plus 10 Meilen/h unterwegs sind, so müsste die Stärke von Elektrizität und Magnetismus für ihn andere Werte aufweisen, als meine Tochter sie beobachtet – für sie bewegen die Wellen sich mit der Geschwindigkeit c.

Doch Galilei sagt uns, das sei unmöglich. Wenn die gemessenen Stärken von Elektrizität und Magnetismus für die zwei

Beobachter voneinander abweichen würden, so könnte man feststellen, wer sich bewegt und wer nicht, weil die Gesetze der Physik – in diesem Fall den Elektromagnetismus betreffend – für jeden Beobachter unterschiedliche Werte annähmen.

Demnach hatte entweder Galilei oder Maxwell recht, beide zugleich konnten nicht recht haben. Weil Galilei so viel früher gewirkt hatte, als die Physik noch primitiver gewesen war, schlugen sich die meisten Physiker eher auf Maxwells Seite. Sie entschieden, dass es einen absoluten Bezugsrahmen im Universum geben müsse, und dass Maxwells Berechnungen nur innerhalb dieses Rahmens anwendbar seien. Alle Beobachter, die sich relativ zu diesem Rahmen bewegten, würden messen, dass elektromagnetische Wellen in Bezug auf sie selbst eine andere Geschwindigkeit haben müssten, als Maxwell berechnet hatte.

Eine lange wissenschaftliche Tradition unterstützte diese Vorstellung. Denn wenn Licht eine elektromagnetische Störung war – was wurde dadurch denn gestört? Über viele tausend Jahre hinweg hatten Philosophen über einen »Äther« spekuliert, ein unsichtbares Hintergrundmaterial, das den gesamten Raum erfüllt, und man vermutete natürlich, dass elektromagnetische Wellen in diesem Medium unterwegs waren – wie Schallwellen, die sich im Wasser oder in der Luft fortbewegen. In diesem Fall wären elektromagnetische Wellen mit irgendeiner festgelegten, für dieses Medium charakteristischen Geschwindigkeit (es war die von Maxwell berechnete) unterwegs, und Beobachter, die sich in Bezug auf diesen Hintergrund bewegten, würden die Wellen je nach ihrer eigenen relativen Bewegung als schnellere oder langsamere Geschwindigkeit messen.

Auch wenn diese Vorstellung intuitiv vernünftig erschien, bot sie keinen wirklichen Ausweg: Wenn man nämlich an Maxwells Analyse zurückdenkt, würde sie darauf hinauslaufen, dass diese verschiedenen Beobachter in relativer Bewegung in Hinblick auf Elektrizität und Magnetismus unterschiedliche Stärken messen würden. Möglicherweise hielt man das für akzeptabel, weil alle zu dieser Zeit erreichbaren Geschwindigkeiten im Vergleich zur Lichtgeschwindigkeit so klein waren, dass derartige Unterschiede allenfalls winzig gewesen wären und sich jeder Messung entzogen hätten.

Bei einer öffentlichen Veranstaltung, die ich mit dem Schauspieler Alan Alda besuchte, stellte dieser mit der Aussage, Kunst erfordere harte Arbeit, und Wissenschaft erfordere Kreativität, die vorherrschende Überzeugung auf den Kopf. Natürlich brauchen beide beides, doch mir gefällt, dass mit seiner Version die kreative, künstlerische Seite der Wissenschaft betont wird. Ich würde noch hinzufügen, dass beide künstlerischen Bemühungen (sowohl Wissenschaft als auch Kunst) intellektuellen Mut erfordern. Kreativität allein führt zu nichts, wenn sie nicht umgesetzt wird. Ohne den Mut zur Umsetzung bleiben neuartige Ideen oft stecken und verkümmern.

Ich bringe das an dieser Stelle ein, weil das wahre Merkmal von Einsteins Genie möglicherweise nicht sein mathematisches Können war (obwohl er im Gegensatz zur vorherrschenden Meinung mathematisch sehr talentiert war), sondern seine Kreativität und die damit einhergehende intellektuelle Zuversicht, die seiner Beharrlichkeit Antrieb gaben.

Einstein war mit der Herausforderung konfrontiert, zwei einander widersprechende Ideen in Einklang zu bringen. Die einfache Lösung bestand darin, eine davon zu verwerfen. Sich eine Möglichkeit auszudenken, wie der Widerspruch zu beseitigen war, erforderte Kreativität.

Einsteins Lösung war nicht komplex, doch das heißt nicht, dass sie einfach war. Hier muss ich an eine Anekdote über Christoph Kolumbus denken: Ehe er aufbrach, um die Neue Welt zu finden, bekam er in einer Schenke ein Gratisgetränk, weil er behauptete, er könne auf der Theke ein hartgekochtes Ei auf seine Spitze stellen. Nachdem der Barmann auf die Wette eingegangen war, schlug Kolumbus das Ei mit der Spitze auf die Theke und konnte es so problemlos aufstellen. Er hatte schließlich nie behauptet, es dabei nicht zu zerbrechen.

Einsteins Lösung für das Galilei-Maxwell-Paradoxon unterschied sich nicht sehr von der Lösung mit dem Ei. Denn wenn sowohl Maxwell als auch Galilei recht hatten, dann musste es etwas anderes geben, das zerbrochen werden musste, damit das Bild wieder stimmte.

Aber was konnte das sein? Damit sowohl Maxwell als auch Galilei recht behielten, war etwas erforderlich, was eindeutig verrückt war: In meinem Beispiel müssten beide Beobachter messen, dass die Geschwindigkeit der vom Handy meiner Tochter ausgehenden Mikrowellen in Bezug auf sie gleich ist, anstatt Werte festzustellen, die sich um die Geschwindigkeit des Autos unterscheiden.

Doch Einstein stellte sich die interessante Frage: Was bedeutet es eigentlich, die Geschwindigkeit des Lichts zu messen? Geschwindigkeit bestimmt sich dadurch, dass man misst, welche Entfernung ein Gegenstand in einer bestimmten Zeit zurücklegt. Also überlegte Einstein sich Folgendes: Es ist möglich, dass zwei Beobachter für die Mikrowellen die gleiche Geschwindigkeit in Bezug auf sich selbst messen, solange die Distanz, die der Strahl ihrer jeweiligen Messung zufolge relativ zu ihnen und in der jeweils von den Beobachtern gemessenen Zeitspanne (sagen wir eine Sekunde, die jeder in seinem jeweiligen Bezugsrahmen misst) zurücklegt, ihrerseits dieselbe ist.

Doch auch das ist ein bisschen verrückt. Nehmen wir das einfachere Beispiel mit dem fliegenden Erbrochenen. Erinnern wir uns, dass es in meinem Bezugsrahmen vom Mund meiner Tochter auf dem Rücksitz bis zum Auftreffen auf meinen vielleicht einen Meter entfernten Kopf etwa ¼ Sekunde unterwegs ist. Für einen Beobachter auf der Straße ist das Auto während dieser Zeit mit etwa 16 km/h unterwegs, das sind um die 4,5 m/sec. Für den Beobachter auf der Straße fliegt das Erbrochene also etwa 1,2 Meter plus 1 Meter – oder zusammen 2,2 Meter weit.

Für die beiden Beobachter legt das Erbrochene demnach in derselben Zeit eine sehr unterschiedliche Strecke zurück. Wieso ist die von beiden Beobachtern gemessene Distanz dann bei Mikrowellen dieselbe?

Der erste Hinweis, weshalb ein so verrücktes Ergebnis möglich ist, ergibt sich daraus, dass elektromagnetische Wellen so schnell sind: In der Zeit, die sie brauchen, um von einem Auto zum anderen zu gelangen, haben beide Autos sich kaum weiterbewegt. Demnach wäre jede mögliche Differenz der in dieser Zeit gemessenen Entfernung für beide Beobachter letztlich nicht wahrnehmbar.

Doch Einstein kehrte dieses Argument um. Er erkannte, dass beide Beobachter eigentlich nicht die von den Mikrowellen zurückgelegten Entfernungen innerhalb menschlicher Entfernungsskalen messen, weil die entsprechenden Zeitabschnitte, in denen Licht Distanzen in menschlicher Größenordnung zurücklegt, so kurz sind, dass niemand zu ihrer Messung imstande gewesen wäre. Und auf menschlichen Zeitskalen würde Licht so große Entfernungen zurücklegen, dass auch diese von niemandem direkt gemessen werden könnten. Wer konnte also sagen, dass es ein solch verrücktes Verhalten nicht tatsächlich gab?

Daraus ergab sich dann die Frage: Was ist erforderlich, dass es tatsächlich dazu kommt? Damit dieses scheinbar unmögliche Resultat möglich wurde, mussten die beiden Beobachter, so Einsteins Überlegung, Entfernungen und/oder Zeiten jeweils unterschiedlich messen – und zwar in einer Weise, dass zumindest das Licht für beide Beobachter die gleiche gemessene Distanz in der gleichen gemessenen Zeit zurücklegte. Damit würde beispielsweise der Beobachter auf der Straße im Fall des Erbrochenen messen, dass dieses 2,2 Meter zurücklegt, aber irgendwie auch die Zeitspanne, in der das geschieht, für größer halten, als ich sie in meinem Auto messe. Die daraus folgende Geschwindigkeit des Erbrochenen wäre damit in Bezug auf ihn dieselbe wie die, welche ich in Bezug auf mich messe.

Anschließend stellte Einstein die kühne Behauptung auf, dass so etwas tatsächlich geschieht – dass sowohl Maxwell als auch Galilei recht haben und dass alle Beobachter ungeachtet ihres relativen Bewegungszustands jeden Lichtstrahl mit der Geschwindigkeit c in Bezug auf sich selbst messen würden.

Einstein war selbstverständlich kein Prophet, sondern Wissenschaftler, und deshalb verkündete er nicht einfach irgendeine auf Autorität gegründete Absonderlichkeit. Er erkundete die Konsequenzen seiner Behauptung und machte Vorhersagen, die man testen konnte, um sie zu verifizieren. Damit verlegte er den Schauplatz unserer Geschichte vom Reich des Lichts in den Bereich der unmittelbaren menschlichen Erfahrung. Dabei veränderte er nicht nur für immer die Bedeutung von Raum und Zeit, sondern auch die Ereignisse, die unser Leben lenken, selbst.

KAPITEL 5

EINE MASCHE IN DER ZEIT

Er spannt den Norden aus über dem Leeren
und hängt die Erde über das Nichts.

HIOB 26:7

Die großen Epen aus der griechischen und römischen Antike drehen sich um Helden wie Odysseus und Aeneas, welche die Götter herausforderten und sie dabei oft überlisteten. Für die etwas moderneren Helden hat sich daran nicht so viel verändert.

Einstein überwand viele tausend Jahre fehlgeleiteter menschlicher Wahrnehmung, indem er zeigte, dass nicht einmal der Gott Spinozas dem Raum und der Zeit seinen absoluten Willen aufzwingen konnte und dass wir diesen imaginären Fesseln jedes Mal dann entkommen, wenn wir uns umschauen und inmitten der Sterne über uns neue Wunder erblicken. Er tat es Künstlergenies wie Vincent van Gogh gleich und argumentierte so sparsam wie Ernest Hemingway.

Van Gogh starb 15 Jahre vor der Zeit, in der Einstein seine Vorstellungen über Raum und Zeit entwickelte, doch seine Gemälde machen deutlich, dass unsere Wahrnehmungen der Welt subjektiv sind. Picasso war wohl kühn genug zu behaupten, er male, was er sehe, selbst als er Darstellungen von unzusammenhängenden Menschen schuf, deren Gliedmaßen in unterschiedliche Richtungen zeigen, doch van Goghs Meisterwerke führen vor, dass die Welt für verschiedene Menschen sehr unterschiedlich aussehen kann.

Und so meinte auch Einstein explizit (und soweit ich weiß, das erste Mal in der Geschichte der Physik), dass »hier« und »jetzt« keine universell gültigen, sondern vom Beobachter abhängige Vorstellungen seien.

Seine Begründung war einfach: Sie beruhte auf der ebenso schlichten Tatsache, dass wir nicht gleichzeitig an zwei Orten sein können.

Wir sind an die Empfindung gewöhnt, dass wir mit den Menschen in unserer Umgebung dieselbe Realität teilen, weil wir, wenn wir uns umsehen, die gleichen Erfahrungen zu machen scheinen. Doch dabei handelt es sich um eine Illusion, die sich aus der sehr hohen Geschwindigkeit des Lichts ergibt.

Wenn ich etwas beobachte, das genau jetzt geschieht, meinetwegen einen Autounfall unten auf der Straße oder zwei Liebende, die sich unter einer Laterne küssen, während ich vorbeigehe, so findet doch keines dieser Ereignisse jetzt statt, sondern vielmehr vorher. Das Licht, das meine Augen erreicht, wurde von dem Auto oder den Leuten kurze Zeit zuvor reflektiert.

Ebenso verhält es sich, wenn ich ein Foto von einer schönen Landschaft aufnehme, so wie ich es gerade in Nordirland getan habe, wo ich mit diesem Kapitel anfing: Die von mir eingefangene Szene erstreckt sich nicht nur im Raum, sondern in Raum *und* Zeit. Das Licht von den etwa einen Kilometer entfernten säulenförmigen Klippen am Giant's Causeway verließ diese Klippen schon einige Zeit (vielleicht eine Dreißigmillionstelsekunde) vor dem Licht, das von den Leuten ausging, die im Vordergrund über die sechseckigen Basaltsäulen kletterten – in meiner Kamera kam beides gleichzeitig an.

Ausgehend von dieser Erkenntnis, fragte Einstein sich, wie zwei Ereignisse, die ein Beobachter als gleichzeitige Vorgänge an verschiedenen Orten wahrnimmt, für einen anderen Beobachter aussähen, der sich in Bezug auf den ersten Beobachter bewegt, während diese Beobachtungen gemacht werden. Das von ihm erwogene Beispiel drehte sich um einen Zug, weil er damals in der Schweiz lebte und zu dieser Zeit alle fünf Minuten ein Zug zu einem Ort irgendwo im Land abfuhr – und das von praktisch jedem anderen Ort im Land.

Nehmen wir die folgende Abbildung, in der jedes Ende des Zuges von einem Blitz getroffen wird. Die Zugenden befinden sich in jeweils gleicher Entfernung zu Beobachter A, der sich in Bezug auf sie nicht bewegt. Beobachter B sitzt in dem sich bewegenden Zug, der A in dem Augenblick passiert, den A später als den Zeitpunkt bestimmt, in dem die beiden Blitze einschlugen:

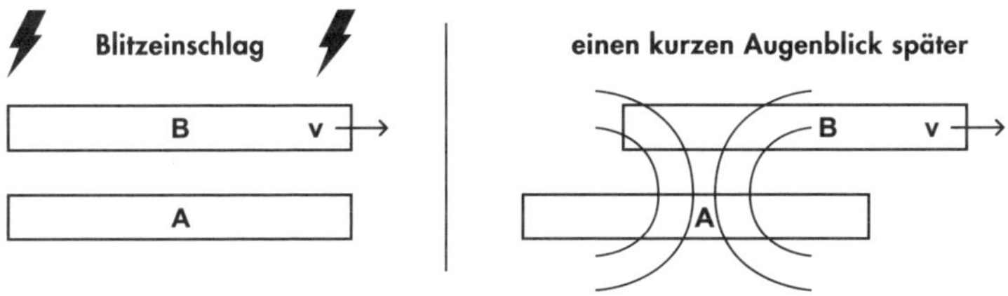

Wenig später sieht A gleichzeitig beide Blitze. B dagegen hat sich in dieser Zeit weiterbewegt. Deshalb wird die Lichtwelle mit der Information, dass rechts ein Blitz eingeschlagen hat, B bereits passiert haben; das Licht, das die Information über den Blitz auf der Linken trägt, hat ihn noch nicht erreicht.

B sieht das Licht von beiden Enden des Zuges ankommen, und der Blitz am vorderen Ende findet tatsächlich vor dem am hinteren Ende statt. Weil er das ankommende Licht mit der Geschwindigkeit c misst, und weil er sich in der Mitte des Zuges befindet, kommt er zu dem Schluss, dass der Blitz zur Rechten vor dem zur Linken aufgetreten sein muss.

Wer hat hier recht? Einstein hatte den Mut vorzuschlagen, dass beide Beobachter recht haben. Wenn die Lichtgeschwindigkeit von gleicher Art wäre wie andere Geschwindigkeiten, würde B natürlich eine Welle vor der anderen wahrnehmen, doch er sähe sie, als würden sie sich mit unterschiedlichen Geschwindigkeiten auf ihn zubewegen (diejenige, auf die er sich zubewegte, wäre schneller, die andere langsamer), weshalb er schlussfolgern würde, dass die beiden Ereignisse gleichzeitig stattgefunden hätten. Weil aber beide von B gemessenen Lichtstrahlen mit der gleichen Geschwindigkeit c bei ihm ankamen, ist die Realität, auf die er schließt, eine völlig andere.

Einstein hat hervorgehoben, dass bei der Definition dessen, was wir unter verschiedenen physikalischen Größen verstehen, die Messung allein entscheidet. Sich eine von Messungen unabhängige Realität vorzustellen, mag eine interessante philosophische Übung sein, doch aus wissenschaftlicher Perspektive ist es eine fruchtlose Untersuchungslinie. Falls sowohl A als auch B zur selben Zeit am selben Ort sind, müssen sie in diesem Augenblick dasselbe messen, doch sobald entfernte Orte betroffen sind, ist fast alles möglich. Jede Messung, die B vornehmen kann, sagt ihm, dass das Ereignis am vorderen Ende des Zuges vor dem nächsten stattfand, während A mit jeder durchgeführten Messung erfährt, dass die Ereignisse simultan stattgefunden haben. *Da weder A noch B gleichzeitig an beiden Orten sein können,* ist ihre Messung der Zeit an fernen Orten von entfernten Beobachtungen abhängig, und wenn diese abgelegenen Beobachtungen auf einer Interpretation dessen beruhen, was Licht von diesen Ereignissen verrät, werden sie unterschiedlich festlegen, welche fernen Ereignisse simultan ablaufen – und beide werden richtig liegen.

Hier und jetzt ist nur für hier und jetzt universell gültig, nicht für dort und damals.

Ich habe nicht ohne Grund geschrieben, dass dann »fast alles« möglich sei. Denn so merkwürdig das eben geschilderte Beispiel auch erscheinen mag – es kann noch weit seltsamer kommen. Ein weiterer Beobachter, C, in einem Zug, der in entgegengesetzter Richtung zu B auf einem dritten, neben A und B verlaufenden Gleis unterwegs ist, wird tatsächlich zu dem Schluss kommen, dass das Ereignis auf der linken Seite (dem vorderen Teil seines Zuges) vor dem Ereignis auf der rechten Seite geschehen ist.

Anders gesagt, die Reihenfolge der von den beiden Beobachtern B und C erlebten Ereignisse wird komplett umgekehrt. Das »Vorher« des einen wird das »Nachher« des anderen.

Das stellt uns jedoch vor ein sehr großes, offenkundiges Problem. In der Welt, in der wir nach Ansicht der meisten Menschen leben, geschehen Ursachen *vor* den Wirkungen. Wenn aber »vorher« und »nachher« vom Beobachter abhängig sein können – was geschieht dann mit Ursache und Wirkung?

Bemerkenswert ist, dass das Universum eine Art eingebauten Haken hat, der letztlich sicherstellt, dass wir auch dann, wenn wir der Wirklichkeit gegenüber einen offenen Geist bewahren, nicht gezwungen sind, ihn so offen zu halten, dass uns das Hirn aus dem Kopf herausfällt, wie der Herausgeber der *New York Times* zu sagen pflegte. In diesem Fall zeigte Einstein, dass die Umkehrung der zeitlichen Reihenfolge ferner Ereignisse, welche die konstante Lichtgeschwindigkeit mit sich bringt, nur dann möglich ist, wenn die Ereignisse so weit voneinander entfernt sind, dass ein Lichtstrahl für den Weg zwischen ihnen mehr Zeit benötigt als die ermittelte Zeitdifferenz zwischen den beiden Ereignissen. Wenn nichts schneller vorankommen kann als das Licht (wie sich herausstellt, ist das eine weitere Konsequenz aus Einsteins Bemühung, Galilei und Maxwell in Einklang zu bringen), kann demnach kein Signal von dem einen Ereignis jemals rechtzeitig ankommen, um das andere zu beeinflussen – kein Ereignis kann also die Ursache des anderen sein.

Wie aber verhält es sich mit zwei verschiedenen Ereignissen, die in einem gewissen zeitlichen Abstand am selben Ort stattfinden? Werden verschiedene Beobachter sie unterschiedlich wahrnehmen? Um diese Situation zu untersuchen, stellte Einstein sich eine idealisierte Uhr in einem Zug vor. Das Ticken der Uhr wird durch einen Lichtimpuls repräsentiert, der von einer Quelle auf der einen Seite des Zuges ausgeht, von einem auf der anderen Seite angebrachten Spiegel reflektiert wird und zur Uhr zurückkehrt (siehe nächste Seite).

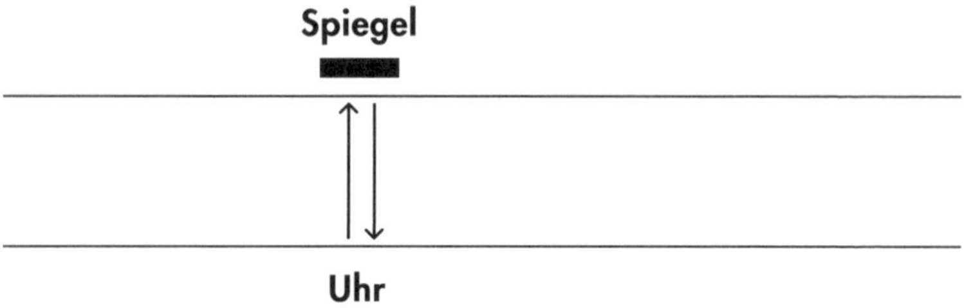

Sagen wir, jeder Vorgang (ein Ticken) dauert eine Millionstelsekunde. Stellen wir uns nun einen Beobachter vor, der diesen Vorgang vom Bahnsteig aus betrachtet. Weil der Zug sich bewegt, ist der Lichtstrahl auf dem unten gezeigten Pfad unterwegs; Uhr und Spiegel haben sich zwischen Aussendung und Empfang weiterbewegt.

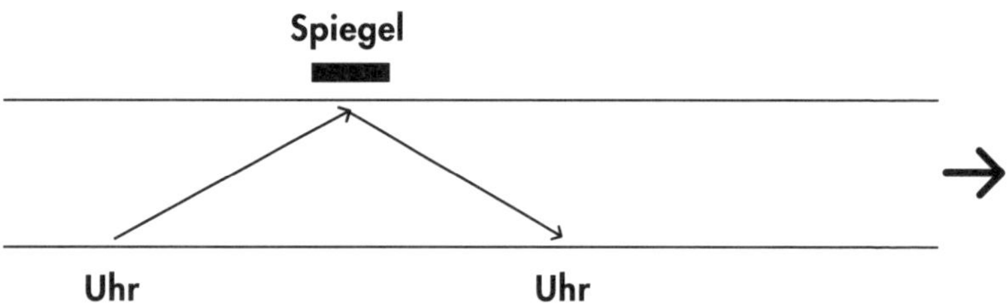

Dieser Lichtstrahl legt in Bezug auf den Beobachter auf dem Bahnsteig eindeutig eine längere Strecke zurück als in Bezug zu der Uhr im Zug. Doch die gemessene Geschwindigkeit des Lichtstrahls zeigt in beiden Fällen den gleichen Wert, c. Demnach dauert der Vorgang länger. Der Weg des Lichtstrahls, der im Zug in einer Millionstelsekunde zurückgelegt wird, beansprucht vom Bahnsteig aus zwei Millionstelsekunden. Die Uhr im Zug tickt also halb so schnell wie eine Uhr auf dem Bahnsteig. Für die Uhr an Bord ist die Zeit langsamer abgelaufen.

Noch seltsamer ist, dass der Effekt vollkommen reziprok auftritt. Jemand an Bord des Zuges wird feststellen, dass eine Uhr auf dem Bahnsteig halb so schnell wie seine Uhr im Zug tickt –

der abgebildete Verlauf würde für jemandem im fahrenden Zug, der einen Lichtstrahl zwischen Spiegeln auf dem Bahnsteig beobachtet, absolut identisch aussehen.

Das könnte den Anschein erwecken, dass die Verlangsamung der Uhr eine bloße Illusion sei, doch auch hier gilt, dass Messung gleich Realität ist. In diesem Fall verhält es sich jedoch etwas subtiler als im Fall der Gleichzeitigkeit. Will man später die Uhren vergleichen und feststellen, welche Uhr der Beobachter wirklich langsamer gegangen ist – wenn es überhaupt eine tat –, muss zumindest einer der Beobachter zum anderen zurückkehren. Dazu muss dieser Beobachter seine gleichförmige Bewegung ändern, entweder indem er abbremst und umkehrt oder indem er (aus scheinbarer Ruhe) beschleunigt und den anderen Beobachter einholt.

Damit sind die beiden Beobachter nicht mehr äquivalent. Es zeigt sich, dass der Beobachter, der eine Beschleunigung oder Abbremsung erfährt, bei der Rückkehr zum Ausgangspunkt weniger gealtert ist als der andere, der die ganze Zeit über in gleichförmiger Bewegung geblieben ist.

Das hört sich nach Science-Fiction an, und tatsächlich hat es Stoff für eine ganze Menge von sowohl guter als auch schlechter Science-Fiction geliefert. Denn zumindest prinzipiell ermöglicht es genau die Art von Raumreise durch die Galaxie, wie man sie sich in so vielen Filmen vorstellt. Doch es gibt da ein paar ziemlich gewichtige Probleme. Es ist zwar prinzipiell möglich, während eines Menschenlebens mit einem Raumschiff einmal durch die Galaxie zu reisen, sodass Jean Luc Picard seine *Star-Trek*-Abenteuer erleben könnte. Doch im Sternenflottenkommando hätte man große Schwierigkeiten, über irgendeine Art von Föderation zu bestimmen oder sie zu kontrollieren. Die Mission von Schiffen wie der *USS Enterprise* kann für die Mannschaft an Bord vielleicht mal fünf Jahre dauern, doch jede Rundreise eines Raumfahrzeugs von der Erde zum Mittelpunkt der Galaxie mit annähernd Lichtgeschwindigkeit würde aus Sicht der zu Hause gebliebenen Gesellschaft um die 60000 Jahre dauern. Zu allem

Übel würde die Energieversorgung einer einzigen solchen Reise mehr Treibstoff erfordern, als die gesamte Galaxie an Materie enthält – zumindest wenn man herkömmliche Raketen nutzt, wie sie heute in Gebrauch sind.

Dennoch ist, von den Nöten der Science-Fiction einmal abgesehen, die »Zeitdilation« (so heißt die relativistische Verlangsamung von Uhren in Bezug auf sich bewegende Objekte) sehr real, und sie wird hier auf der Erde jeden Tag sehr häufig erfahren. In Hochenergie-Teilchenbeschleunigern wie dem LHC, dem Large Hadron Collider (Großer Hadronen-Speicherring) beschleunigen wir beispielsweise Elementarteilchen auf bis zu 99,9999 Prozent der Lichtgeschwindigkeit und stützen uns auf Effekte der Relativität, wenn wir erforschen, was dabei passiert.

Doch selbst näher am Alltag wirkt sich die relativistische Zeitdilation aus. Hier auf der Erde werden wir ständig von kosmischen Strahlen aus dem All bombardiert. Hätte man einen Geigerzähler dabei, während man auf einem Acker steht, würde der Zähler regelmäßig alle paar Sekunden klicken, da er den Einschlag energiereicher Teilchen (sie heißen Myonen) misst. Diese Teilchen entstehen, wo energiereiche Protonen der kosmischen Strahlung in die Atmosphäre einschlagen und einen Schauer anderer, leichterer Teilchen – einschließlich der Myonen – erzeugen; diese sind instabil und zerfallen in Elektronen (und meine Lieblingspartikel, die Neutrinos) mit einer Lebensdauer von etwa einer Millionstelsekunde.

Ohne die Zeitdilation würden wir diese Myonen der kosmischen Strahlung auf der Erde niemals aufspüren können. Denn ein Myon, das für eine Millionstelsekunde mit annähernd Lichtgeschwindigkeit unterwegs ist, legt etwa 300 Meter zurück, ehe es zerfällt. Doch die auf die Erde herabregnenden Myonen schaffen die ungefähr 20 Kilometer aus der oberen Atmosphäre, in der sie entstehen, bis zu unserem Geigerzähler. Das ist nur möglich, wenn die inneren »Uhren« der Myonen (die sie nach etwa einer Millionstelsekunde zerfallen lassen) in Bezug auf unsere irdischen Uhren langsam ticken – um den Faktor 10 bis 100 langsamer, als wenn sie im Ruhezustand in einem Labor auf der Erde erzeugt würden.

Die letzte Implikation aus Einsteins Erkenntnis, dass die Lichtgeschwindigkeit für alle Beobachter konstant sein muss, scheint noch viel paradoxer zu sein als die anderen. Das liegt zum Teil daran, dass damit einhergehend das physikalische Verhalten von Objekten verändert wird, die wir sehen und berühren können. Doch sie bringt uns auch zurück zu unseren Anfängen, wenn wir jenseits der Grenzen unserer normalen, erdgebundenen Vorstellung eine neue Welt sehen wollen.

Das Ergebnis ist leicht zu konstatieren, auch wenn es einige Zeit dauern dürfte, die Konsequenzen zu verdauen. Wenn ich einen Gegenstand wie etwa ein Lineal dabeihabe und mich im Vergleich zu Ihnen sehr schnell bewege, werden Sie messen, dass mein Lineal aus Ihrer Sicht kürzer ist als aus meiner. Wenn ich es messe, ist es vielleicht 10 Zentimeter lang:

Für Sie könnte es aber nur 6 Zentimeter messen:

Vermutlich sagen Sie jetzt, das sei sicher eine Illusion, denn wie könnte dasselbe Objekt zwei verschiedene Längen besitzen? Die Atome können sich nicht zusammenquetschen und es für Sie verkürzen, für mich dagegen nicht.

Wieder kommen wir auf die Frage zurück, was »real« ist. Wenn jede Messung, die Sie an meinem Lineal ausführen können, für Sie eine Länge von 6 Zentimetern ergibt, dann *ist* es 6 Zentimeter lang. »Länge« ist keine abstrakte Größe, sie erfordert eine Messung. Und da eine Messung beobachterabhängig ist, ist es auch die Länge. Um Sie davon zu überzeugen, dass es möglich ist, während ich gleichzeitig einen anderen Haken der

Relativität beleuchte, führe ich Ihnen eines meiner Lieblingsbeispiele vor.

Nehmen wir an, ich hätte ein 12 Fuß langes Auto und Sie hätten eine 8 Fuß tiefe Garage. Mein Auto wird eindeutig nicht in Ihre Garage passen:

Wenn ich jedoch sehr schnell fahre, messen Sie (das ist eine Implikation der Lichtgeschwindigkeit), dass mein Auto, sagen wir, nur 6 Fuß lang ist, weshalb es in Ihre Garage passen sollte – zumindest während das Auto in Bewegung ist:

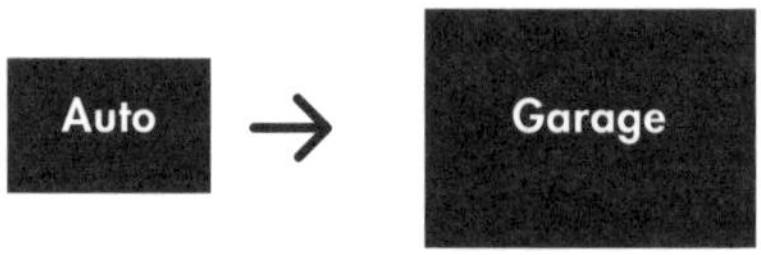

Doch wir sollten uns das aus meiner Sicht ansehen. Für mich ist mein Auto 12 Fuß lang, und Ihre Garage kommt sehr schnell auf mich zu – wenn ich sie messe, ist sie nicht mehr 8, sondern vielleicht 4 Fuß tief:

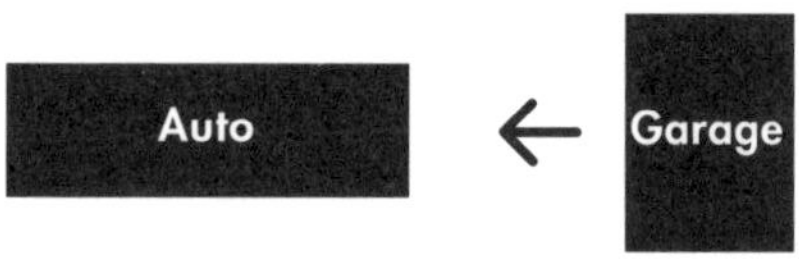

Demnach passt mein Auto eindeutig nicht in Ihre Garage.

Was ist hier wahr? Klar ist, dass mein Auto nicht sowohl in der Garage als auch nicht in der Garage sein kann. Oder doch?

Sehen wir uns zunächst Ihre Sicht an; stellen wir uns vor, dass Sie an der Vorder- wie an der Rückseite der Garage große Tore montiert haben. Und damit ich nicht ums Leben komme, wenn ich hineinfahre, machen Sie Folgendes: Sie halten das hintere Tor geschlossen, öffnen aber das vordere Tor, sodass mein Auto hineinfahren kann. Wenn es drinnen ist, schließen Sie das vordere Tor.

Dann aber öffnen Sie rasch das hintere Tor, ehe der Vorderteil meines Wagens dort aufprallt, sodass ich gefahrlos hinausfahren kann:

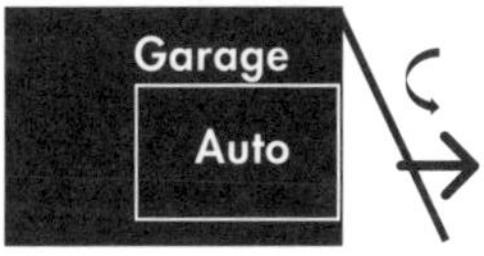

Damit haben Sie demonstriert, dass mein Auto in Ihrer Garage war, denn das war es selbstverständlich, weil es so klein ist, dass es hineinpasste.

Sie dürfen jedoch nicht vergessen, dass die zeitliche Reihenfolge entfernter Ereignisse für mich eine andere sein kann. Und ich beobachte Folgendes:

Ich sehe, wie Ihre winzige Garage auf mich zuschießt, und ich erkenne, dass Sie das vordere Tor rechtzeitig öffnen, sodass der Vorderteil meines Autos hindurchfahren kann.

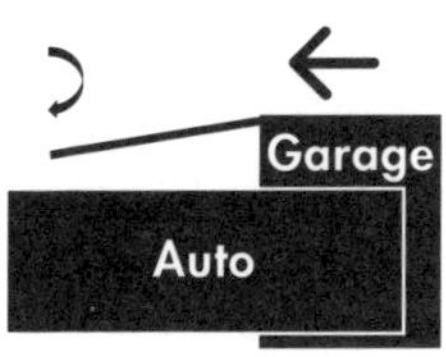

Dann sehe ich, wie Sie freundlicherweise das hintere Tor öffnen, ehe ich dagegenkrache:

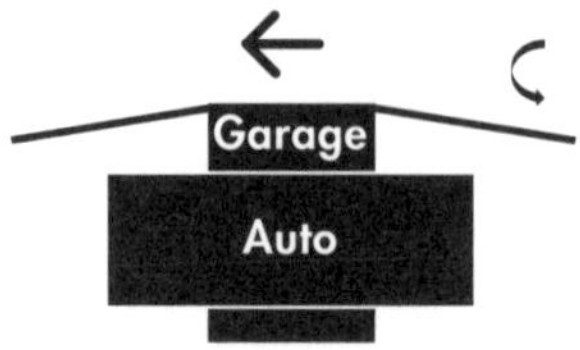

Danach – und nachdem das Heck meines Autos in der Garage ist – sehe ich, wie Sie das vordere Tor schließen:

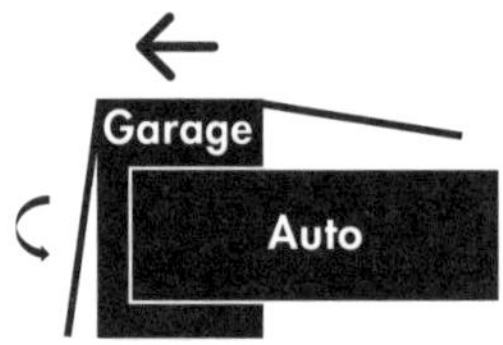

Für mich ist klar, dass mein Auto nie in Ihrer Garage war, während beide Tore zugleich geschlossen waren, weil das selbstverständlich unmöglich ist. Ihre Garage ist zu klein.

Für uns alle beruht »Realität« einfach auf dem, was wir messen können. In meinem Bezugsrahmen ist das Auto größer als die Garage. In Ihrem Rahmen ist die Garage größer als mein Wagen. Punkt. Entscheidend ist, dass wir zu einem bestimmten Zeitpunkt nur an einem einzigen Ort sein können, und dort ist die Realität eindeutig. Was wir jedoch bezüglich der Welt an anderen Orten schlussfolgern, beruht auf entfernten Messungen, die vom Beobachter abhängen.

Doch die Tugend sorgfältiger Messung bleibt hier nicht stehen.

Die neue, von Einstein enthüllte Realität, die auf der empirischen Gültigkeit von Galileis Gesetz sowie auf Maxwells bemerkenswerter Vereinigung von Elektrizität und Magnetismus beruht, scheint oberflächlich betrachtet jeglichen Überrest objektiver Wirklichkeit durch subjektive Messungen zu ersetzen. Doch wie Plato uns in Erinnerung ruft, ist es die Aufgabe des Naturphilosophen, hier noch tiefer zu schürfen.

Es heißt, das Glück bevorzuge den vorbereiteten Geist. Platos Höhle bereitete unser Denken in gewisser Weise auf Einsteins Relativität vor, doch es blieb Einsteins früherem Mathematikprofessor Hermann Minkowski vorbehalten, die Aufgabe zu vollenden.

Minkowski war ein brillanter Mathematiker, der schließlich einen Lehrstuhl in Göttingen innehatte. In Zürich jedoch, wo er einer von Einsteins Professoren war, gehörte er zu einer Reihe glänzender Mathematiker, deren Vorlesungen Einstein ausließ, weil er als Student die Bedeutung reiner Mathematik anscheinend gering schätzte. Die Zeit sollte diese Ansicht ändern.

Erinnern wir uns daran, dass die Gefangenen in Platos Höhle von den Schatten an ihrer Wand ebenfalls ablesen konnten, dass Länge offenbar keine objektive Konstanz besaß. Der Schatten eines Lineals konnte mit 10 Zentimetern wie folgt aussehen:

und ein andermal, mit 6 Zentimetern, so:

Die Ähnlichkeit mit dem Beispiel, das ich bei der Erörterung der Relativität vorgestellt habe, ist gewollt. Im Fall von Platos Höhlenbewohnern erkannten wir jedoch, dass diese Längenkontraktion darauf zurückzuführen war, dass die Höhlenbewohner nur zweidimensionale Schatten eines zugrunde liegenden dreidimensionalen Objekts sahen. Von oben betrachtet lässt sich leicht erkennen, dass der an die Wand projizierte kürzere Schatten entsteht, weil das Lineal in einem bestimmten Winkel zur Wand gedreht wurde:

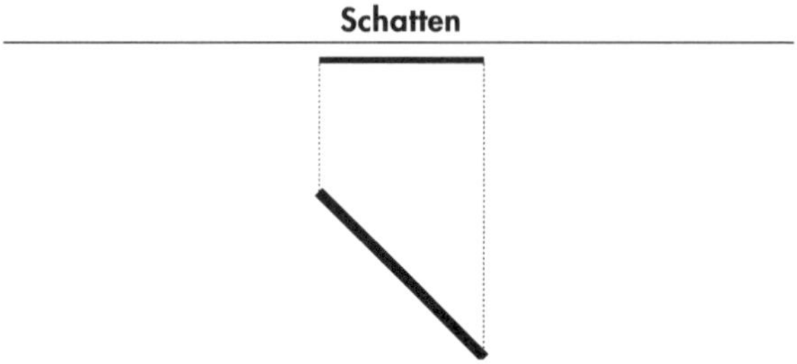

Und wie uns Pythagoras, ein anderer griechischer Philosoph, gelehrt hat, steht die Länge des in dieser Weise betrachteten Lineals fest, doch dessen verschiedene Projektionen ergeben zusammen mit einer rechtwinklig zur Wand verlaufenden Strecke immer die gleiche Länge, wie unten zu sehen ist:

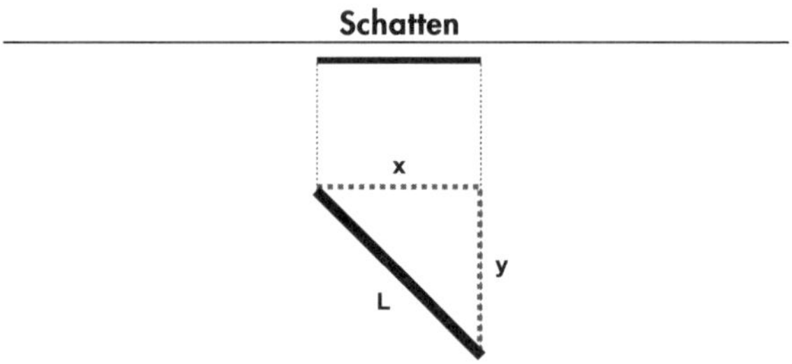

Damit erhalten wir den berühmten Lehrsatz des Phythagoras $L^2 = x^2 + y^2$, dem Oberschüler ausgesetzt werden, seit es Oberschulen gibt. In drei Dimensionen wird das zu $L^2 = x^2 + y^2 + z^2$.

Zwei Jahre nachdem Einstein seinen ersten Aufsatz über die Relativität geschrieben hatte, erkannte Minkowski, dass die unerwarteten Implikationen der konstanten Lichtgeschwindigkeit, nämlich die von Einstein aufgedeckten neuen Zusammenhänge zwischen Raum und Zeit, vielleicht noch eine tiefere Verbindung zwischen den beiden widerspiegeln könnten. In Hinblick auf die Tatsache, dass ein Foto, das wir uns gewöhnlich als zweidimensionale Darstellung eines dreidimensionalen Raums vorstellen, in Wahrheit ein sich in Raum und Zeit erstreckendes Bild ist, überlegte Minkowski, dass Beobachter, die sich relativ zueinander bewegen, vielleicht *verschiedene* dreidimensionale Ausschnitte eines vierdimensionalen Universums sehen – eines Universums, in dem Raum und Zeit als gleichwertig betrachtet werden.

Wenn wir zum Beispiel des Lineals im Fall der Relativität zurückkehren, wo das Lineal des sich bewegenden Beobachters in der Messung des anderen Beobachters kürzer ist als in dem Bezugsrahmen, in dem es im Ruhezustand bleibt, sollten wir zudem daran denken, dass das Lineal für diesen Beobachter auch in der Zeit »lang gestreckt« ist – Ereignisse an beiden Enden, die für den relativ zum Lineal in Ruhe befindlichen Beobachter gleichzeitig stattfinden, ereignen sich für den zweiten Beobachter nicht simultan.

Wie Minkowski erkannte, konnte man dieser Tatsache (und allen anderen) gerecht werden, wenn man in Betracht zog, dass die von jedem Beobachter sondierten unterschiedlichen dreidimensionalen Perspektiven in gewissem Sinn verschiedene »gedrehte« Projektionen einer vierdimensionalen »Raumzeit« sind, in der es eine unveränderliche vierdimensionale »Raumzeit-Länge« gibt, die für alle Beobachter gleich ist. Der vierdimensionale Raum, den wir heute Minkowski-Raum nennen, unterscheidet sich von seiner dreidimensionalen Entsprechung insofern, als die Zeit als vierte Dimension ein wenig anders behandelt wird als die drei Raumdimensionen x, y und z. Die vierdimensionale »Raumzeit-Länge«, die wir üblicherweise als *S* bezeichnen, drückt sich nicht analog zu der oben als L bezeichneten dreidimensionalen Länge in der Form

$$S^2 = x^2 + y^2 + z^2 + t^2$$

aus, sondern in der Form

$$S^2 = x^2 + y^2 + z^2 - t^2.$$

Das Minuszeichen vor dem t^2 in der Definition der Raumzeit-Länge S verleiht dem Minkowski-Raum seine speziellen Eigenschaften und erklärt, warum unsere verschiedenen Perspektiven des Raums und der Zeit, wenn wir uns relativ zueinander bewegen, nicht wie im Fall der Höhle Platos einfachen Rotationen entsprechen, sondern sich ein wenig komplizierter darstellen.

Nichtsdestoweniger hatte sich die Natur unseres Universums selbst mit einem Schlag verändert. Minkowski drückte es 1908 poetisch aus:

> *Von Stund' an sollen Raum für sich und Zeit für sich völlig zu Schatten herabsinken und nur noch eine Art Union der beiden soll Selbständigkeit bewahren.*

Oberflächlich betrachtet scheint Einsteins Relativitätstheorie die physikalische Realität subjektiv und vom Beobachter abhängig zu machen, doch »Relativität« ist in diesem Sinn der falsche Begriff. Die Relativitätstheorie ist vielmehr eine Theorie absoluter Aussagen. Messungen von Raum und Zeit mögen subjektiv sein, doch Messungen in der »Raumzeit« sind universell und absolut. Die Lichtgeschwindigkeit ist universell und absolut. Und der vierdimensionale Minkowski-Raum ist das Feld, auf dem das Spiel der Natur gespielt wird.

Wie tief die mit Minkowskis Neuformulierung der Einstein'schen Theorie einhergehende radikale Änderung der Perspektive ging, lässt sich vielleicht am besten anhand von Einsteins Reaktion auf das Bild Minkowskis verstehen. Zunächst bezeichnete er es als »überflüssige Gelehrsamkeit«, was darauf schließen lässt, dass er es einfach für kunstvolle Mathematik ohne physikalische Bedeutung hielt. Später verstärkte er das noch, indem er sagte: »Seit die Mathematiker in die Relativität eingedrungen sind, verstehe ich sie selbst nicht mehr.« Doch letztlich änderte Einstein seine Einschätzung (wie er es im Lauf seines Lebens mehrmals tat) und erkannte, dass diese Einsicht entscheidend dazu beitrug, die wahre Natur von Raum und Zeit zu verstehen. Später gründete er seine Allgemeine Relativitätstheorie auf den von Minkowski gelegten Fundamenten.

Man hätte nur schwer oder gar nicht abschätzen können, dass

Faradays drehende Räder und Magneten am Ende zu einer so tief reichenden Revision unseres Verständnisses von Raum und Zeit führen würden. Doch rückblickend hätte man zumindest erahnen können, dass die Vereinigung von Elektrizität und Magnetismus eine Welt ankündigte, in der Bewegung eine neue zugrunde liegende Wirklichkeit enthüllen würde.

Zurück zu Faraday und Maxwell: Eine der bedeutenden Entdeckungen, die den Ball ins Rollen brachten, betraf die Tatsache, dass eine bewegte elektrische Ladung durch einen Magneten eine seltsame Art von Kraft erfährt. Anstatt vorwärts oder rückwärts getrieben zu werden, wirkt die Kraft, die sie erfährt, stets in rechtem Winkel zu ihrer Bewegungsrichtung. Diese inzwischen nach Henrik Lorentz (dieser Physiker war selbst nahe daran, die Relativität zu entdecken) als Lorentz-Kraft bezeichnete Kraft kann man wie folgt darstellen:

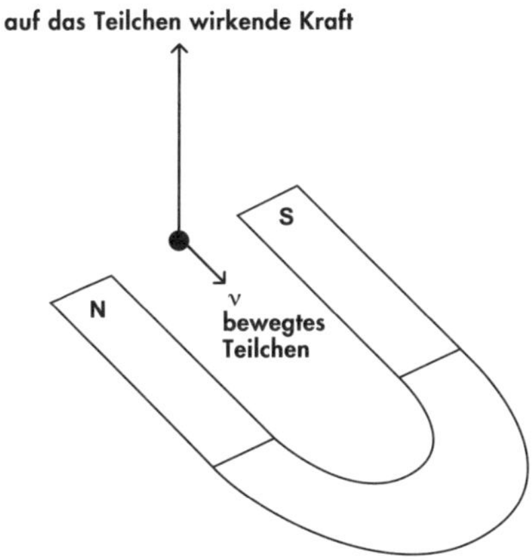

Die zwischen den Magnetpolen bewegte Ladung wird nach oben abgelenkt.

Doch nun sehen wir uns an, wie die Dinge aus der Perspektive des Teilchens aussähen. In seinem Bezugssystem würde der Magnet sich an ihm vorbeibewegen.

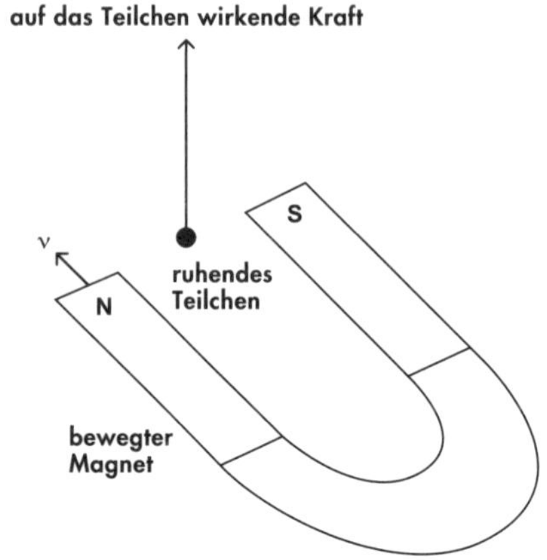

Doch herkömmlich stellen wir uns ein in Ruhe befindliches Teilchen als nur von elektrischen Kräften beeinflusst vor. Weil das Teilchen sich in diesem Bezugssystem in Ruhe befindet, würde also die Kraft, die das Teilchen in diesem Bild nach oben zieht, als elektrische Kraft interpretiert.

Der Magnetismus der einen Person ist daher die Elektrizität einer anderen, und es ist die Bewegung, die den Zusammenhang zwischen beiden herstellt. Die Vereinigung von Elektrizität und Magnetismus reflektiert somit im Kern die Tatsache, dass gleichförmige relative Bewegung Beobachtern unterschiedliche Perspektiven der Realität vermittelt.

Ein zuerst von Galilei erforschter Gegenstand lieferte demnach drei Jahrhunderte später den Schlüssel zu einer neuen Wirklichkeit – eine, in der nicht nur Elektrizität und Magnetismus vereinigt waren, sondern auch Raum und Zeit. Es ist eine Geschichte, die niemand hätte vorwegnehmen können, als sie begann.

Doch das macht die Schönheit der größten Geschichte aller Zeiten aus.

KAPITEL 6

DIE SCHATTEN DER WIRKLICHKEIT

Und als sie miteinander gingen und redeten, siehe, da kam ein feuriger Wagen mit feurigen Rossen, die schieden die beiden voneinander.

2. KÖNIGE 2:11

Nachdem 1908 ein unerwarteter, verborgener Zusammenhang zwischen Raum und Zeit entdeckt worden war, hätte man im Anschluss an die entsprechenden Nachbeben meinen können, dass die Natur nicht noch viel seltsamer hätte werden können. Doch der Kosmos kümmert sich nicht um unsere Befindlichkeiten. Und erneut lieferte das Licht den Schlüssel zu der Tür, mit der sich das Kaninchenloch zu einer Welt öffnete, die Alice' Abenteuer blass aussehen lassen.

Auch wenn die von Einstein und Minkowski aufgedeckten Zusammenhänge seltsam erscheinen mögen, kann man sie angesichts der konstanten Lichtgeschwindigkeit – wie ich zu zeigen versucht habe – intuitiv verstehen. Weit weniger intuitiv nachvollziehbar war die Entdeckung, dass die Natur sich in sehr kleinen Maßstäben auf eine Weise verhält, welche die menschliche Intuition niemals wirklich vollständig begreifen kann, weil wir das Verhalten selbst nicht direkt erfahren können. So meinte Richard

Feynman einst, niemand verstehe die Quantenmechanik – wenn man mit *verstehen* meint, dass man ein konkretes physikalisches Bild entwickelt, das intuitiv absolut einleuchtet.

Selbst viele Jahre nach Entdeckung der quantenmechanischen Regeln hielt die Disziplin immer noch Überraschungen bereit. So konstruierte der Astrophysiker Hanbury Brown 1952 eine Apparatur zur Messung der Winkelausdehnung großer Radioquellen im All. Das funktionierte so gut, dass er und sein Kollege Richard Twiss diese Idee für den Versuch heranzogen, das optische Licht einzelner Sterne zu messen und die Winkelausdehnung zu bestimmen. Das Instrument hieß Intensitätsinterferometer, und viele Physiker behaupteten, es könne unmöglich funktionieren. Die Quantenmechanik, so meinten sie, würde das ausschließen.

Doch es funktionierte. Es war nicht das erste Mal, dass Physiker sich hinsichtlich der Quantenmechanik geirrt hatten, und es sollte nicht das letzte Mal sein …

Wenn man versucht, mit dem seltsamen Verhalten der Quantenmechanik zurechtzukommen, läuft es oft darauf hinaus, das scheinbar Unmögliche zu akzeptieren. Bei dem Versuch, die Theorie seines Intensitätsinterferometers zu erklären, meinte Brown selbst im Scherz, er und Twiss erläuterten die »paradoxe Natur des Lichts, oder, wenn Sie so wollen, wir erklären das Unbegreifliche – eine Tätigkeit, die interessanterweise durchaus mit dem Predigen des Athanasischen Glaubensbekenntnisses vergleichbar ist«. Genau wie viele der merkwürdigeren Effekte der Quantenmechanik ist tatsächlich auch die Heilige Dreieinigkeit – Vater, Sohn und Heiliger Geist zugleich in einem einzigen Wesen verkörpert – scheinbar unmöglich. Doch da hört die Ähnlichkeit auch schon auf.

Der gesunde Menschenverstand sagt uns auch, dass Licht nicht gleichzeitig Welle und Teilchen sein kann. Doch im Gegensatz dazu, was uns der gesunde Menschenverstand sagt, und unabhängig davon, ob es uns gefällt oder nicht, vermitteln uns die Experimente, dass es so ist. Anders als jenes im 5. Jahrhundert entstandene Glaubensbekenntnis ist diese Tatsache keine Frage der Semantik, einer Entscheidung oder einer Glaubensüberzeugung. Und deshalb müssen wir Glaubensbekenntnisse zur Quantenmechanik nicht wöchentlich herunterbeten, um sie weniger merkwürdig oder glaubwürdiger erscheinen zu lassen.

Man hört aus gutem Grund von der »Interpretation der Quantenmechanik«, weil das »klassische« Bild der Wirklichkeit – nämlich das durch Newtons klassische Bewegungsgesetze vorgegebene Bild der Welt, das wir in menschlichen Größenordnungen erfahren – nicht geeignet ist, das vollständige Bild zu erfassen. Die von uns wahrgenommene Oberflächenwelt verbirgt entscheidende Aspekte der Prozesse, die den beobachteten Phänomenen zugrunde liegen. So könnten auch Platos Philosophen die biologischen Vorgänge, die den Menschen steuern, nicht dadurch entdecken, dass sie nur die Schatten von Menschen auf der Wand beobachteten. Voraussichtlich würde ihnen keine analytische Ebene ermöglichen, die den dunklen Formen zugrunde liegende vollständige Realität intuitiv zu begreifen.

Die Quantenwelt stellt unsere Vorstellung von dem, was vernünftig – oder gar möglich – ist, auf eine harte Probe. Sie impliziert, dass das einfache, klassische Verhalten makroskopischer Objekte – etwa das Verhalten eines vom Werfer zum Fänger geworfenen Baseballs – in kleinen Maßstäben und für kurze Zeit einfach zusammenbricht. Stattdessen sind Objekte in kleinen Maßstäben vielen verschiedenen klassischen Verhaltensweisen, genau wie klassisch verbotenen Verhaltensweisen, unterworfen.

Wie fast die gesamte Physik seit Plato begann auch die Quantenmechanik damit, dass Wissenschaftler über Licht nachdachten. Deshalb ist es angebracht, die Erkundung der verrückten Quantenwelt mit dem Licht zu beginnen – in diesem Fall, indem wir auf ein sehr wichtiges Experiment zurückkommen, das der britische Universalgelehrte Thomas Young um das Jahr 1800 herum dokumentiert hat: das berühmte »Doppelspaltexperiment«.

Young lebte in einer heute schwer einzuschätzenden Epoche, in der brillante und hart arbeitende Individuen auf einer Fülle unterschiedlicher Gebiete Durchbrüche erreichen konnten.

Young war nicht einfach nur irgendein brillantes, hart arbeitendes Individuum. Er war ein Wunderkind, das mit zwei Jahren lesen konnte; mit 13 hatte er die wichtigsten griechischen und lateinischen Epen gelesen, ein Mikroskop und ein Teleskop konstruiert und angefangen, vier verschiedene Sprachen zu lernen. Später, als ausgebildeter Arzt, war Young 1804 der Erste, der das moderne Konzept der Energie vorschlug, das heute alle Gebiete wissenschaftlicher Bemühungen durchdrungen hat. Das allein hätte schon gereicht, ihn unvergesslich zu machen, doch in seiner Freizeit beteiligte er sich zudem als einer der Ersten daran, den Stein von Rosetta zu entziffern. Er entwickelte die Physik elastischer Materialien, die mit dem auch als Young'scher Modul bezeichneten Elastizitätsmodul zusammenhängt, und trug dazu bei, die Physiologie des Farbensehens zu erhellen. Seine mutige Demonstration der Wellennatur des Lichts (sie widersprach Isaac Newtons einflussreicher Behauptung, Licht bestehe aus Teilchen) war so überzeugend, dass mit ihrer Hilfe die Basis für Maxwells Entdeckung der elektromagnetischen Wellen gelegt wurde.

Youngs Experiment ist einfach aufgebaut. Kommen wir erneut auf Platos Höhle zurück: Stellen wir uns einen vor der Rückwand der Höhle aufgestellten Schirm vor. Der Schirm ist mit zwei Schlitzen versehen (die folgende Abbildung zeigt die Anordnung von oben):

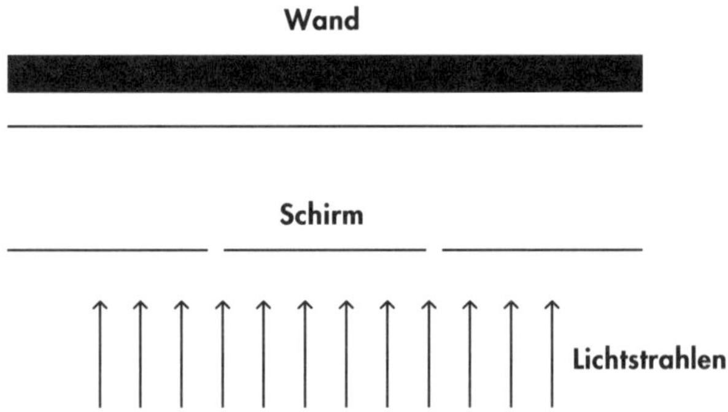

Würde das Licht aus Teilchen bestehen, dann könnten nur die Lichtstrahlen passieren, die es durch die Schlitze schaffen; man würde erwarten, dass an der Wand hinter den beiden Schlitzen zwei helle Linien zu sehen sind.

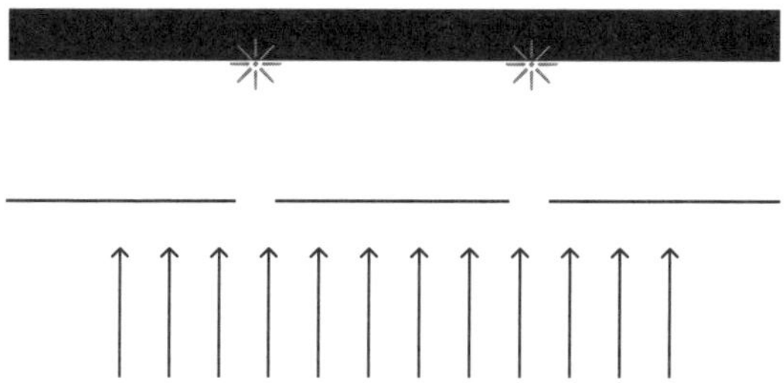

Es ist jedoch bekannt, dass Wellen im Gegensatz zu Teilchen an Hindernissen und schmalen Schlitzen gestreut werden, was an der Wand ein völlig anderes Muster erzeugt. Wenn Wellen auf dem Hindernis auftreffen und die Schlitze schmal sind, wird an jedem Spalt ein kreisförmiges Muster von Wellen erzeugt. Die Muster der beiden Schlitze können einander abwechselnd konstruktiv oder destruktiv überlagern (interferieren). In der Summe entstünde an der Rückwand ein Muster aus hellen und dunklen Bereichen:

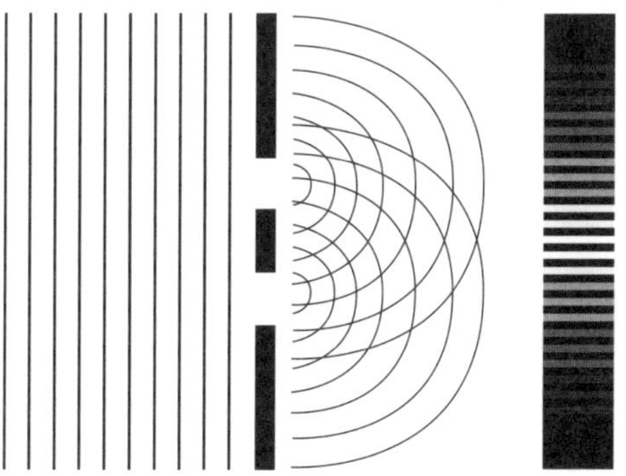

Young schilderte eine solche Vorrichtung mit schmalen Schlitzen und dokumentierte, dass er dieses für Wellen charakteristische Interferenzmuster beobachten konnte, womit er die Wellennatur des Lichts definitiv bewies. 1804 war das ein Meilenstein in der Geschichte der Physik.

Den Versuch, den Young mit Licht durchführte, kann man auch mit Elementarteilchen wie Elektronen vornehmen. Wenn wir einen Elektronenstrahl auf einen phosphoreszierenden Schirm (wie in altmodischen Röhrenfernsehern) lenken, sehen wir dort, wo der Strahl auf den Schirm trifft, einen hellen Punkt. Stellen wir uns nun vor, dass wir (nach dem Vorbild Youngs für Licht) vor dem Schirm eine Blende mit zwei Schlitzen anbringen und einen breiten Elektronenstrahl auf den Schirm richten:

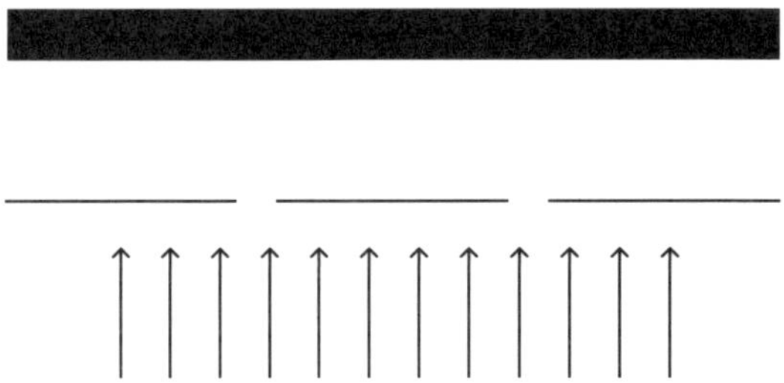

Aufgrund der Überlegungen, die ich bei der Erörterung des Verhaltens von Licht angestellt habe, würde man erwarten, hinter jedem der beiden Schlitze, den die Elektronen passieren konnten, eine helle Linie zu sehen. Doch wie Sie wahrscheinlich schon vermutet haben, bekommen Sie das hier nicht zu sehen – zumindest dann nicht, wenn die Schlitze ausreichend schmal sind und eng beieinander liegen. Stattdessen erkennen Sie ein Interferenzmuster ähnlich dem, das Young bei Lichtwellen beobachtet hat. In der Quantenmechanik besitzen Elementarteilchen wellenähnliche Eigenschaften. Dass die von einem Spalt ausgehenden »Wellen« der Elektronen mit »Wellen« von Elektronen aus dem anderen Spalt interferieren, kommt unerwartet und ist merkwürdig, wenn auch nicht annähernd so merkwürdig wie das, was geschieht, wenn wir immer nur einen Elektronenstrahl *nach dem anderen* auf den Schirm lenken. Denn selbst in diesem Fall ist das Muster, das sich auf dem Schirm aufbaut, mit dem Interferenzmuster identisch. Irgendwie interferiert jedes Elektron mit sich selbst. Elektronen sind keine Billardkugeln.

Verstehen lässt sich das so: Die Wahrscheinlichkeit, dass ein Elektron den Schirm an einem einzelnen Punkt trifft, bestimmt sich daraus, dass man so tut, als würde jedes Elektron nicht einen einzigen Pfad einschlagen, sondern *gleichzeitig* vielen verschiedenen Pfaden folgen, von denen einige den einen und einige den anderen Schlitz passieren. Diejenigen, die den einen Schlitz durchqueren, interferieren dann mit denen, die den anderen Schlitz durchqueren, woraus schließlich das beobachtete Interferenzmuster auf dem Schirm hervorgeht.

Einfacher ausgedrückt: Es lässt sich in keiner Weise sagen, das Elektron passiere entweder den einen oder den anderen Schlitz. Vielmehr passiert es keinen von beiden und zugleich beide.

Das ist Unsinn, sagen Sie. Und zum Beweis schlagen Sie eine Variante des Experiments vor. Sie bringen an jedem Schlitz ein Messgerät für Elektronen an, das immer dann klickt, wenn ein Elektron den Schlitz passiert.

Klar ist, dass beim Durchgang eines einzelnen Elektrons immer nur die Messeinrichtung des betreffenden Schlitzes klickt. Wie es aussieht, passiert also jedes Elektron tatsächlich nur einen Schlitz und nicht beide.

Wenn man sich jetzt aber das Muster der sich akkumulierenden Elektronen auf dem Schirm hinter den Schlitzen *ansieht*, erkennt man statt des ursprünglichen Interferenzmusters das Muster, welches man zunächst eigentlich erwartet hatte. Hinter jedem der Schlitze zeichnet sich jeweils ein heller Streifen ab, als würde jemand klassische Billardkugeln oder Geschosse statt Wellen zum Schirm lenken.

Anders gesagt, während man versucht, seine klassische Intuition zu verifizieren, verändert man das Verhalten des Elektrons. Oder um es mit der in der Quantenmechanik geläufigeren Formulierung zu sagen, der Messvorgang kann das Verhalten des gemessenen Systems verändern.

Es gehört zu den vielen scheinbar unmöglichen Aspekten der Quantenmechanik, dass es kein Experiment gibt, mit dem man zeigen kann, dass die Elektronen sich in Abwesenheit einer Messeinrichtung erkennbar in klassischer Weise verhalten.

Diese merkwürdige, wellenähnliche Natur von Objekten, die man – wie Elektronen – ansonsten als Teilchen ansehen würde, wird mathematisch ausgedrückt, indem man jedem Elektron eine »Wellenfunktion« zuordnet. Sie beschreibt die Wahrscheinlichkeit, mit der man dieses Elektron an jedem gegebenen Punkt vorfindet. Die Tatsache, dass die Wellenfunktion in der Quantenmechanik nicht dahingehend eingeschränkt ist, dass sie nur an einem einzigen Punkt den Wert null annehmen kann, spiegelt die andere Tatsache, dass der Ort des Elektrons nicht isoliert werden kann, ehe man seine Position präzise gemessen hat – was bedeutet, es gibt a priori eine Wahrscheinlichkeit ungleich null, dass es sich an vielen Orten gleichzeitig befindet.

Vielleicht meinen Sie, das liege einfach daran, dass nicht alle Informationen zugänglich sind, die wir für die Lokalisierung des Teilchens benötigen, bis wir eine Messung vornehmen. Doch Youngs für Elektronen aufgerüstetes Doppelspaltexperiment hat gezeigt, dass dies höchstwahrscheinlich nicht zutrifft. Jedes »vernünftige« klassische Bild von dem, was zwischen den Messungen geschieht, ist mit den Daten nicht vereinbar.

Das merkwürdige Verhalten von Elektronen war nicht der erste Anhaltspunkt, dass die mikroskopische Welt nicht mit intuitiver klassischer Logik zu verstehen ist. In Einklang mit den revolutionären Entwicklungen unseres Naturverständnisses seit Plato begann auch die Quantenmechanik mit einer Betrachtung des Lichts.

Erinnern wir uns: Wenn wir Youngs Doppelspaltexperiment in Platos Höhle mit Lichtstrahlen durchführen, erhalten wir das von Young entdeckte Interferenzmuster, was zeigt, dass Licht in der Tat eine Welle ist. So weit, so gut. Wenn aber die Lichtquelle hinreichend schwach ist und wir erneut versuchen, das Licht beim Durchgang durch einen der Spalte zu detektieren, so geschieht etwas Merkwürdiges: Wir messen, dass der Lichtstrahl entweder durch den einen oder den anderen Spalt verläuft, nicht durch beide. Und wie bei den Elektronen ändert sich dabei das Muster auf der Wand – es sieht aus, als bestünde Licht nicht aus Wellen, sondern aus Teilchen.

Licht verhält sich also, wie Sie sich denken können, ebenfalls sowohl als Teilchen wie auch als Welle – je nach den Umständen, unter denen man es misst. Die einzelnen Lichtteilchen, die wir inzwischen Photonen nennen, wurden von dem deutschen theoretischen Physiker Max Planck zunächst als »Quanta« bezeichnet. Planck schlug im Jahr 1900 vor, dass Licht in Form irgendeines kleinsten »Pakets« auftreten könnte (obwohl die Idee, dass Licht in diskreten Paketen in Erscheinung tritt, zuvor von dem großen Ludwig Boltzmann im Jahr 1877 lanciert worden war).

Meine Bewunderung für Planck ist sogar noch gewachsen, als ich etwas über sein Leben erfuhr. Wie Einstein war auch er ein unbezahlter Dozent, dem man nach seiner Promotion keine akademische Stelle angeboten hatte. In dieser Zeit bemühte er sich, die Natur der Wärme zu verstehen; er entwickelte mehrere bedeutende Arbeiten auf dem Gebiet der Thermodynamik. Fünf Jahre nach Abschluss seiner Promotion bot man ihm schließlich eine Stelle an einer Universität an, worauf er rasch Karriere machte und 1892 an der angesehenen Friedrich-Wilhelms-Universität in Berlin eine Professur erhielt.

1894 wandte Planck sich der Frage zu, welcher Art das von heißen Objekten emittierte Licht ist – zum Teil getrieben von kommerziellen Erwägungen (das erste mir bekannte Beispiel in der von mir erzählten Geschichte, dass Grundlagenphysik kommerziell motiviert war). Er sollte erforschen, wie mit der kurz zuvor erfundenen Glühbirne eine maximale Lichtausbeute bei gleichzeitig minimalem Energieverbrauch zu erreichen war.

Wir wissen alle, dass ein eingeschaltetes Heizelement zunächst rot glüht und dann, wenn es heißer wird, blau zu glühen beginnt. Aber warum? Die herkömmlichen Ansätze waren überraschenderweise nicht imstande, diese Beobachtungen zu reproduzieren. Nachdem Planck sich sechs Jahre lang mit dem Problem herumgeschlagen hatte, präsentierte er einen revolutionären Vorschlag, der mit den Beobachtungen vereinbar war.

Zunächst hatte seine Ableitung nichts Revolutionäres an sich, doch binnen zwei Monaten hatte er seine Analyse revidiert, um sie mit Ideen darüber in Einklang zu bringen, was auf einer fundamentalen Ebene ablief. In einem Zitat, mit dem er mein Herz in dem Moment gewonnen hatte, als ich es zum ersten Mal las, schrieb er, sein neuer Ansatz sei »einem Akt der Verzweiflung [entsprungen] … Ich war bereit, all meine vorherigen physikalischen Überzeugungen zu opfern.«

Zumindest für mich spiegelt sich hier die fundamentale Eigenschaft, die den wissenschaftlichen Prozess so effektiv macht und sich im Aufkommen der Quantenmechanik so deutlich manifestiert. »Vorherige Überzeugungen« sind einfach nur Überzeugungen, die darauf warten, dass man sie umstößt – wenn notwendig, durch empirische Daten. Wenn liebgewonnene alte Vorstellungen nicht funktionieren, werfen wir sie weg wie alte Zeitungen. Und als Erklärung für die Natur der von Materie emittierten Strahlung funktionierten sie nicht.

Als Planck sein Strahlungsgesetz ableitete, ging er von der Annahme aus, dass Licht als Welle dennoch nur in »Paketen« einer bestimmten minimalen Energie emittiert wird – proportional zur Frequenz der jeweiligen Strahlung. Die Proportionalitätskonstante, die Planck als »Wirkungsquantum« bezeichnete, nennen wir heute Planck-Konstante.

Das hört sich möglicherweise nicht besonders revolutionär an, und wie Faraday bei elektrischen Feldern betrachtete auch Planck seine Annahme lediglich als mathematische Krücke, die seine Analyse stützen sollte. Später sagte er: »Eigentlich habe ich nicht groß darüber nachgedacht …« Dennoch fällt es eindeutig schwer, den Vorschlag, dass Licht in teilchenähnlichen Paketen emittiert wird, mit dem klassischen Bild des Lichts als Welle zu vereinbaren. Die von einer Welle transportierte Energie steht einfach in Zusammenhang mit der Magnitude seiner Schwingungen, die sich von null ausgehend kontinuierlich verändern können. Doch laut Planck gab es für den Energiebetrag, der in einer Lichtwelle gegebener Frequenz emittiert werden kann, einen absoluten Minimalwert. Dieses Minimum wurde als »Energiequant« bezeichnet.

Anschließend versuchte Planck, ein klassisches physikalisches Verständnis dieser Energiequanten zu entwickeln, was ihm nicht gelang und ihm, wie er sagte, »viel Sorge« bereitet habe. Immerhin erkannte er – anders als einige seiner Kollegen –, dass das Universum nicht dazu da war, sein Leben zu erleichtern. Unter Bezug auf den Physiker und Astronomen Sir James Jeans, der trotz der durch die Strahlung gelieferten Belege nicht bereit war, klassische Vorstellungen aufzugeben, stellte Planck angeblich fest: »Ich kann Jeans' Halsstarrigkeit nicht verstehen – er ist das Beispiel eines Theoretikers, den es nicht geben sollte, das, was Hegel für die Philosophie war. Umso schlimmer für die Tatsachen, wenn sie nicht passen.« (Nur um das klarzustellen: Sollten Leser sich bemüßigt fühlen, mir zu schreiben – diese abfällige Bemerkung über Hegel stammt angeblich von Planck, nicht von mir!)

Später freundete Planck sich mit einem anderen Physiker an, den die Tatsachen zu einer anderen revolutionären Idee gebracht hatten – Albert Einstein. Tatsächlich richtete Planck, nachdem er Dekan an der Berliner Universität geworden war, dort 1914 eine neue Professur für Einstein ein. Anfangs konnte er Einsteins bemerkenswerten Vorschlag – den dieser 1905 und damit im gleichen Jahr präsentiert hatte, in dem er die Spezielle Relativitätstheorie vorlegte – nicht akzeptieren, wonach Licht von Materie nicht nur in gequantelten Paketen emittiert wurde, sondern Lichtstrahlen selbst in Form von Bündeln dieser Quanten existierten. Danach sollte Licht im Wesentlichen aus teilchenähnlichen Objekten bestehen, die wir heute Photonen nennen.

Einstein war zu diesem Vorschlag gelangt, um ein Phänomen mit dem Namen »photoelektrischer Effekt« erklären zu können. Es war 1902 von Philipp Lenard entdeckt worden. Der Antisemitismus dieses Physikers sollte später eine entscheidende Rolle bei der Verspätung des Nobelpreises für Einstein spielen und seltsamerweise, wenn nicht ironischerweise dazu führen, dass Einstein den Preis nicht für die Relativitätstheorie, sondern für seine Arbeit zum photoelektrischen Effekt erhielt. Bei diesem Effekt kann Licht, das auf eine Metalloberfläche fällt, Elektronen aus Atomen herausschlagen und einen Strom hervorrufen. Doch wie intensiv das Licht auch sein mag – solange die Frequenz des Lichts unter einer gewissen Schwelle bleibt, werden keinerlei Elektronen emittiert. Sobald die Frequenz über diese Schwelle gehoben wird, erzeugt das einen photoelektrischen Strom. Einstein erkannte richtig, dass dies erklärt werden konnte, wenn das Licht in kleinsten Energiepaketen auftrat, wobei die Energie der Frequenz des Lichts proportional war – so, wie Planck es für das von Materie emittierte Licht postuliert hatte. In diesem Fall konnte nur Licht mit Frequenzen oberhalb eines bestimmten Schwellenwerts Quanten enthalten, die energiereich genug waren, Elektronen aus Atomen zu schlagen.

Die gequantelte Emission von Strahlung als Erklärung für sein Strahlungsgesetz konnte Planck akzeptieren, doch die Annahme, das Licht selbst sei quantenähnlich (also teilchenähnlich), war für das herkömmliche Verständnis von Licht als elektromagnetischer Welle so fremd, dass er davor zurückschreckte. Erst sechs Jahre später, bei der ersten Solvay-Konferenz in Belgien, konnte Einstein Planck schließlich überzeugen, dass das klassische Bild von Licht aufgegeben werden musste und dass Quanten – anderweitig als Photonen bekannt – real waren.

Einstein war auch der Erste, der eine Tatsache nutzte, die er später durch seine berühmte Aussage verurteilte, dass Gott nicht um das Universum würfele – und sich damit über das probabilistische Wesen der Quantenmechanik und der Realität lustig machte. Wie er zeigte, konnte er, wenn Atome *spontan* (also *ohne direkte*

Ursache) finite Pakete von Strahlung absorbieren und emittieren, während sie zwischen verschiedenen diskreten Energieniveaus in Atomen hin und her springen, daraus die Planck'sche Formel für die Schwarzkörperstrahlung herleiten.

Ironischerweise war Einstein, der die Quantenrevolution in Gang brachte, sich ihr aber nie wirklich anschloss, vielleicht auch der Erste, der probabilistische Argumente nutzte, um die Natur der Materie zu beschreiben. Diese Strategie wurde von den nachfolgenden Physikern, welche die Quantenmechanik zu einer vollständigen Theorie entwickelten, umgekehrt. Damit war Einstein einer der ersten Physiker, die zeigten, dass Gott *tatsächlich* um das Universum würfelt.

Um die Analogie noch ein wenig auszuweiten: Einstein war einer der ersten Physiker, die zeigten, dass die klassische Vorstellung von Kausalität im Reich der Quanten zusammenzubrechen beginnt. Viele Leute nehmen Anstoß an meinem Vorschlag, das Universum brauche keine Ursache, sondern sei einfach aus nichts hervorgegangen. Doch genau das geschieht mit dem Licht, das Sie nutzen, um diese Seite zu lesen. Elektronen in heißen Atomen emittieren Photonen – Photonen, die es nicht gab, ehe sie emittiert wurden –, und sie werden spontan und ohne spezifische Ursache abgestrahlt. Wieso haben wir uns zumindest einigermaßen an die Idee gewöhnt, dass Photonen ohne Ursache aus nichts entstehen können, nicht aber ganze Universen?

Die Erkenntnis, dass elektromagnetische Wellen auch Teilchen waren, löste eine Quantenrevolution aus, welche die Art und Weise, in der wir die Natur sehen, umfassend verändert hat. Klassisch betrachtet ist es nicht möglich, dass etwas zugleich Teilchen und Welle ist – das sollte aus der Erörterung am Anfang dieses Kapitels klar geworden sein. Doch es sollte auch klar sein, dass dies erst der Anfang war.

KAPITEL 7

EIN UNIVERSUM – SELTSAMER ALS JEDE FIKTION

Darum werft euer Vertrauen nicht weg,
welches eine große Belohnung hat.

HEBRÄER 10:35

Einer verbreiteten Ansicht zufolge erfinden wir Physiker gern verrückte esoterische Neuheiten, um das uns umgebende Universum zu erklären – weil wir entweder nichts Besseres zu tun haben oder weil wir besonders abartig sind. Doch wie die Enthüllung der Quantenwelt zeigt, ist es häufig die Natur, die uns Wissenschaftler, während wir uns strampelnd und schreiend sträuben, von der Sicherheit des Vertrauten fortzerrt.

Dennoch wäre es völlig falsch, den Pionieren, die uns in die Quantenwelt vorantrieben, fehlende Zuversicht zu unterstellen. Für die Reise, zu der sie aufbrachen, gab es kein Vorbild und keinen Führer. Die Welt, in die sie eintraten, stellte den gesunden Menschenverstand und die klassische Logik auf eine harte Probe, und sie mussten bei jeder Biegung damit rechnen, dass die Regeln sich änderten.

Stellen wir uns eine Fahrt in ein anderes Land vor, dessen Bewohner alle eine fremde Sprache sprechen und dessen Gesetze nicht auf Erfahrungen beruhen, die in irgendeiner Weise mit denen vergleichbar sind, die Sie in Ihrem Leben gemacht haben. Stellen Sie sich weiter vor, dass die Verkehrszeichen verborgen sind und je nach Ort wechseln können. Nun können Sie ein Gefühl dafür bekommen, wohin die »jungen Wilden« aufbrachen, die unser Verständnis der Natur in der ersten Hälfte des 20. Jahrhunderts auf den Kopf stellten.

Die Analogie zwischen der Erforschung seltsamer neuer Quantenwelten und dem Aufbruch in eine neue Landschaft mag weit hergeholt erscheinen. Doch tatsächlich zeigte sich ein solcher Zusammenhang im Leben von Werner Heisenberg, einem der Begründer der Quantenmechanik. Er erinnerte sich einst an einen Abend im Sommer 1925 auf Helgoland, dieser schönen Oase in der Nordsee. An jenem Abend war ihm klar geworden, dass er die Theorie entdeckt hatte:

> Daher wurde es fast drei Uhr nachts, bis das Ergebnis der Rechnung vor mir lag. Der Energiesatz hatte sich in allen Gliedern als gültig erwiesen, und […] so konnte ich an der mathematischen Widerspruchsfreiheit und Geschlossenheit der damit angedeuteten Quantenmechanik nicht mehr zweifeln. Im ersten Augenblick war ich zutiefst erschrocken. Ich hatte das Gefühl, durch die Oberfläche der atomaren Erscheinungen hindurch auf einen tief darunter liegenden Grund von merkwürdiger innerer Schönheit zu schauen, und es wurde mir fast schwindlig bei dem Gedanken, dass ich nun dieser Fülle von mathematischen Strukturen nachgehen sollte, die die Natur dort unten vor mir ausgebreitet hatte. Ich war so erregt, dass ich an Schlaf nicht denken konnte. So verließ ich in der schon beginnenden Morgendämmerung das Haus und ging an die Südspitze des Oberlandes, wo ein alleinstehender, ins Meer vorspringender Felsturm in mir immer schon die Lust zu Kletterversuchen geweckt hatte. Es gelang mir ohne größere Schwierigkeit, den Turm zu besteigen, und ich erwartete auf seiner Spitze den Sonnenaufgang.

Gleich nach seiner Promotion war Heisenberg an die renommierte Universität Göttingen gegangen, um dort zusammen mit Max Born zu versuchen, eine widerspruchsfreie Theorie der Quantenmechanik (dieser Ausdruck wurde 1924 erstmalig in dem Aufsatz »Über die Quantenmechanik« von Born verwendet) zu erhalten. Doch wegen eines Heuschnupfens war Heisenberg vor dem grünen Landleben ans Meer geflohen. Dort feilte er an seinen Ideen über das Quantenverhalten von Atomen und schickte sie an Born, der sie zur Veröffentlichung vorlegte.

Der Name Heisenberg dürfte dem Leser nicht zuletzt deshalb vertraut sein, weil er mit dem berühmten Unbestimmtheitsprinzip (auch als Unschärferelation bezeichnet) verbunden ist. Heisenbergs Unbestimmtheitsprinzip hat eine Art »New-Age-Aura« gewonnen, was so manchem Scharlatan die Möglichkeit bietet, Leute auszunutzen, für die die Quantenmechanik Hoffnung auf eine Welt zu bieten scheint, in der jeder Traum, und sei er noch so absonderlich, zu verwirklichen ist.

Auch andere vertraute Namen wie Bohr, Schrödinger, Dirac und später Feynman sowie Dyson stehen für große Sprünge ins Unbekannte. Doch sie waren nicht allein. Physik ist eine auf Kooperation gegründete Disziplin. Allzu oft werden Wissenschaftsgeschichten so verfasst, als hätten die Protagonisten plötzlich spät nachts allein ein Aha-Erlebnis gehabt. Heisenberg hatte zusammen mit seinem Doktorvater, dem brillanten deutschen Wissenschaftler Arnold Sommerfeld (seine Studenten sollten vier Nobelpreise gewinnen, und seine promovierten Forschungsassistenten gewannen drei), mehrere Jahre lang über Quantenmechanik gearbeitet; später auch mit Born (der schließlich, fast 30 Jahre später, mit einem Nobelpreis gewürdigt wurde) sowie mit einem jungen Kollegen namens Pascual Jordan. Jeder große Triumph, den wir mit einem Namen und einem Preis feiern, geht mit einer Legion von hart arbeitenden, oft weniger gerühmten Individuen einher; jeder von ihnen befördert den Ball ein kleines Stück weiter Richtung Ziel. Trippelschritte sind die Regel, nicht die Ausnahme.

Die bemerkenswertesten Schritte ins Unbekannte werden selbst von denen, die sie vollziehen, nicht umfassend oder erst viel später gewürdigt. So vertraute beispielsweise Einstein seiner überzeugenden Allgemeinen Relativitätstheorie nie genug, um an ihre Vorhersage zu glauben, das Universum könne nicht statisch sein, sondern müsse sich ausdehnen oder zusammenziehen – bis Beobachtungen die Expansion belegten. Und die Welt stand nicht Kopf, als Heisenbergs Aufsatz erschien. Heisenbergs Freund und Zeitgenosse, der brillante und reizbare Physiker Wolfgang Pauli (ein weiterer Assistent Sommerfelds, der den Nobelpreis erhalten sollte), hielt die Arbeit letztlich für mathematische Masturbation, was Heisenberg zu der scherzhaften Antwort veranlasste:

> Du wirst gestatten, dass wir auf alle Fälle nicht böswillig danach streben, die Physik zu zerstören. Wenn du uns vorwirfst, wir seien so große Esel, dass wir in der Physik nie etwas Neues hervorgebracht hätten, so mag das zutreffen. Doch dann bist du ein ebenso großer Esel, weil du das auch nicht fertiggebracht hast … Denke nicht schlecht über mich und viele Grüße.

Physik kommt nicht auf die lineare Weise voran, die in Lehrbüchern nachzulesen ist. Im richtigen Leben gibt es, wie in guten Detektivgeschichten auch, mit jedem Schritt irreführende Spuren, Sinnestäuschungen und falsche Wendungen. Die Entwicklungsgeschichte der Quantenmechanik ist voll davon. An dieser Stelle möchte ich die Verfolgungsjagd jedoch abkürzen, und so lasse ich Niels Bohr aus, dessen Ideen die ersten fundamentalen atomaren Regeln der Quantenwelt skizzierten, aber auch die Grundlage für einen großen Teil der modernen Chemie lieferten. Auch Erwin Schrödinger überspringen wir; er war ein bemerkenswert schillernder Charakter, der mindestens drei Kinder von verschiedenen Geliebten hatte und dessen Wellengleichung die berühmteste Ikone der Quantenmechanik darstellt.

Stattdessen werde ich mich zunächst auf Heisenberg konzentrieren – oder vielmehr nicht auf Heisenberg selbst, sondern auf das, was seinen Namen berühmt gemacht hat: das Heisenberg'sche Unbestimmtheitsprinzip. Dieses wird oft so gedeutet, als würden sich die Beobachtungen von Quantensystemen auf deren Eigenschaften auswirken – wie sich in der Darstellung der Elektronen oder Photonen gezeigt hat, die zwei Schlitze passieren und auf einem dahinterliegenden Schirm auftreffen.

Das führt leider zu dem irrigen Eindruck, dass Beobachter und speziell menschliche Beobachter in der Quantenmechanik eine Schlüsselrolle spielen – eine Verwechslung, die von meinem Twitter-Kontrahenten Deepak Chopra ausgenutzt wurde. In seinen verschiedenen geschwätzigen Auslassungen scheint er irgendwie der Ansicht zu sein, das Universum würde nicht existieren, wenn unser Bewusstsein es nicht messen und seine Eigenschaften formulieren würde. Zum Glück ist das Universum schon vor Chopras Bewusstsein dagewesen – tatsächlich existierte es schon ziemlich lang, ehe überhaupt Leben auf der Erde entstand.

Doch letztlich hat das Heisenberg'sche Unbestimmtheitsprinzip absolut nichts mit Beobachtern zu tun, auch wenn es deren Möglichkeiten, Messungen vorzunehmen, tatsächlich einschränkt. Das ist aber eine grundlegende Eigenschaft von Quantensystemen und kann auf der Basis der Welleneigenschaften dieser Systeme relativ direkt und mathematisch abgeleitet werden.

Nehmen wir beispielsweise eine einfache, wellenähnliche Störung mit einer einzigen Frequenz (Wellenlänge), die während ihrer Bewegung entlang der x-Achse schwingt:

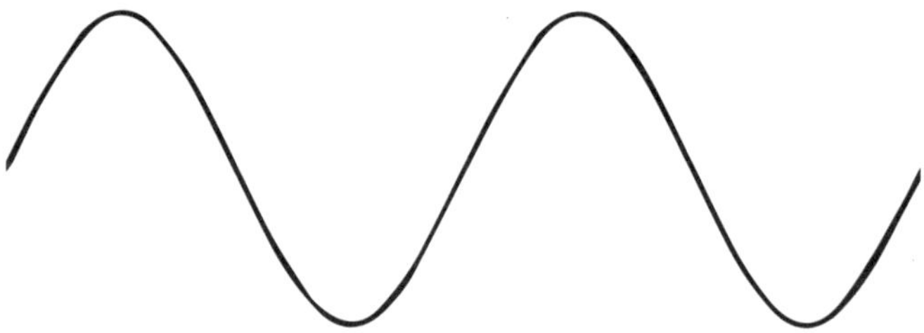

Wie schon gesagt, in der Quantenmechanik zeigen Teilchen wellenähnlichen Charakter. Dank Max Born erkennen wir, dass das Quadrat der Amplitude der mit einem Teilchen zusammenhängenden Welle an jedem Punkt – was wir inzwischen als Schrödingers »Wellenfunktion« des Teilchens bezeichnen – die Wahrscheinlichkeit bestimmt, mit der wir das Teilchen an diesem Punkt vorfinden. Weil die Amplitude der oben abgebildeten schwingenden Welle an den Scheitelpunkten über die ganze Länge der x-Achse hinweg mehr oder weniger konstant ist, würde eine solche Welle, wenn sie mit der Amplitude der Wahrscheinlichkeit zusammenhinge, dass ein Elektron entlang der x-Achse vorzufinden ist, auf eine mehr oder weniger gleichförmige Wahrscheinlichkeit hinauslaufen, das Elektron überall zu finden.

Sehen wir uns nun an, wie eine Störung aussähe, wenn sie sich als Summe von zwei Wellen mit geringfügig unterschiedlichen Frequenzen (Wellenlängen) ergäbe, die sich entlang der x-Achse bewegen.

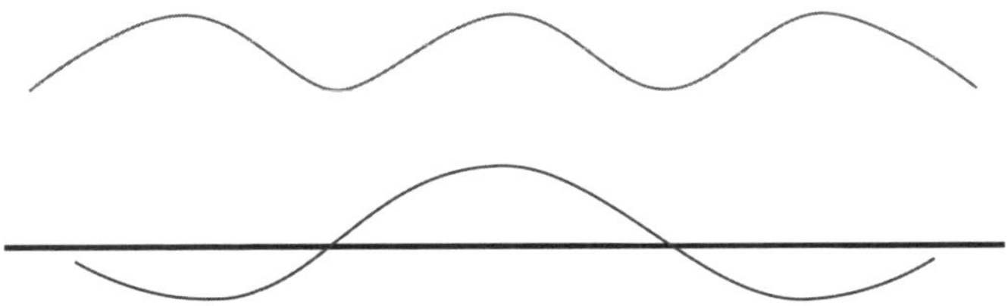

Wenn wir die beiden Wellen kombinieren, sieht die daraus resultierende Störung wie folgt aus:

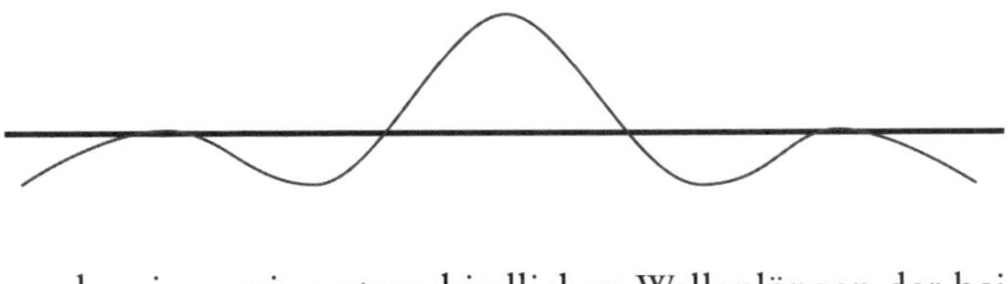

Wegen der ein wenig unterschiedlichen Wellenlängen der beiden Wellen werden die Scheitelpunkte und Täler einander tendenziell aufheben oder »negativ interferieren« – außer an den seltenen Orten, an denen beide Scheitelpunkte an der gleichen Stelle auftreten (einer dieser Orte ist in der Abbildung zu sehen). Das erinnert an das bereits erörterte Phänomen der Welleninterferenz im Young'schen Doppelspaltexperiment.

Wenn wir nun eine weitere Welle mit ein wenig abweichender Wellenlänge hinzufügen,

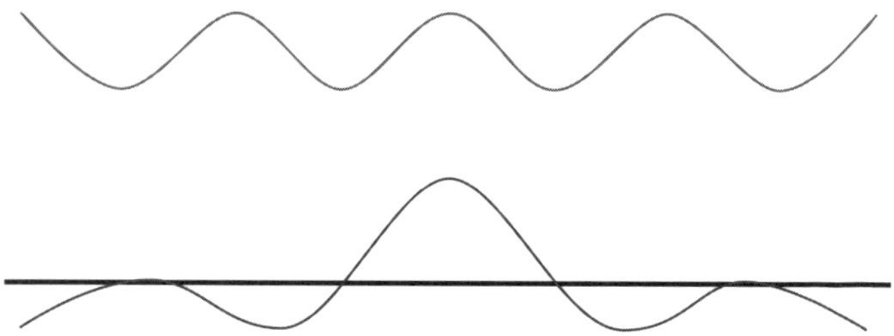

sieht die resultierende Welle so aus:

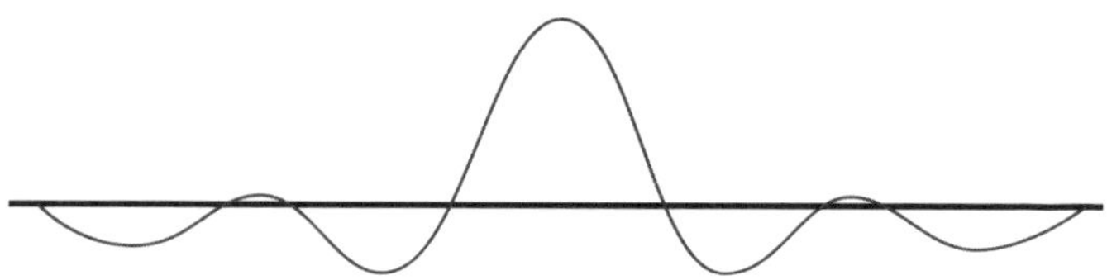

Die Interferenz löscht mehr der Schwingungen beiderseits der Position, wo die beiden Wellen sich addieren, was die Amplitude der Welle am Scheitelpunkt weit höher als an anderen Stellen werden lässt.

Man kann sich vorstellen, was geschieht, wenn ich den Vorgang fortsetze und zur ursprünglichen Welle immer genau den passenden Betrag von Wellen mit leicht unterschiedlichen Frequenzen hinzufüge. Schließlich werden die resultierenden Wellenamplituden sich überall immer mehr aufheben – mit Ausnahme eines kleinen Bereichs im Mittelpunkt der Abbildung und an weit entfernten Orten, wo sich alle Scheitelpunkte erneut addieren dürften:

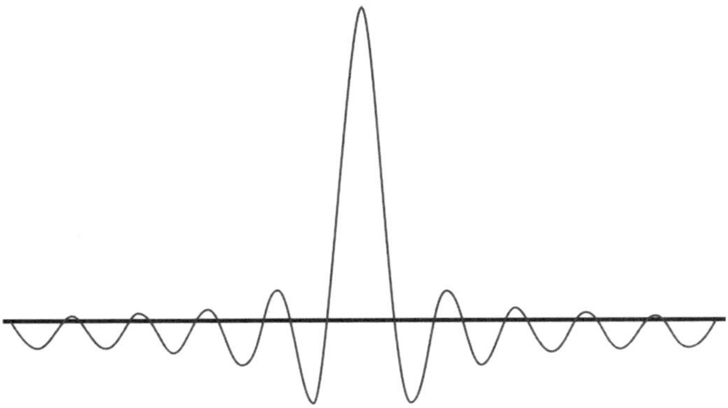

Je größer die Zahl der von mir addierten, geringfügig unterschiedlichen Frequenzen ist, desto schmaler wird der größte zentrale Scheitelpunkt. Stellen wir uns nun vor, dass dies die Wellenfunktion eines bestimmten Teilchens repräsentiert. Je größer die Amplitude des zentralen Scheitelpunkts, desto größer ist die Wahrscheinlichkeit, das Teilchen irgendwo innerhalb der Ausdehnung dieses Scheitels zu finden. Die Breite dieses zentralen Scheitels liegt jedoch nie genau bei null, sodass die Überreste der Störung über eine kleine, wenn auch ständig schmaler werdende Region verteilt bleiben.

Nun rufen wir uns in Erinnerung, dass laut Planck und Einstein zumindest bei Lichtwellen die Energie eines jeden Strahlungsquants, also jedes Photons, direkt mit dessen Frequenz zusammenhängt. Es ist keine Überraschung, dass für die mit massiven Teilchen verknüpften Wahrscheinlichkeitswellen ein ähnlicher Zusammenhang besteht; in diesem Fall ist es jedoch der Impuls des Teilchens, der mit der Frequenz der zu dem Teilchen gehörenden Wahrscheinlichkeitswelle verknüpft ist.

Daraus ergibt sich Heisenbergs Unbestimmtheitsprinzip: Wenn wir ein Teilchen innerhalb eines sehr kleinen Bereichs lokalisieren – also die Breite des höchsten Scheitelpunkts in seiner Wellenfunktion so schmal wie möglich halten – wollen, so müssen wir einbeziehen, dass die Wellenfunktion sich durch die Addition einer großen Zahl verschiedener Wellen mit geringfügig abweichenden Frequenzen ergibt. Das aber bedeutet, dass der Impuls des Teilchens, der mit der Frequenz seiner Wellenfunktion verknüpft ist, irgendwie verteilt sein muss. Je schmaler der dominante Scheitelpunkt im Raum der Wellenfunktion des Teilchens ist, desto größer ist die Zahl unterschiedlicher Frequenzen (das heißt Impulse), die man addieren muss, um die finale Wellenfunktion zu erhalten. Etwas umgangssprachlicher ausgedrückt: Je genauer wir die spezielle Position eines Teilchens bestimmen wollen, desto größer ist die Ungewissheit hinsichtlich seines Impulses.

Daraus ist zu ersehen, dass es hier keine mit Beobachtungen *oder Bewusstsein* zusammenhängenden Einschränkungen gibt; das gilt auch für jegliche Technologie, die mit irgendwelchen Beobachtungen verknüpft ist. Die Beschränkungen sind eine inhärente Eigenschaft der Tatsache, dass in der Quantenwelt mit jedem Teilchen eine Wellenfunktion verbunden ist, und für Teilchen mit einem festgelegten, spezifischen Impuls besitzt die Wellenfunktion eine spezifische Frequenz.

Nachdem Heisenberg diesen Zusammenhang entdeckt hatte, lieferte er als Erster ein Erkenntnis stiftendes Bild, warum das so sein könnte; er stellte es als Gedankenexperiment vor. Um die Position eines Teilchens messen zu können, muss man Licht von dem Teilchen reflektieren lassen, und um die Position sehr genau aufzulösen, ist Licht mit ausreichend kleiner Wellenlänge erforderlich. Doch je kleiner die Wellenlänge, desto höher die Frequenz und die mit den Quanten dieser Strahlung verknüpfte Energie. Wenn man Licht mit immer höherer Energie von dem Teilchen reflektieren lässt, verändert man aber dessen Energie und Impuls. Demnach kennt man nach der Messung vielleicht die Position des Teilchens zum Zeitpunkt der Messung, doch die Spanne der möglichen Energien und Impulse, die man dem Teilchen bei der Streuung des Lichts mitgegeben hat, ist nun groß.

Deshalb verwechseln viele Menschen das Heisenberg'sche Unbestimmtheitsprinzip mit dem, was sich unter dem Begriff »Beobachtereffekt« in der Quantenmechanik eingebürgert hat. Doch wie das obige Beispiel zeigen sollte, hat das Heisenberg'sche Unbestimmtheitsprinzip selbst überhaupt nichts mit Beobachtung zu tun. Um einen Freund zu paraphrasieren: Wenn Bewusstsein irgendetwas mit der Bestimmung von Resultaten quantenphysikalischer Experimente zu tun hätte, dann müsste man erörtern, woran der Experimentator bei der Durchführung des Versuchs gedacht hat – etwa an Sex. Doch das machen wir nicht. Tatsächlich ereigneten sich die Supernova-Explosionen, aus denen die Atome hervorgingen, die unsere Körper bilden, schon recht lange vor der Zeit, in der unser Bewusstsein zu existieren begann.

Wie auch immer – das Heisenberg'sche Unbestimmtheitsprinzip verkörpert in vielerlei Weise das vollständige Ende unserer klassischen Sicht der Natur. Unabhängig von einer möglichen Technologie, die wir vielleicht irgendwann in der Zukunft entwickeln werden, wird unserer Fähigkeit, gleichzeitig den Impuls wie auch die Position eines beliebigen Teilchens mit einem beliebigen Grad an Gewissheit zu kennen, durch die Natur eine absolute Grenze auferlegt.

Doch die Angelegenheit ist sogar noch extremer, als dieser Aussage zu entnehmen ist. Diese Angaben zu *kennen* hat nichts mit der Sache zu tun. Wie ich schon beim Doppelspaltexperiment erläutert habe, weist das Teilchen zu keinem beliebigen Zeitpunkt sowohl eine bestimmte Position als auch einen spezifischen Impuls auf. Es besitzt eine weite Spanne von beidem *gleichzeitig*, bis wir es messen und damit zumindest einen der Werte innerhalb eines gewissen, durch unsere Messeinrichtung definierten Spielraums bestimmen.

Nach Heisenberg war es Paul Adrien Maurice Dirac, ein sehr merkwürdiger Forscher, der den nächsten Schritt zur Enthüllung der verrückten Quantenwelt vollzog. In gewissem Sinn war Dirac genau der richtige Mann für diese Aufgabe. Einstein soll später über ihn gesagt haben: »Dieser Balanceakt auf dem schwindelerregenden Pfad zwischen Genie und Wahnsinn ist ehrfurchtgebietend.«

Wenn ich an Dirac denke, fällt mir ein alter Witz ein. Ein kleines Kind hat noch nie gesprochen, und seine Eltern bitten zahlreiche Ärzte um Rat, aber ohne Erfolg. An seinem vierten Geburtstag schließlich kommt das Kind zum Frühstück herein, schaut zu seinen Eltern auf und sagt: »Der Toast ist kalt!« Seine Eltern platzen fast vor Glück, umarmen einander und fragen das Kind, warum es nie zuvor ein Wort gesagt hat. Es antwortet: »Bis jetzt war ja alles in Ordnung.«

Dirac war berüchtigt für seine lakonischen Bemerkungen. Es gibt eine Fülle von Anekdoten über seine Abneigung, sich auf irgendeine Art von Schlagabtausch einzulassen, aber auch über die Tatsache, dass er alles, was man ihm sagte, wörtlich zu nehmen schien. Einmal, als er während einer seiner Vorlesungen an die Tafel schrieb, soll einer der Anwesenden die Hand gehoben und gesagt haben: »Den Schritt, den Sie da gerade aufgeschrieben haben, verstehe ich nicht.« Dirac stand lange wortlos da, bis der Hörer fragte, ob er seine Frage nicht beantworten wolle. Worauf Dirac erwiderte: »Es gab keine Frage.«

Einmal habe ich am Telefon mit Dirac gesprochen – und ich hatte schreckliche Angst. Ich war noch Student und wollte ihn zu einer Konferenz einladen, die ich für Studenten im ganzen Land organisierte. Ich machte den Fehler, ihn direkt nach meinem Quantenmechanik-Kurs anzurufen, was meine Angst noch verstärkte. Nachdem ich mit meiner langen, weitschweifigen Anfrage fertig war, schwieg Dirac einen Moment lang und antwortete dann knapp: »Nein, ich glaube nicht, dass ich Studenten irgendetwas zu sagen habe.«

Doch Charakter hin oder her, alles andere als zurückhaltend war Dirac, wenn es um das Streben nach einem neuen heiligen Gral ging: eine mathematische Formulierung, mit der die beiden neuen, revolutionären Entwicklungen des 20. Jahrhunderts – Quantenmechanik und Relativitätstheorie – vereint werden könnten. Ungeachtet mehrerer Ansätze seit Schrödinger (der seine berühmte Wellengleichung während eines zweiwöchigen Stelldicheins mit mehreren Freundinnen ableitete) und seit Heisenbergs Entdeckung der quantenmechanischen Grundlagen, war es niemandem gelungen, das Verhalten von tief in Atomen gebundenen Elektronen vollständig zu erklären.

Diese Elektronen weisen im Durchschnitt Geschwindigkeiten auf, die nur einen Bruchteil der Lichtgeschwindigkeit ausmachen, und um sie zu beschreiben, brauchen wir die Spezielle Relativitätstheorie. Mit Schrödingers Gleichung konnten die Energieniveaus von Elektronen in den äußeren Bereichen einfacher Atome wie Wasserstoff gut beschrieben werden – dort lieferte sie eine Erweiterung der Newton'schen Physik auf Quantenebene. Sie war nicht geeignet, wenn relativistische Effekte einbezogen werden mussten.

Schließlich war Dirac erfolgreich, wo alle anderen gescheitert waren. Die von ihm entdeckte Gleichung, eine der wichtigsten in der modernen Teilchenphysik, heißt wenig überraschend Dirac-Gleichung. (Einige Jahre später, als Dirac erstmals mit dem Physiker Richard Feynman – auf den werden wir gleich zurückkommen – zusammentraf, herrschte wieder betretenes Schweigen. Dann sagte Dirac: »Ich habe eine Gleichung. Sie auch?«)

Diracs Gleichung war wunderbar, und sie war der erste relativistische Umgang mit dem Elektron: Sie ermöglichte korrekte und präzise Vorhersagen für die Energieniveaus aller Elektronen in Atomen und die Frequenzen des von ihnen emittierten Lichts – also die Natur aller Atomspektren. Doch die Gleichung bot ein Problem. Sie schien neue Teilchen vorherzusagen, die es nicht gab.

Um die Mathematik zu etablieren, die zur Beschreibung eines sich mit relativistischen Geschwindigkeiten bewegenden Elektrons erforderlich war, musste Dirac einen völlig neuen Formalismus einführen – dieser nutzte zur Beschreibung eines Elektrons vier unterschiedliche Größen.

Soweit wir Physiker das erkennen können, sind Elektronen mikroskopisch kleine, punktförmige Teilchen, deren Radius letztlich null beträgt; in der Quantenmechanik verhalten sie sich jedoch wie rotierende Kreisel – sie weisen das auf, was Physiker als Drehimpuls bezeichnen. Der Drehimpuls spiegelt die Tatsache wider, dass Objekte, die sich zu drehen beginnen, erst dann wieder damit aufhören, wenn man eine Kraft als Bremse anwendet. Je schneller sie rotieren, oder je größer ihre Masse ist, desto größer ist auch der Drehimpuls.

Doch leider gibt es keine klassische Möglichkeit, sich ein punktähnliches Objekt wie ein Elektron vorzustellen, das sich um eine Achse dreht. Der Spin ist demnach eines dieser Gebiete, wo es einfach keine intuitive klassische Analogie zur Quantenmechanik gibt. In Diracs relativistischer Erweiterung von Schrödingers Gleichung können Elektronen hinsichtlich ihres Drehimpulses, den wir als »Spin« bezeichnen, nur zwei mögliche Werte annehmen. Man kann sich das so vorstellen, dass Elektronen sich entweder in die von uns als »up« bezeichnete Richtung oder in die entgegengesetzte, als »down« bezeichnete Richtung drehen. Deshalb benötigt man zwei Größen, um die Konfiguration von Elektronen zu beschreiben – eine für Elektronen mit dem Spin »up« und eine für die mit dem Spin »down«.

Nach anfänglicher Verwirrung wurde klar, dass die von Dirac entdeckten zwei weiteren neuen Größen, die erforderlich waren, um Elektronen in seiner relativistischen Formulierung der Quantenmechanik zu beschreiben, etwas Verrücktes ausdrückten – eine *andere* Version von Elektronen mit gleicher Masse und Spin, aber mit entgegengesetzter elektrischer Ladung. Wenn Elektronen einer Übereinkunft zufolge eine negative Ladung besitzen, würden diese neuen Teilchen eine positive Ladung aufweisen.

Dirac war verwirrt. Ein solches Teilchen war nie beobachtet worden. In einem Augenblick der Verzweiflung nahm Dirac an, das von seiner Theorie beschriebene, positiv geladenen Teilchen sei eigentlich das Proton, dessen Masse jedoch um den Faktor 2000 größer ist als die des Elektrons. Er schlug einige haltlose Argumente dafür vor, warum das positiv geladene Teilchen eine höhere Masse besitzen könnte. Die Ursache für das größere Gewicht hätte in verschiedenen möglichen elektromagnetischen Interaktionen mit dem ansonsten leeren Raum liegen können. Er stellte sich vor, dass dieser vielleicht mit einem möglicherweise unendlichen Meer aus nicht beobachtbaren Teilchen bevölkert sei. Das ist gar nicht so verrückt, wie es sich anhört, doch wollten wir versuchen, den Grund darzustellen, müssten wir uns zwangsläufig auf eine dieser Verwicklungen einlassen, die wir hier vermeiden wollen. Jedenfalls konnte rasch gezeigt werden, dass diese Idee einfach nicht belastbar war – erstens, weil das Argument mathematisch nicht zu begründen war und die neuen Teilchen die gleiche Masse wie die Elektronen besitzen müssten. Und zweitens, wenn das Proton und das Elektron in gewissem Sinn Spiegelbilder voneinander darstellten, dann konnten sie einander vernichten – neutrale Materie wäre somit nicht stabil. Dirac musste zugeben, dass es, wenn seine Theorie zutreffen sollte, in der Natur eine neue positive Version des Elektrons geben musste.

Binnen eines Jahres nach Diracs resignierter Kapitulation fand Carl Anderson zu Diracs Glück in kosmischen Strahlen Teilchen, die mit Elektronen identisch waren, aber die entgegengesetzte Ladung trugen. Das Positron war geboren, und als Reaktion auf seine Abneigung, die Implikationen der eigenen Mathematik zu akzeptieren, hörte man Dirac sagen: »Meine Gleichung war klüger als ich!« Sehr viel später nannte er angeblich einen anderen Grund, weshalb er die Möglichkeit eines neuen Teilchens nicht akzeptiert hatte: »Pure Feigheit.«

Diracs – wenn auch widerstrebende – »Vorhersage« war ein bemerkenswerter Meilenstein. Zum ersten Mal wurde allein auf der Basis theoretischer, aus der Mathematik hervorgegangener Vorstellungen ein neues Teilchen vorhergesagt. Es lohnt sich, darüber nachzudenken.

Maxwell hatte die Existenz von Licht als Ergebnis seiner Vereinigung von Elektrizität und Magnetismus »nachträglich vorhergesagt«. Le Verrier hatte die Existenz des Neptun anhand von beobachteten Anomalien in der Umlaufbahn des Uranus vorhergesagt. Hier lag nun jedoch eine Vorhersage für ein neues, grundlegendes Merkmal des Universums vor, die allein auf theoretischen Überlegungen zur Natur in ihren grundlegenden Größenordnungen beruhte, ohne dass es dafür zuvor direkte experimentelle Anstöße gegeben hatte. Es sah vielleicht aus wie eine Glaubensangelegenheit, doch das war nicht wirklich so – derjenige, der sie vorschlug, glaubte eigentlich nicht daran –, und auch wenn wie beim Glauben eine unbeobachtete Realität vorgeschlagen wurde, so ging es doch anders als beim Glauben um eine Realität, die man überprüfen konnte, und die hätte sich als falsch herausstellen können.

Die Entdeckung der Relativität durch Einstein revolutionierte unsere Vorstellungen von Raum und Zeit, und die Entdeckungen von Schrödinger und Heisenberg zu den Gesetzen der Quantenmechanik revolutionierten unser Bild von den Atomen. Diracs erste Kombination der beiden Ideen verschaffte uns einen neuen Zugang zu der verborgenen Natur der Materie in noch kleineren Maßstäben. In einem sehr realen Sinn verkündete sie den Anfang der Moderne in der Teilchenphysik und begründete einen Trend, der sich fast ein Jahrhundert lang gehalten hat.

Wenn man die Dirac-Gleichung zunächst einmal allgemein auf weitere Teilchen anwenden würde – und es gab keinen Grund für die Annahme, dass man es nicht tun sollte –, dann besäßen nicht nur Elektronen ihre »Antiteilchen« (so wurden sie später genannt), sondern auch alle anderen bekannten Teilchen in der Natur.

Antimaterie ist zum Stoff für Science-Fiction geworden. Raumschiffe wie die USS Enterprise in *Star Trek* werden ausnahmslos mit Antimaterie angetrieben, und in dem neueren Thriller *Angels and Demons* (dt. *Illuminati*) war die Möglichkeit einer Antimaterie-Bombe der albernste Teil der Handlung. Doch Antimaterie gibt es wirklich. In der kosmischen Strahlung hat man nicht nur das Positron gefunden, sondern später auch Antiprotonen und Antineutronen.

Auf fundamentaler Ebene ist Antimaterie gar nicht so seltsam. Positronen sind schließlich genau wie Elektronen, nur mit entgegengesetzter Ladung. In einem Schwerefeld fallen sie, anders als manche glauben, nicht nach »oben«. Es trifft zu, dass Materie und Antimaterie interagieren und sich gegenseitig vernichten können, bis sie nur mehr pure Strahlung sind, was unheimlich erscheint. Doch die Vernichtung von Teilchen und Antiteilchen ist nur ein Element in einer Fülle neuer möglicher Wechselwirkungen von Elementarteilchen, die stattfinden können, wenn wir uns ins Reich des Subatomaren begeben. Und außerdem: Man würde eine große Menge Antimaterie benötigen, um so viel Materie vernichten zu können, dass man mit der produzierten Energie auch nur eine Glühbirne betreiben könnte.

Selbstverständlich ist Antimaterie genau deshalb so merkwürdig. Sie ist merkwürdig, weil das Universum, in dem wir leben, mit Materie und nicht mit Antimaterie angefüllt ist. Ein Universum aus Antimaterie wäre scheinbar mit unserem identisch. Und ein Universum mit gleichen Anteilen von Materie und Antimaterie – was eigentlich das vernünftigste Universum sein sollte – wäre, wenn sich in der Zwischenzeit nicht etwas ereignet hätte, sehr langweilig, weil Materie und Antimaterie sich schon vor langer Zeit vernichtet hätten und das Universum heute nichts als Strahlung enthielte.

Warum das Universum, in dem wir leben, mit Materie und nicht mit Antimaterie angefüllt ist, bleibt eine der interessantesten Fragen der modernen Physik. Doch die Einsicht, dass Antimaterie einfach deswegen so merkwürdig ist, weil man nie auf sie trifft, brachte mich einst darauf, folgende Analogie vorzuschlagen: Antimaterie ist genau in dem Sinn merkwürdig, wie Belgier merkwürdig sind. Natürlich sind Belgier nicht an sich merkwürdig, aber wann immer man vor einem großen Publikum steht und – so wie ich – bittet, dass anwesende Belgier sich melden möchten, hebt fast nie jemand die Hand.

Außer bei meinen jüngsten Vorlesungen in Belgien, bei denen ich auch erfuhr, dass meine Analogie nicht gut ankam.

KAPITEL 8

EINE FALTE IN DER ZEIT

Ein Rauch seid ihr, der eine kleine Zeit bleibt und dann verschwindet.

JAKOBUS 4:14

Seit der Zeit Galileis hat jeder von der Wissenschaft enthüllte verborgene Zusammenhang in der Natur die Physik in neue und unerwartete Richtungen gelenkt. Die Vereinigung von Elektrizität und Magnetismus verriet die verborgene Natur des Lichts. Die Vereinigung von Licht mit Galileis Bewegungsgesetzen enthüllte die verborgenen Zusammenhänge zwischen Raum und Zeit, die sich in der Relativität manifestieren. Die Vereinigung von Licht und Materie enthüllte das seltsame Quantenuniversum. Und die Vereinigung von Quantenmechanik und Relativität offenbarte die Existenz von Antiteilchen.

Dass Dirac die Antiteilchen entdeckte, ergab sich, weil er die korrekte Gleichung »erriet«, mit der die relativistischen Quanten-Interaktionen der Elektronen mit elektromagnetischen Feldern zu beschreiben waren. Mit physikalischer Intuition konnte er das kaum untermauern, was einer der Gründe ist, weshalb sowohl Dirac selbst als auch andere sein Ergebnis anfangs so skeptisch beurteilten. Es war Richard Feynman, einer der bedeutendsten Physiker der zweiten Hälfte des 20. Jahrhunderts, der klarmachte, dass Antimaterie physikalisch zwingend war.

Feynman und Dirac hätten unterschiedlicher nicht sein können. Während Dirac extrem schweigsam war, zeigte Feynman sich als geselliger und charmanter Geschichtenerzähler. Während Dirac nur selten, wenn überhaupt, vorsätzlich Scherze machte, war Feynman ein Schelm, der das Leben in all seinen Facetten genoss. Während Dirac zu schüchtern war, sich mit Frauen zu treffen, suchte Feynman nach dem Tod seiner Ehefrau die Gesellschaft verschiedenster Frauen. Doch die Physik bringt seltsame Gefährten hervor – Feynman und Dirac werden im Geist immer verbunden bleiben, und den Zusammenhang bildet wieder das Licht. Gemeinsam trugen sie dazu bei, die Beschreibung der lange gesuchten Quantentheorie der Strahlung zu vervollständigen.

Feynman, der eine Generation nach Dirac kam, verehrte ihn und bezeichnete ihn als einen seiner Helden der Physik. Insofern war es angemessen, dass ein 1939 von Dirac verfasster kurzer Aufsatz, in dem er einen neuen Ansatz für die Quantenmechanik vorschlug, die Arbeit inspirierte, die Feynman schließlich den Nobelpreis eintrug.

Heisenberg und Schrödinger hatten erklärt, wie Systeme sich quantenmechanisch verhalten; sie begannen mit einem beliebigen Ausgangszustand des Systems und berechneten, wie er sich mit der Zeit entwickelte. Doch es gibt noch eine andere Möglichkeit, über Quantensysteme nachzudenken, und auch hier liefert, wie Sie sich sicher schon gedacht haben, das Licht den Schlüssel.

Gewöhnlich stellen wir uns vor, dass Licht sich immer in gerader Linie bewegt. Doch das tut es nicht. Diese Tatsache zeigt sich, wenn man an einem heißen Tag eine Fata Morgana auf einer langen, geraden Straße erblickt. Die Straße sieht in einiger Entfernung nass aus, was daran liegt, dass das vom Himmel kommende Licht gebrochen wird, wenn es die vielen aufeinanderfolgenden Schichten warmer Luft nahe der Straßenoberfläche durchquert, ehe es schließlich zu unserem Auge reflektiert wird.

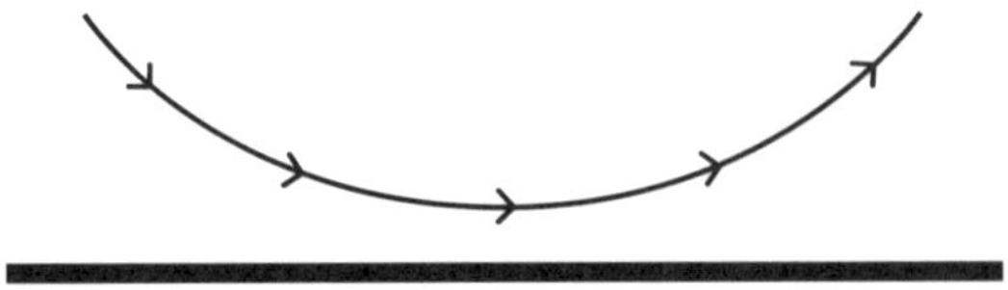

Wie der französische Mathematiker Pierre de Fermat 1750 zeigte, gibt es eine weitere Möglichkeit, dieses Phänomen zu verstehen. Weil Licht in weniger dichter (also warmer) Luft schneller unterwegs ist als in kälterer Luft, und die wärmste Luft nahe der Oberfläche zu finden ist, benötigt das Licht weniger Zeit, wenn es sich unten, in Bodennähe, bewegt und dann erst zum Auge gelangt, als wenn es direkt beim Auge ankommt. Fermat formulierte ein Prinzip – das Prinzip der kürzesten Zeit. Es besagt, dass man den ultimativen Pfad eines beliebigen Lichtstrahls einfach dadurch bestimmen kann, dass man alle möglichen Pfade von A nach B untersucht und den findet, der die kürzeste Zeit beansprucht.

Das hört sich an, als würde Licht sich mit Absicht so oder so verhalten; ich war versucht zu schreiben, Licht erwäge alle Pfade und wähle den, der am wenigsten Zeit erfordert. Weil ich aber davon ausgehe, dass Deepak Chopra mich später dahingehend zitieren würde, dass Licht Bewusstsein besitze, habe ich davon Abstand genommen. Natürlich hat Licht kein Bewusstsein, doch das mathematische Ergebnis erweckt den Anschein, als wähle Licht den kürzesten Weg.

Erinnern wir uns nun daran, dass Lichtstrahlen und Elektronen in der Quantenmechanik nicht auf einem einzigen Pfad von einem Ort zum anderen gelangen, sondern alle möglichen Pfade gleichzeitig nehmen. Jeder Pfad kann mit einer bestimmten Wahrscheinlichkeit gemessen werden, und der klassische Pfad (der die kürzeste Zeit erfordert) besitzt die größte Wahrscheinlichkeit.

1939 schlug Dirac einen Weg vor, wie all diese Wahrscheinlichkeiten berechnet und aufsummiert werden konnten, womit die quantenmechanische Wahrscheinlichkeit zu bestimmen war, dass ein von A ausgehendes Teilchen bei B ankommt. Nachdem Feynman als Doktorand bei einer Bierparty von Diracs Aufsatz erfahren hatte, leitete er mathematisch ein spezielles Beispiel ab, welches zeigte, dass diese Vorstellung funktionierte. Indem er Diracs Hinweis als Ausgangspunkt nahm, leitete Feynman insbesondere Ergebnisse ab, die zumindest in einfachen Fällen denen entsprachen, die man mithilfe der Bilder Schrödingers oder Heisenbergs ableiten würde. Wichtiger war jedoch, dass er diesen neuen Formalismus des »Pfadintegrals« nutzen konnte, um Quantensysteme zu behandeln, die mit den anderen Verfahren nicht leicht zu beschreiben und zu analysieren waren.

Schließlich verbesserte Feynman seine mathematischen Verfahren, um Diracs relativistische Gleichung auf das Verhalten von Elektronen zu erweitern und eine vollständig widerspruchsfreie quantenmechanische Theorie der Interaktionen zwischen Elektronen und Licht aufzustellen. Für diese Arbeit, mit der er die als Quantenelektrodynamik bekannte Theorie begründete, bekam er gemeinsam mit Julian Schwinger und Shin'ichirō Tomonaga 1969 den Nobelpreis. Bereits vor der Vollendung seiner Arbeit hatte er einen intuitiven physikalischen Grund beschrieben, warum die Relativität im Zusammenhang mit der Quantenmechanik die Existenz von Antiteilchen erfordert.

Nehmen wir ein Elektron, das sich auf einem möglichen »Quanten«-Pfad bewegt. Was heißt das? Ein Elektron schlägt alle möglichen Pfade zwischen zwei Punkten ein, solange ich es während seiner Reise nicht messe. Dazu gehören Pfade, die klassisch nicht erlaubt sind, weil sie Regeln wie die (aus der Relativität abgeleitete) Vorschrift verletzen, wonach Objekte nicht schneller sein können als das Licht. Nun besagt das Heisenberg'sche Unbestimmtheitsprinzip, dass sogar beim Versuch, das Elektron auf seinem Weg während einer kurzen Zeitspanne zu messen, eine der Geschwindigkeit des Elektrons innewohnende Ungewissheit bleibt, die niemals überwunden werden kann. Selbst wenn ich den Pfad an verschiedenen Punkten messe, kann ich demnach nicht ausschließen, dass während dieser Zeitspannen irgendein seltsames, nichtklassisches Verhalten auftritt. Stellen wir uns also folgenden Pfad vor:

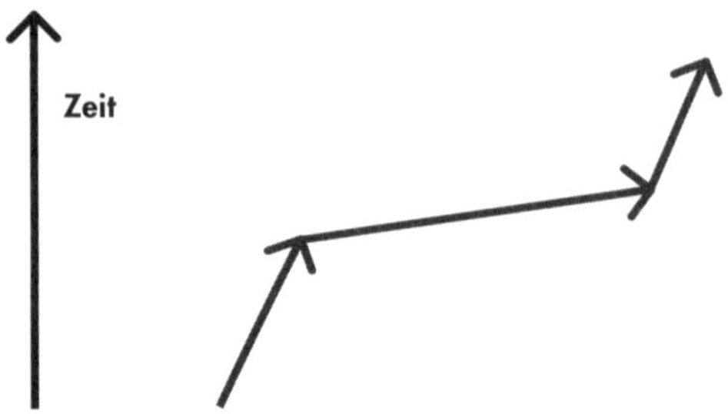

Für die kurze Zeit in der Mitte des abgebildeten Zeitintervalls ist das Elektron mit mehr als Lichtgeschwindigkeit unterwegs.

Doch Einstein sagt uns, dass die Zeit relativ ist und dass verschiedene Beobachter zwischen Ereignissen unterschiedliche Intervalle messen. Und wenn ein Teilchen in einem Bezugssystem schneller als das Licht ist, so scheint es sich in einem anderen Bezugssystem in der Zeit rückwärts zu bewegen, wie diese Abbildung zeigt (dies ist einer der Gründe, weshalb die Relativität alle beobachteten Teilchen darauf beschränkt, dass sie mit Geschwindigkeiten unterhalb oder gleich der Lichtgeschwindigkeit unterwegs sind):

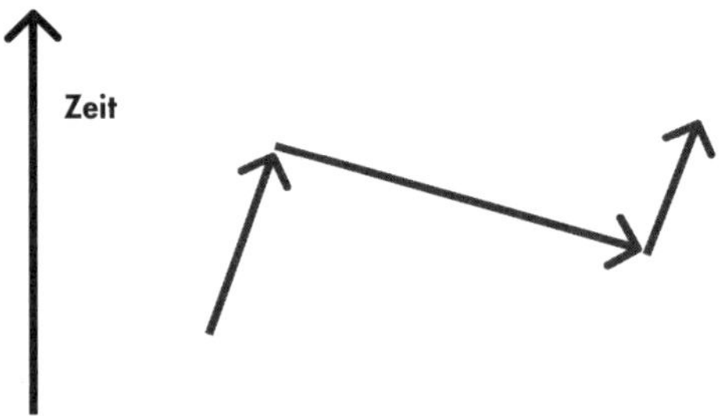

Feynman wurde klar, dass dies im letzteren Bezugssystem wie ein Elektron aussähe, das sich für eine kurze Spanne in der Zeit vorwärts bewegt, dann in der Zeit rückwärts läuft und dann wieder vorwärts. Doch als was erscheint ein Elektron, das sich in der Zeit rückwärts bewegt? Da das Elektron negativ geladen ist, entspricht eine negative Ladung, die sich rückwärts in der Zeit nach rechts bewegt, einer positiven Ladung, die sich vorwärts in der Zeit nach links bewegt. Damit entspricht das Bild dem folgenden:

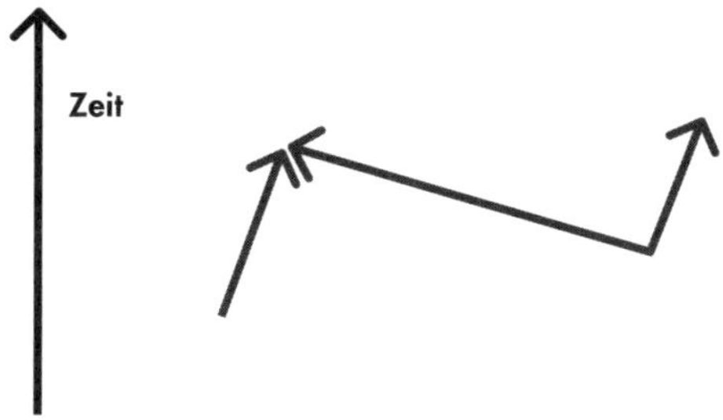

In dieser Darstellung beginnen wir mit einem Elektron, das sich in der Zeit vorwärts bewegt, und kurz darauf tauchen aus dem leeren Raum ein Elektron und ein Teilchen auf, das wie ein Elektron aussieht, aber die entgegengesetzte Ladung besitzt. Das positiv geladene Teilchen bewegt sich nach links und wieder vorwärts in der Zeit, bis es auf das ursprüngliche Elektron trifft; die beiden vernichten einander, und es bleibt nur ein Elektron zurück, das sich weiterbewegt.

All das geschieht natürlich auf einer Zeitskala, die nicht direkt beobachtet werden kann, denn wenn man sie beobachten könnte, wäre dieses seltsame Verhalten, weil es die beobachteten Lehrsätze der Relativität verletzt, nicht möglich. Dennoch können Sie sicher sein, dass solche Prozesse im Papier des Buches, das Sie gerade lesen, oder hinter dem Bildschirm Ihres E-Books ständig stattfinden.

Wenn aber ein solcher Pfad in der unsichtbaren Quantenwelt möglich ist, dann muss es in der sichtbaren Welt Antiteilchen geben – also Teilchen, die mit bekannten Teilchen identisch, aber entgegengesetzt geladen sind (in den Gleichungen dieser Theorie erscheinen sie, als seien es Teilchen, die sich in der Zeit rückwärts bewegen). Und damit wird es auch möglich, dass Paare aus Teilchen und Antiteilchen spontan aus dem leeren Raum auftauchen, solange sie einander innerhalb einer so kurzen Zeitspanne wieder vernichten, dass ihre kurze Existenz nicht gemessen werden kann.

Mit dieser Denkfigur lieferte Feynman nicht nur ein physikalisches Argument für die Existenz von Antiteilchen, die durch die Vereinigung von Relativität und Quantenmechanik gefordert werden. Wie er zeigte, können wir auch zu keinem Zeitpunkt angeben, dass in einem bestimmten Bereich nur eines oder zwei Teilchen enthalten sind. In unmessbar kleinen Zeitskalen kann spontan eine potenziell unendliche Zahl von »virtuellen« Paaren aus Teilchen und Antiteilchen – Paare von Teilchen, deren Existenz so flüchtig ist, dass sie nicht direkt beobachtbar sind – erscheinen und verschwinden.

Diese Vorstellung hört sich so unglaublich an, dass man skeptisch sein sollte. Denn wie können wir behaupten, dass es diese virtuellen Teilchen gibt, wenn wir sie gar nicht messen können?

Die Antwort lautet: Wir können die Effekte dieser virtuellen Paare aus Teilchen und Antiteilchen zwar nicht direkt aufspüren, doch wir können indirekt auf ihre Anwesenheit schließen, weil sie indirekt die Eigenschaften von Systemen beeinflussen, die wir beobachten *können*.

Die als Quantenelektrodynamik bezeichnete Theorie, in der diese virtuellen Teilchen zusammen mit den elektromagnetischen Interaktionen von Elektronen und Positronen enthalten sind, ist die beste wissenschaftliche Theorie, über die wir bislang verfügen. Man hat auf der Theorie beruhende Vorhersagen mit Beobachtungen verglichen, und sie stimmen in mehr als 10 Dezimalstellen überein. Es gibt kein anderes Wissenschaftsgebiet, auf dem man beim Vergleich zwischen Beobachtungen und den auf grundlegenden Prinzipien beruhenden Vorhersagen ein derartiges Präzisionsniveau erreichen kann.

Doch die Übereinstimmung zwischen Theorie und Beobachtung ist nur dann möglich, wenn man die Wirkungen virtueller Teilchen einbezieht. Tatsächlich impliziert gerade das Phänomen der virtuellen Teilchen, dass die Kräfte zwischen Teilchen in der Quantentheorie *stets* durch den Austausch virtueller Teilchen übertragen werden. Wie das geht, werde ich hier beschreiben.

In der Quantenelektrodynamik laufen elektromagnetische Wechselwirkungen durch Absorption oder Emission der Quanten des Elektromagnetismus, also der Photonen ab. Feynman zufolge können wir diese Interaktion so darstellen, dass ein Elektron ein wellenförmiges »virtuelles« Photon emittiert und dabei seine Richtung ändert:

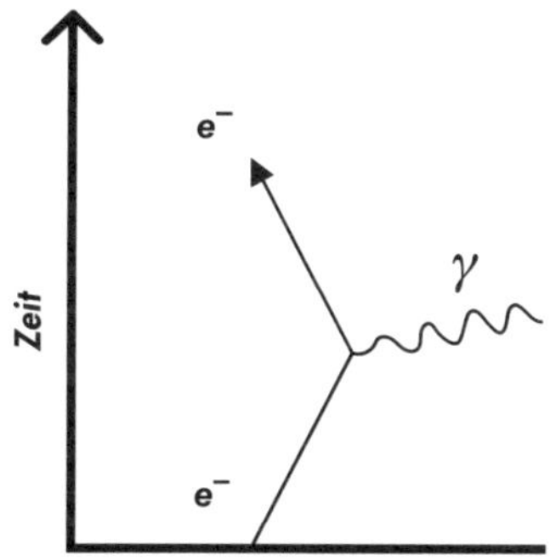

Anschließend lässt sich die elektrische Interaktion zwischen zwei Elektronen folgendermaßen aufzeichnen:

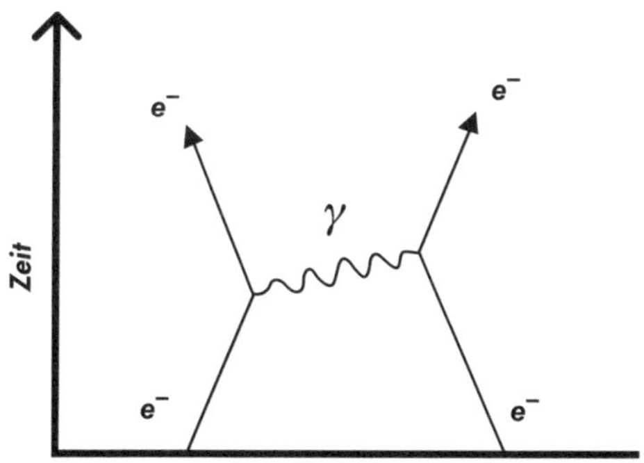

In diesem Fall interagieren die Elektronen miteinander, indem sie ein virtuelles, von dem linken Elektron spontan emittiertes Photon austauschen, das in einer Zeitspanne, die so klein ist, dass das Photon nicht beobachtet werden kann, vom anderen Elektron absorbiert wird.

Dies erklärt auch, warum der Elektromagnetismus eine über große Entfernungen wirksame Kraft ist. Wenn wir ein System für ein gewisses Zeitintervall messen, so sagt uns das Heisenberg'sche Unbestimmtheitsprinzip, dass damit eine Ungewissheit in der gemessenen Energie des Systems einhergeht. Wird das Zeitintervall größer, nimmt die damit verbundene Ungewissheit bei der Energie ab. Weil das Photon masselos ist, kann ein virtuelles masseloses Photon – unter Einbeziehung des Einstein'schen Zusammenhangs zwischen Masse und Energie – einen beliebig kleinen Energiebetrag befördern. Das heißt, es kann für beliebig lange Zeit unterwegs sein und damit eine beliebig lange Strecke zurücklegen, ehe es absorbiert wird, und es wird dabei weiterhin vom Unbestimmtheitsprinzip geschützt, weil die Energie, die es tragen kann, so klein ist, dass keine erkennbare Verletzung des Energieerhaltungssatzes auftreten wird. Ein Elektron auf der Erde kann demnach ein virtuelles Photon erzeugen, das die vier Lichtjahre bis zu Alpha Centauri zurücklegen könnte und dort immer noch imstande wäre, eine Kraft auf ein Elektron auszuüben, welches das virtuelle Photon absorbiert. Wenn das Photon dagegen nicht masselos wäre, sondern eine Ruhemasse besäße, würde es eine durch $E = mc^2$ gegebene minimale Energie tragen und somit nur eine endliche Distanz (das heißt, nur über ein finites Zeitintervall hinweg) zurücklegen, ehe es absorbiert werden müsste, weil es andernfalls zu einer erkennbaren Verletzung des Energieerhaltungssatzes käme.

Bei den virtuellen Teilchen gibt es jedoch ein potenzielles Problem. Wenn ein Teilchen ausgetauscht werden oder ein virtuelles Paar aus Teilchen und Antiteilchen spontan aus dem Vakuum erscheinen kann, warum dann nicht zwei, drei oder unendlich viele? Und außerdem: Wenn virtuelle Teilchen in einer Zeit verschwinden müssen, die der von ihnen getragenen Energie umgekehrt proportional ist, was hindert dann Teilchen daran, beladen mit einem beliebig großen Energiebetrag aus dem leeren Raum aufzutauchen und für eine beliebig kurze Zeit zu existieren?

Als die Physiker versuchten, diese Effekte einzubeziehen, kamen sie in ihren Berechnungen auf unendliche Werte.

Die Lösung? Einfach ignorieren.

Nun ja, nicht wirklich ignorieren, sondern die unendlichen Bestandteile von Berechnungen systematisch unter den Teppich kehren, bis nur finite Teile übrig bleiben. Das allerdings wirft die Frage auf, welche finiten Anteile man behalten soll und warum die ganze Prozedur gerechtfertigt ist.

Es dauerte einige Jahre, bis sich eine eindeutige Antwort ergab, und Feynman gehörte zu der Gruppe, die sie ausarbeitete. Doch noch viele Jahre später, bis hin zu der Zeit um 1965 herum, als er den Nobelpreis erhielt, betrachtete er die ganze Bemühung als eine Art Trick und stellte sich vor, irgendwann werde sich eine stabiler begründete Lösung ergeben.

Es gibt dennoch einen sehr guten Grund, die unendlichen Werte zu ignorieren, die wegen der virtuellen Teilchen mit beliebig hohen Energien ins Spiel kamen. Dem Heisenberg'schen Unbestimmtheitsprinzip zufolge können sich diese sehr energiereichen Teilchen nur über sehr kurze Entfernungen bewegen, ehe sie verschwinden. Aber wie können wir sicher sein, dass unsere physikalischen Theorien, die ja schließlich darauf angelegt sind, Phänomene in Größenordnungen zu erklären, die wir messen können, in diesen sehr kleinen Maßstäben auf die gleiche Art funktionieren? Könnte es nicht sein, dass in sehr kleinen Größenordnungen neue Physik, neue Kräfte und neue Elementarteilchen bedeutsam werden?

Wenn wir alle Gesetze der Physik bis hinunter zu unendlich kleinen Maßstäben kennen müssten, um Phänomene in den weit größeren Skalen erklären zu können, die wir erfahren, dann wäre die Physik ein hoffnungsloses Unternehmen. *Ehe wir überhaupt eine Theorie von etwas haben könnten, bräuchten wir eine Theorie von allem.*

Gegenüber einer möglichen neuen Physik in viel kleineren Größenordnungen als den Maßstäben, zu deren Beschreibung die ursprünglichen Theorien entwickelt worden sind, sollten vernünftige physikalische Theorien eher unempfindlich sein. Solche Theorien bezeichnen wir als »renormierbar« – der Begriff leitet sich aus der Tatsache ab, dass wir die andernfalls unendlichen Werte der Vorhersagen »renormierbar«, indem wir die Unendlichkeiten loswerden und am Ende nur finite, vernünftige Antworten übrig lassen.

Natürlich ist es eine Sache zu sagen, das sei erforderlich. Zu beweisen, dass es möglich ist, ist etwas völlig anderes. Es dauerte sehr lang, bis man diese Prozedur auf die Reihe bekam. Das erste konkrete Beispiel, mit dem gezeigt wurde, dass es einen Sinn ergab, umfasste präzise Berechnungen der Energieniveaus von Wasserstoffatomen, die eine korrekte Vorhersage des von diesen Atomen emittierten Lichtspektrums ermöglichten, so, wie man es im Labor gemessen hatte.

Obwohl Feynman und seine Nobel-Kollegen den Mechanismus aufklärten, mit dem dieses Verfahren der Renormierung mathematisch umzusetzen ist, war es Freeman Dyson, der den vollständigen Beweis erbrachte, dass die Quantenelektrodynamik (QED) eine »renormierbare« Theorie ist und präzise Vorhersagen für alle in der Theorie messbaren physikalischen Größen erlaubt. Sein Beweis verschaffte der QED in der Physik einen beispiellosen Status. Sie lieferte eine vollständige Theorie der Quanten-Interaktionen von Elektronen und Licht, und das mit Vorhersagen, die mit beliebig hoher Genauigkeit mit Beobachtungen vergleichbar waren – eingeschränkt allein durch die Energie und Entschlossenheit der Theoretiker, welche die Berechnungen durchführten. Deswegen können wir die Spektren des von Atomen emittierten Lichts mit außerordentlicher Präzision vorhersagen und Lasersysteme sowie Atomuhren konstruieren, welche die Messgenauigkeit für Entfernung und Zeit neu definiert haben. Die Vorhersagen der QED sind so genau, dass wir in Experimenten imstande sind, selbst nach winzigsten Abweichungen von diesen Vorhersagen zu suchen, und ausloten können, ob sich eine mögliche neue Physik ergeben könnte, wenn wir immer noch kleinere Entfernungs- und Zeitskalen erforschen.

In der Rückschau der letzten 50 Jahre haben wir allmählich auch verstanden, dass die QED auch deswegen ein so beachtliches Beispiel für eine vernünftige physikalische Theorie ist, weil mit ihr eine »Symmetrie« verknüpft ist. Symmetrien in der Physik sondieren tiefe Charakteristika der physischen Realität. Seither und bis in absehbare Zukunft wird der Fortschritt der Physik durch die Suche nach Symmetrien geleitet.

Symmetrien spiegeln die Tatsache wider, dass eine Änderung der fundamentalen mathematischen Größen, die die physikalische Welt beschreiben, keine Veränderung dessen mit sich bringt, wie die Welt aussieht oder funktioniert. Eine Kugel kann man beispielsweise in jede Richtung drehen, ohne dass sie anders aussähe. Nichts in Verbindung mit der Physik der Kugel kann daher davon abhängen, wie sie zu einem beliebigen Zeitpunkt ausgerichtet ist. Die Tatsache, dass die Gesetze der Physik sich nicht von Ort zu Ort oder von Zeit zu Zeit ändern, ist von tiefer Bedeutung. Und die Symmetrie physikalischer Gesetze in Hinblick auf die Zeit – die Tatsache, dass nichts, was die Gesetze der Physik betrifft, sich mit der Zeit verändert – führt zu der Tatsache, dass im physikalischen Universum Energie erhalten wird.

In der Quantenelektrodynamik steht eine grundlegende Symmetrie in Zusammenhang mit der Natur elektrischer Ladungen. Was wir »positiv« und »negativ« nennen, ist eindeutig willkürlich festgelegt. Wir könnten jede positive Ladung im Universum in eine negative verwandeln und umgekehrt, und das Universum würde absolut unverändert aussehen und sich unverändert verhalten.

Stellen wir uns beispielsweise die Welt als riesiges Schachbrett mit schwarzen und weißen Quadraten vor. Das Schachspiel bliebe vollkommen unverändert, wenn man Schwarz in Weiß und Weiß in Schwarz ändern würde.

Nun stellt sich heraus, dass genau wegen dieser Symmetrie der Natur elektrische Ladung erhalten wird – in keinem Prozess (auch nicht aufgrund der Quantenmechanik) kann spontan eine positive oder negative Ladung erscheinen, ohne dass gleichzeitig eine gleiche, entgegengesetzte Ladung auftritt. Im leeren Raum werden Teilchen deshalb nur in Kombination mit Antiteilchen spontan erzeugt. Aus diesem Grund kommt es auf der Erde auch zu Gewittern. An der Erdoberfläche bauen sich elektrische Ladungen auf, weil Gewitterwolken an ihrer Basis große negative Ladungen aufweisen. Diese Ladung kann nur durch große, vom Boden zum Himmel fließende Ströme abgebaut werden.

Die auf diese Symmetrie zurückzuführende Ladungserhaltung lässt sich anhand des Bildes vom Schachbrett verstehen. Dass jedes weiße Quadrat neben einem schwarzen Quadrat liegen muss, bedeutet, dass das Brett, wann immer ich Schwarz und Weiß vertausche, am Ende gleich aussieht. Hätte ich zwei schwarze Quadrate nebeneinander, was darauf hinausliefe, dass das Brett unterm Strich eine bestimmte »Schwärze« aufwiese, dann wären »Schwarz« und »Weiß« keine gleichwertigen beliebigen Etiketten. Schwarz würde sich physikalisch von Weiß unterscheiden. Kurz, die Symmetrie zwischen Schwarz und Weiß wäre auf dem Brett verletzt.

Bleiben Sie dran, weil ich jetzt eine Vorstellung einführen werde, die erheblich subtiler, aber auch viel bedeutsamer ist. Sie ist so bedeutsam, dass praktisch die gesamte moderne Physik darauf beruht. Sie ist jedoch so subtil, dass sie ohne die Verwendung von Mathematik schwer zu beschreiben ist. Sie ist so subtil, dass ihre Verzweigungen auch heute, 100 Jahre, nachdem man sie erstmals vorgeschlagen hat, noch nicht aufgedeckt sind. Sie sollten also nicht überrascht sein, wenn Sie es einmal oder zweimal lesen müssen, um die Idee vollständig erfassen zu können. Die Physiker haben in den letzten 60 Jahren viel Zeit damit verbracht, sie zu begreifen.

»Eichsymmetrie« heißt diese Symmetrie aus einem obskuren historischen Grund, den ich ein wenig später erläutern werde. Doch der seltsame Name ist belanglos. Von Bedeutung ist, was diese Symmetrie beinhaltet:

> Eichsymmetrie im Elektromagnetismus besagt, dass ich meine Definition der positiven Ladung in jedem Raumpunkt ändern kann, ohne die mit der elektrischen Ladung verbundenen fundamentalen Gesetze zu ändern, solange ich irgendwie auch eine Größe einführe, die mir hilft, diese Änderung von Punkt zu Punkt zu verfolgen. Diese Größe ist, wie sich herausstellt, das elektromagnetische Feld.

Wir wollen versuchen, diese Aussage anhand meiner Analogie mit dem Schachbrett zu analysieren. Die globale Symmetrie, die ich vorhin geschildert habe, ändert überall Schwarz in Weiß und umgekehrt, sodass das Schachbrett, um 180 Grad gedreht, genauso aussieht wie zuvor und das Schachspiel eindeutig nicht betroffen ist.

Stellen wir uns nun stattdessen vor, dass ich ein schwarzes Quadrat zu einem weißen Quadrat mache, ohne das weiße Quadrat daneben zu einem schwarzen zu machen. Dann zeigt das Brett zwei nebeneinanderliegende weiße Quadrate. Dieses Brett sieht nun eindeutig anders aus als vorher. Das Spiel kann nicht mehr wie zuvor gespielt werden.

Doch halten wir einen Moment inne. Was, wenn ich eine Spielanleitung hätte, die mir sagt, was die Spielfiguren tun sollen, wenn sie auf benachbarte Quadrate treffen, wo eine Farbe verändert wurde, die andere jedoch nicht? Dann können die Spielregeln unverändert bleiben, solange ich bei jedem Zug die Anleitung heranziehe. *Diese Spielanleitung ermöglicht es also, das Spiel fortzusetzen, als hätte sich nichts geändert.*

In der Mathematik bezeichnet man eine Größe, die im Zusammenhang mit jedem Punkt auf einer Oberfläche – etwa einem Schachbrett – eine Regel vorschreibt, als Funktion. Und in der Physik bezeichnet man eine Funktion, die für jeden Punkt unseres physikalischen Raumes definiert ist, als Feld – etwa das elektromagnetische Feld, das beschreibt, wie stark elektrische und magnetische Kräfte an jedem Punkt im Raum sind.

Und hier kommt der Knackpunkt. Die Eigenschaften, welche

die Form der notwendigen Funktion beschreiben müssen (was es uns erlaubt, unsere Definition der elektrischen Ladung von Punkt zu Punkt zu verändern, ohne die darunterliegende Physik zu ändern, welche die Interaktionen elektrischer Ladungen beherrscht), sind *genau* diejenigen, welche die Form der Regeln kennzeichnen, von denen elektromagnetische Felder beherrscht werden.

Anders gesagt, die Forderung, dass die Naturgesetze unter einer *Eichtransformation* – nämlich einer Transformation, die lokal verändert, was ich als positive oder negative Ladung bezeichne – unverändert bleiben, erfordert auch die Existenz eines elektromagnetischen Feldes, das genau von Maxwell-Gleichungen beherrscht wird. Die sogenannte *Eichinvarianz* bestimmt die Natur des Elektromagnetismus vollständig.

Das konfrontiert uns mit einer interessanten philosophischen Frage. Was ist grundlegender – die Symmetrie oder die physikalischen Gleichungen, welche die Symmetrie manifest machen? Im ersteren Fall, in dem diese Eichsymmetrie der Natur die Existenz von Photonen, Licht und all den erstmals von Maxwell und Faraday entdeckten Gleichungen und Phänomenen erfordert, deckt sich Gottes scheinbares Gebot »Es werde Licht« mit dem Gebot »Der Elektromagnetismus sei mit einer Eichsymmetrie verknüpft«. Das mag nicht so griffig klingen, ist aber trotzdem wahr.

Alternativ könnte man sagen, die Theorie ist, was sie ist, und die Entdeckung einer mathematischen Symmetrie in den zugrunde liegenden Gleichungen ist ein glücklicher Zufall.

Der Unterschied zwischen diesen beiden Standpunkten scheint vor allem semantischer Natur zu sein, weshalb er für Philosophen interessant sein dürfte. Doch die Natur gibt uns hier eine gewisse Orientierung. Falls die Quantenelektrodynamik die einzige Theorie in der Natur wäre, die eine solche Symmetrie respektiert, so könnte einem der letztere der Standpunkte vernünftiger erscheinen.

Es zeigt sich aber, dass *jede* bekannte Theorie, welche die Natur beschreibt, auf einer fundamentalen Skala irgendeine Art von Eichsymmetrie widerspiegelt. Demzufolge neigen Physiker inzwischen dazu, Symmetrien der Natur als grundlegend anzusehen; die Theorien, welche die Natur beschreiben, wären dann in ihrer Form eingeschränkt, um diesen Symmetrien Rechnung zu tragen. Diese wiederum reflektierten einige entscheidende mathematische Merkmale, die dem physikalischen Universum zugrunde liegen.

Was immer man von der Betrachtung dieser epistemologischen Frage halten mag, für Physiker kommt es letztlich darauf an, dass die Entdeckung und Anwendung dieser mathematischen Symmetrie besser als jede andere wissenschaftliche Idee ermöglicht hat, mehr über die Natur der Wirklichkeit in ihren kleinsten Größenordnungen zu entdecken. Alle Versuche, über unser derzeitiges Verständnis der vier Grundkräfte der Natur – Elektromagnetismus, dazu die beiden mit Atomkernen verbundenen Kräfte, nämlich die starke und schwache Kraft, denen wir gleich begegnen werden, sowie die Schwerkraft (einschließlich des Versuchs, eine Quantentheorie der Gravitation zu schaffen) – hinauszugelangen, gründen demzufolge auf den mathematischen Fundamenten der Eichsymmetrie.

Dass diese Symmetrie einen so merkwürdigen Namen trägt, hat mit der QED wenig zu tun; es handelt sich um einen historischen Anachronismus. Er hängt mit einer Eigenschaft von Einsteins Allgemeiner Relativitätstheorie zusammen, die wie alle anderen grundlegenden Theorien ebenfalls eine Art von Eichsymmetrie besitzt. Einstein hat gezeigt, dass wir jedes beliebige lokale Koordinatensystem wählen können, um den uns umgebenden Raum zu beschreiben, wohingegen die Funktion (oder das Feld), die angibt, wie diese Koordinatensysteme von Punkt zu Punkt zu verbinden sind, mit der zugrunde liegenden Raumkrümmung zusammenhängt, die wiederum von der Energie und dem Impuls der Materie im Raum bestimmt wird. Folglich ist die Kopplung dieses Feldes, des Gravitationsfeldes, mit der Materie durch die Invarianz der Raumgeometrie unter der Wahl verschiedener Koordinatensysteme präzise festgelegt.

Der Mathematiker Hermann Weyl wurde durch diese Symmetrie der Allgemeinen Relativität zu dem Vorschlag angeregt, die Form des Elektromagnetismus könne ebenfalls eine darunterliegende Symmetrie widerspiegeln, die mit physikalischen Veränderungen in Längenskalen zusammenhänge. Diese bezeichnete er nach dem Vorbild verschiedener Spurweiten der Eisenbahn als unterschiedliche »Eichmaße« (Einstein und Sheldon in *The Big Bang Theory* sind nicht die einzigen Physiker, die durch Eisenbahnen inspiriert wurden). Die Vermutung Weyls erwies sich zwar als unzutreffend, doch die Symmetrie, die sich tatsächlich auf den Elektromagnetismus anwenden lässt, wurde als Eichsymmetrie bekannt.

Wie immer der Name auch abzuleiten ist – die Eichsymmetrie ist zur bedeutendsten uns bekannten Symmetrie in der Natur geworden. Aus einer Quantenperspektive – in der Quantentheorie des Elektromagnetismus, der Quantenelektrodynamik – wird die Existenz der Eichsymmetrie noch wichtiger. Sie ist die zentrale Eigenschaft, die gewährleistet, dass die QED eine vernünftige Theorie ist.

Denkt man über die Natur der Symmetrie nach, zeigt sich allmählich, dass eine solche Symmetrie vielleicht sicherstellt, dass die QED einen Sinn ergibt. Symmetrien geben uns beispielsweise an, dass verschiedene Teile der Welt miteinander zusammenhängen und dass gewisse Größen unter verschiedenen Arten von Transformationen gleich bleiben. Ein Quadrat sieht genau gleich aus, wenn wir es um 90 Grad drehen, weil alle Seiten gleich lang und die Winkel an jeder Ecke gleich groß sind. Auf ähnliche Weise kann uns Symmetrie zeigen, dass unterschiedliche mathematische Größen, die sich aus physikalischen Berechnungen ergeben – etwa die Effekte vieler virtueller Teilchen und vieler virtueller Antiteilchen –, eine gleiche Magnitude besitzen können. Sie können außerdem entgegengesetzte Vorzeichen aufweisen und sich damit vielleicht *genau* aufheben. Es ist die Existenz dieser Symmetrie, die solche exakten Aufhebungen erfordern kann.

Damit könnte man sich vorstellen, dass in der Quantenelektrodynamik die üblen Terme, die sonst vielleicht unendliche Resultate erbringen würden, durch andere potenziell üble Ausdrücke aufgehoben werden, worauf alles Übel verschwinden kann. Und genau das geschieht in der QED. Die Eichsymmetrie gewährleistet, dass alle übrig bleibenden unendlichen Werte in wenigen üblen Termen isoliert werden können, für die sich zeigen lässt, dass sie von allen physikalisch messbaren Größen abgekoppelt sind.

Dieses zutiefst bedeutsame Ergebnis, das die jahrzehntelange Arbeit der weltweit kreativsten und begabtesten theoretischen Physiker einschloss, etablierte die QED als die präziseste und herausragendste Quantentheorie des 20. Jahrhunderts.

Deshalb war die Entdeckung umso ärgerlicher, dass diese mathematische Schönheit zwar tatsächlich ein vernünftiges Verständnis einer der fundamentalen Naturkräfte – des Elektromagnetismus – ermöglichte, dafür aber ein neues Übel auftauchte, als man Kräfte ins Auge fasste, die das Verhalten der Atomkerne lenkten.

KAPITEL 9

ZERFALL UND TRÜMMER

Es gibt nichts Neues unter der Sonne.

DER PREDIGER SALOMO 1:9

Als ich das erste Mal davon hörte, dass wir Menschen radioaktiv sind, war das ein Schock für mich. In der Oberschule folgte ich dem Vortrag des bemerkenswerten Universalgelehrten und Astrophysikers Tommy Gold, der bahnbrechende Arbeiten in puncto Kosmologie, Pulsare, Mondwissenschaft und sogar Gesteinskunde vorgelegt hatte. Er vermittelte uns, dass die Teilchen, die den größten Teil unserer Körpermasse ausmachen, nämlich die Neutronen, mit ihrer durchschnittlichen Lebensdauer von etwa zehn Minuten letztlich instabil sind.

Da Sie in diesem Buch (hoffentlich) schon länger als zehn Minuten lesen, dürfte auch Sie diese Tatsache überraschen. Die Auflösung dieses scheinbaren Paradoxons ist einer der ersten und wundervollsten der großartigen Zufälle in der Natur, die unsere Existenz möglich machen – im Weiteren werden wir darauf zurückkommen. Wenn wir die Frage »Warum sind wir hier?« eingehender ausloten, wird dieser Zufall groß am Horizont auftauchen. Und obwohl das Neutron anscheinend weit vom Licht entfernt ist, das bis jetzt das zentrale Thema unserer Geschichte gewesen ist, werden wir sehen, dass zwischen den beiden letztlich eine tiefe Verbindung besteht. Doch ich greife vor.

Als Dirac 1929 seine Theorie der Elektronen und der Strahlung erstmals niederschrieb, sah es so aus, als könnte am Ende eine Theorie von fast allem daraus werden. Neben dem Elektromagnetismus gab es als weitere Kraft nur die Gravitation, und Einstein waren gerade große Schritte zu deren Verständnis gelungen. Die Elementarteilchen umfassten Elektronen, Photonen und Protonen, die gemeinsam alle Objekte einschlossen, die man brauchte, um Atome, Chemie, das Leben und das Universum zu verstehen.

Als man Antiteilchen entdeckte, brachte das alles ein wenig ins Wackeln, doch weil Diracs Theorie sie vorhergesagt hatte (auch wenn Dirac selbst erst zu seiner Theorie aufschließen musste), ähnelte das auf der Straße zur Realität eher einer Rüttelschwelle als einer Straßensperre oder einer Umleitung.

Dann kam das Jahr 1932. Bis dahin waren Wissenschaftler davon ausgegangen, dass Atome ausschließlich aus Protonen und Elektronen bestehen. Das war allerdings ein wenig problematisch, weil die Massen der Atome sich in diesem Fall nicht so recht aufaddieren ließen. 1911 hatte Rutherford die Existenz des Atomkerns entdeckt; dieser enthielt fast die gesamte Masse der Atome in einem Bereich, der um den Faktor 100 000 kleiner war als die Umlaufbahnen der Elektronen. Im Anschluss an diese Entdeckung wurde schließlich klar, dass die Masse der schweren Kerne etwas mehr als das Doppelte der Masse betrug, die man erklären konnte, wenn die Zahl der Protonen im Kern gleich der um den Kern kreisenden Elektronen war – was gewährleistete, dass Atome elektrisch neutral waren.

Die für dieses Rätsel vorgeschlagene Lösung war einfach. Demnach befanden sich im Kern doppelt so viele Protonen wie ihn umkreisende Elektronen, und dafür waren im Kern selbst genau so viele Elektronen gefangen, dass die elektrische Ladung des Atoms wieder gleich null war.

Das Problem bei dieser Lösung war jedoch, dass die Elektronen aufgrund der Quantenmechanik nicht im Kern eingeschlossen sein konnten. Die Begründung: Wenn Elementarteilchen von wellenähnlicher Natur sind, muss ihre Wellenlänge, sofern man sie in kleinem Abstand zusammenhalten will, kleiner sein als die Größenordnung des Bereichs, in dem sie zusammengehalten werden. Doch in der Quantenmechanik ist die mit einem Teilchen verknüpfte Wellenlänge umgekehrt proportional zu dem von diesem Teilchen getragenen Impuls und damit auch umgekehrt proportional zu der vom Teilchen getragenen Energie. Würden Elektronen in einen Bereich von der Größe eines Atomkerns eingeschlossen, wäre die Energie, die sie in diesem Fall besitzen müssten, um einen Faktor von etwa einer Million größer als die spezifischen Energien, die von Elektronen freigesetzt werden, wenn sie zwischen Energieniveaus in ihren Orbitalschalen springen.

Wie konnten sie derartige Energien erreichen? Das konnten sie nicht. Denn selbst wenn Elektronen durch elektronische Kräfte eng an Protonen im Kern gebunden wären, würde die beim »Fall« in den Kern freigesetzte Bindungsenergie um den Faktor zehn kleiner sein als die Energie, die nötig wäre, um die quantenmechanische Wellenfunktion des Elektrons in einen Bereich innerhalb des Kerns einzuschließen.

Auch hier waren die Zahlen einfach nicht aufzuaddieren.

Die Physiker dieser Zeit waren sich des Problems bewusst, lebten aber damit. Weil die Fragen allerneueste Physik einschlossen, die mit Quantenmechanik und Atomkernen zu tun hatte, hielt man, wie ich vermute, einen agnostischen Ansatz für geboten – die Physiker waren bereit, ihren Unglauben in der Schwebe zu halten, bis man mehr wusste. Anstatt exotische neue Theorien vorzuschlagen (am Rande gab es wahrscheinlich einige, von denen ich nichts weiß), wurde die Wissenschaftsgemeinde schließlich durch Experimente dazu gebracht, ihr natürliches Zögern gegenüber dem nächsten logischen Schritt zu überwinden und davon auszugehen, dass die Natur komplizierter war, als man bislang enthüllt hatte.

1930, etwa zu der Zeit, als Dirac sich mit der Möglichkeit anzufreunden begann, dass seine Antiteilchen in Wahrheit keine

Protonen waren, lieferte eine Reihe von Experimenten genau die Hinweise, die zur Auflösung des nuklearen Paradoxons erforderlich waren. Mit der Poesie der Ergebnisse konnte sich nur das dramatische Privatleben der beteiligten Protagonisten messen.

Max Planck hatte das Paradoxon des von atomaren Systemen emittierten Strahlungsspektrums aufgelöst und so dazu beigetragen, die Quantenrevolution in Gang zu bringen. Deshalb war es angemessen, dass Planck indirekt dazu beitrug, den paradoxen Aufbau des Atomkerns aufzuklären. Obwohl er die einschlägige Forschung nicht persönlich vorantrieb, erkannte er an der Berliner Universität die Begabung eines jungen Studenten der Fächer Mathematik, Physik, Chemie und Musik; 1912 nahm er Walther Bothe als Doktoranden an und blieb im Laufe von Bothes gesamter Karriere sein Mentor.

Bothe hatte das unglaubliche Glück, dass er nicht nur Max Planck, sondern danach auch Hans Geiger (der mit dem berühmten Geigerzähler) als Mentor hatte. In meinen Augen ist Geiger einer der talentiertesten Experimentalphysiker, die man beim Nobelpreis übersehen hat. Seine Karriere begann damit, dass er zusammen mit Ernest Marsden die Experimente durchführte, die Ernest Rutherford nutzte, um die Existenz des Atomkerns zu enthüllen. Geiger war gerade aus England zurückgekehrt, wo er mit Rutherford gearbeitet hatte. In Berlin übernahm er die Leitung eines neuen Labors, und eine seiner ersten Handlungen bestand darin, Bothe als Assistenten anzustellen. Bothe lernte dort, sich auf bedeutsame Experimente auszurichten und dafür einfache Ansätze zu nutzen, die unmittelbare Ergebnisse brachten.

Nach dem Ersten Weltkrieg kehrte Bothe aus den fünf Jahre dauernden »unfreiwilligen Ferien« als Kriegsgefangener in Sibirien zurück und richtete eine bemerkenswerte Zusammenarbeit mit Geiger ein, dem er schließlich als Leiter des Labors nachfolgte. Während ihrer gemeinsamen Zeit führten sie zur Erforschung atomarer und schließlich nuklearer Physik die Verwendung von Koinzidenzmessungen ein. Mithilfe verschiedener, rund um ein Ziel angebrachter Detektoren und mit sorgfältigem

Timing konnten sie nach simultanen Ereignissen suchen, die anzeigten, dass als Quelle nur ein einzelner atomarer oder nukleare Zerfallsvorgang in Frage kam.

1930 beobachteten Bothe und sein Assistent Herbert Becker etwas völlig Neues und Unerwartetes. Beim Beschuss von Berylliumkernen mit radioaktiven Zerfallsprodukten (Alpha-Teilchen, von denen man bereits wusste, dass es sich um Heliumkerne handelt) stellten die beiden fest, dass eine vollkommen neue Form energiereicher Strahlung emittiert wurde. Diese Strahlung wies zwei einzigartige Merkmale auf. Sie drang tiefer ein als die energiereichsten Gammastrahlen, doch wie Gammastrahlung bestand auch sie aus elektrisch neutralen Teilchen, welche beim Durchgang durch Materie keine Atome ionisierte.

Die Nachricht von dieser überraschenden Entdeckung erreichte auch andere Physiklabore in ganz Europa. Bothe und Becker hatten zunächst gemeint, diese Strahlung sei eine *neue* Art von Gammastrahlen. In Paris konnten Irène Joliot-Curie, die Tochter der berühmten Physikerin Marie Curie, und Irènes Ehemann Frédéric die Resultate von Bothe und Becker wiederholen und eingehender untersuchen. Insbesondere stellten sie fest, dass diese neue Strahlung beim Beschuss eines Paraffinkörpers mit unglaublicher Energie Protonen aus diesem herausschlug.

Auf der Basis dieser Beobachtung wurde schließlich klar, dass die Strahlung nicht aus Gammastrahlen bestehen konnte. Wie das?

Die Antwort ist relativ einfach. Wirft man Popcorn auf einen sich nähernden Lkw, wird man den Wagen höchstwahrscheinlich nicht aufhalten, nicht einmal eine Scheibe zerbrechen. Denn selbst mit einer Menge Energie geworfenes Popcorn ist sehr leicht und besitzt deshalb nur einen sehr kleinen Impuls. Um aber einen Lkw stoppen zu können, muss man dessen Impuls um einen großen Betrag verringern, denn selbst wenn der Lkw langsam fährt, ist er sehr schwer. Will man also einen Lkw anhalten oder ein schweres Objekt von seiner Ladefläche herunterschlagen, muss man einen sehr großen Felsbrocken werfen.

Ähnlich verhält es sich, wenn man ein schweres Teilchen wie ein Proton aus dem Paraffin herausschlagen will: Damit der von jedem Photon getragene Impuls ausreicht, ein schweres Proton herauszuschlagen, müsste der aus masselosen Photonen bestehende Gammastrahl über einen sehr großen Energiebetrag verfügen. Doch alle bekannten nuklearen Zerfallsprozesse lieferten um mindestens eine Größenordnung zu wenig Energie, um so energiereiche Gammastrahlen erzeugen zu können.

Überraschenderweise scheuten die Joliot-Curies (sie waren sehr modern und nahmen beide den Doppelnamen an) wie Dirac davor zurück, zur Erklärung von Daten neue Elementarteilchen vorzuschlagen – schließlich waren Protonen, Elektronen und Photonen nicht nur vertraut, sondern reichten bis zu diesem Zeitpunkt auch aus, alles damals Bekannte zu erklären, einschließlich der mit Atomen zusammenhängenden exotischen Quantenphänomene. Das Paar unterließ es, den nun auf der Hand liegenden Vorschlag zu machen, dass bei den von Bothe und Becker entdeckten Zerfallsprozessen vielleicht ein neues, neutrales und massereiches Teilchen entdeckt worden war. Leider verzichteten die Joliot-Curies aus ähnlicher Zurückhaltung heraus auch darauf, die Entdeckung des Positrons für sich zu beanspruchen, obwohl sie es in ihren Experimenten beobachtet hatten, bevor Carl Anderson einige Zeit später seine eigene Entdeckung veröffentlichte.

Es fiel dem Physiker James Chadwick zu, die Dinge voranzubringen. Chadwick hatte eindeutig ein ausgeprägtes Gespür für die Physik, doch sein politischer Scharfsinn war weniger stark. Nachdem er sein Studium an der Universität Manchester 1913 mit einem Mastergrad abgeschlossen und mit Rutherford gearbeitet hatte, erhielt er ein Stipendium für einen Studienort seiner Wahl. So ging er nach Berlin und arbeitete mit Geiger zusammen. Einen besseren Mentor hätte er sich nicht aussuchen können, und er fing an, bedeutende Untersuchungen radioaktiver Zerfallsprozesse durchzuführen. Doch leider brach während Chadwicks Aufenthalt der Erste Weltkrieg aus, und er verbrachte die nächsten vier Jahre in einem Internierungslager.

Schließlich kehrte er nach Cambridge zurück, wo Rutherford inzwischen tätig war, um dort unter dessen Leitung seine Promotion abzuschließen. Anschließend blieb er, um weiter mit Rutherford zu arbeiten und ihn bei der Leitung des Cavendish-Labors zu unterstützen. Obwohl er Bothes und Beckers Ergebnisse kannte und sie sogar reproduzierte, ließ er sich erst überzeugen, nachdem er von Studenten von den Resultaten der Joliot-Curies erfahren hatte. Ausschlaggebend war das schon erwähnte Energieargument, wonach die beobachtete Strahlung von einem neuen, neutralen Teilchen – mit einer Masse, die der des Protons vergleichbar war – stammen müsse, das in Atomkernen vorhanden sein sollte. Diese Vorstellung war in ihm und Rutherford jahrelang herangereift.

Chadwick wiederholte und erweiterte die Experimente der Joliot-Curies und beschoss Ziele aus anderen Materialien, um die dabei entstehenden Protonen zu erforschen. Dabei bestätigte er nicht nur, dass die bei den Kollisionen auftretenden Energien keinesfalls von Gammastrahlen kommen konnten, sondern auch, dass die Stärke der Wechselwirkungen der neuen Teilchen mit Atomkernen weit höher lag, als man für Gammastrahlen vorhersagen würde.

Chadwick trödelte nicht herum. Innerhalb von zwei Wochen nach Beginn seiner Experimente im Jahr 1932 schickte er der Fachzeitschrift *Nature* einen Brief mit dem Titel »Possible Existence of a neutron« (Mögliche Existenz eines Neutrons), dem er einen an die Royal Society gerichteten, ausführlicheren Artikel folgen ließ. Das Neutron, von dem wir heute wissen, dass es den größten Teil der Masse schwererer Atomkerne und damit der Masse in unserem Körper ausmacht, war entdeckt.

Für diese Entdeckung erhielt er drei Jahre später (1935) den Physik-Nobelpreis. Und als eine Art ausgleichende Gerechtigkeit bekamen drei der Leute, deren Experimente Chadwicks Resultate ermöglicht hatten – ohne dass es ihnen gelungen war, das Neutron dingfest zu machen –, den Nobelpreis für andere Arbeiten. Bothe erhielt den Preis 1954 für seine Arbeit zur Verwendung von Koinzidenzen zwischen beobachteten Ereignissen in verschiedenen Detektoren zur Erforschung der Einzelheiten nuklearer und atomarer Phänomene. Sowohl Irène als auch Frédéric Joliot-Curie, die die Auszeichnung für zwei weitere nobelpreiswürdige Entdeckungen knapp verpassten, gewannen 1935 den Chemie-Nobelpreis für ihre Entdeckung der künstlichen Radioaktivität. Diese sollte sich später als wesentlicher Bestandteil bei der Entwicklung der Kernkraft und der Kernwaffen herausstellen. Interessant ist, dass man Irène in Frankreich erst eine Professur gewährte, nachdem sie den Nobelpreis gewonnen hatte. Mit den beiden Nobelpreisen für ihre Mutter Marie sammelte die Familie Curie insgesamt fünf Nobelpreise ein – mehr als jede andere einzelne Familie je erhalten hat.Nach der Entdeckung des Neutrons machte Chadwick sich daran, dessen Masse zu messen. Seine erste Schätzung von 1933 legte eine Masse nahe, die ein wenig kleiner war als die Summe der Massen von Proton und Elektron. Das bestärkte die Vorstellung, das Neutron sei vielleicht ein gebundener Zustand dieser beiden Teilchen, und die Massendifferenz sei unter Verwendung von Einsteins Formel $E = mc^2$ auf die Energie zurückzuführen, die in ihrer Bindung steckte. Doch nach mehreren nicht übereinstimmenden Messungen anderer Gruppen führte Chadwick eine weitere Analyse durch, wozu er eine durch Gammastrahlen induzierte nukleare Reaktion nutzte – damit war es möglich, alle Energien mit hoher Präzision zu messen. Diese Analyse ergab schließlich, dass das Neutron schwerer war als die Summe der Massen von Proton und Elektron. Die Massendifferenz war mit weniger als 0,1 Prozent allerdings sehr gering.

Es heißt, »ganz nah dran« spiele nur beim Werfen von Hufeisen oder Handgranaten eine Rolle, doch die enge Übereinstimmung der Massen von Proton und Neutron ist ziemlich bedeutsam. Letztlich ist sie einer der entscheidenden Gründe, weshalb wir heute existieren.

Henri Becquerel entdeckte 1896 die Radioaktivität des Urans, und nur drei Jahre später erkannte Ernest Rutherford, dass

Radioaktivität in zwei verschiedenen Arten auftrat, die er als Alpha- und Betastrahlen bezeichnete. Ein Jahr darauf wurden die Gammastrahlen entdeckt, und Rutherford bestätigte sie 1903 als eine neue Form der Radioaktivität, als er ihnen den Namen gab. Bequerel wiederum stellte 1900 fest, dass die »Strahlung« des Beta-Zerfalls eigentlich Elektronen waren, die – wie wir wissen – aus dem Zerfall der Neutronen stammen.

Beta-Zerfall umfasst den beobachteten Zerfall eines Neutrons in ein Proton und ein Elektron. Dieser Vorgang wäre nicht möglich, wenn das Neutron nicht ein wenig schwerer wäre als ein Proton. Überraschend an diesem Beta-Zerfall ist jedoch nicht, dass er stattfindet, sondern dass es so lange dauert, bis er stattfindet. Normalerweise zerfallen instabile Elementarteilchen in einer Größenordnung unterhalb von Millionstel- oder Milliardstelsekunden. Isolierte Neutronen überleben durchschnittlich mehr als zehn Minuten.

Einer der Hauptgründe für die lange Lebensdauer der Neutronen besteht darin, dass die Masse des Neutrons nur geringfügig größer ist als die Summe der Massen von Proton und Elektron. Deshalb ist es kaum imstande, in diese Teilchen zu zerfallen. (Der andere Grund besteht darin, dass es eigentlich nicht nur in ein Proton und ein Elektron zerfällt. Es zerfällt in drei Teilchen … bleiben Sie dran!)

Auch wenn zehn Minuten auf atomaren Zeitskalen vielleicht eine Ewigkeit sind, ist das im Vergleich zu einem Menschenleben und erst recht zur Lebenszeit von Atomen auf der Erde ein ziemlich kurzer Zeitraum. Kommen wir auf das Rätsel zurück, das ich am Anfang dieses Kapitels erwähnt habe – was ist da los? Wie können wir größtenteils aus Neutronen bestehen, wenn sie noch vor der ersten Werbeunterbrechung einer 30-minütigen Fernsehshow zerfallen?

Auch hier liegt die Antwort im extrem kleinen Unterschied zwischen den Massen von Neutron und Proton. Ein freies Neutron zerfällt innerhalb von ungefähr zehn Minuten. Doch sehen wir uns ein in einem Atomkern gebundenes Neutron an. Die

Bindung läuft darauf hinaus, dass Energie erforderlich ist, um es aus dem Kern zu schlagen. Das aber heißt, dass es zunächst Energie verliert, wenn es im Kern gebunden wird. Doch wie Einstein uns gelehrt hat, ist die Gesamtenergie eines massiven Teilchens seiner Masse proportional – das besagt der Ausdruck $E = mc^2$. Das heißt, wenn das Neutron durch seine Bindung in einem Atomkern Energie verliert, wird seine Masse kleiner. Weil aber die Masse eines isolierten Neutrons nur einen Hauch größer ist als die Summe der Massen von Proton und Elektron, verfügt es, wenn es Masse verliert, nicht mehr über ausreichend Energie, um in ein Proton und ein Elektron zu zerfallen. Würde es in ein Proton zerfallen, müsste es entweder genug Energie freisetzen, um auch das Proton aus dem Kern zu werfen – Energie, die es angesichts der normalen Bindungsenergien im Kern nicht besäße –, oder so viel Energie freisetzen, dass es dem neuen Proton möglich wird, in einem neuen stabilen Kern zu verbleiben. Da der neue Atomkern der eines anderen Elements wäre, würde die Hinzufügung einer weiteren positiven Ladung zum Kern zudem allgemein mehr Energie benötigen als den kleinen Betrag, der beim Zerfall eines Neutrons verfügbar ist. Deshalb bleiben das Neutron und die meisten Kerne, die Neutronen enthalten, stabil.

Die gesamte Stabilität der Atomkerne, aus denen alles besteht, was wir erkennen (dazu gehören die meisten Atome in unserem Körper), ist eine zufällige Folge der Tatsache, dass die Massen von Neutron und Proton sich nur um 0,1 Prozent unterscheiden, sodass eine kleine Änderung in der Masse des Ersteren, soweit es in einem Kern eingebunden ist, bedeutet, dass es nicht mehr in Letzteres zerfallen kann. Das ist es, was ich von Tommy Gold gelernt habe.

Es erstaunt mich immer noch, wenn ich darüber nachdenke. Die Existenz komplexer Materie, das Periodensystem, alles, was wir sehen, angefangen bei fernen Sternen bis zur Tastatur, auf der ich diesen Text schreibe – all das hängt von einer so bemerkenswerten Koinzidenz ab. Warum? Ist es ein Zufall, oder verlangen es die Gesetze der Physik aus irgendeinem unbekannten

Grund? Fragen wie diese bringen uns dazu, tiefer nach möglichen Antworten zu forschen.

Die Entdeckung des Neutrons und die anschließende Beobachtung seines Zerfalls bereicherten den subatomaren Zoo um mehr als ein neues Teilchen. Sie legte nahe, dass möglicherweise zwei der grundlegenden Eigenschaften der Natur – die Energieerhaltung und die Impulserhaltung – in den mikroskopischen Entfernungsmaßstäben von Atomkernen zusammenbrechen könnten.

Fast 20 Jahre vor seiner Entdeckung des Neutrons hatte James Chadwick bei Beta-Strahlen etwas sehr Merkwürdiges beobachtet – lange bevor er oder sonst jemand wusste, dass diese Strahlen von zerfallenden Neutronen stammten.

Das Spektrum der Energien von Elektronen, die beim Neutronen-Zerfall emittiert werden, verläuft kontinuierlich von der Energie null bis zu einem Maximalwert, der von der Energie abhängt, die nach dem Zerfall des Neutrons verfügbar ist – bei einem freien Neutron ist das beispielsweise die Energiedifferenz zwischen der Masse des Neutrons und der Summe der Massen von Proton und Elektron.

Dabei gibt es jedoch ein Problem. Es ist am leichtesten zu erkennen, wenn wir uns für den Augenblick vorstellen, das Proton und das Elektron besäßen jeweils die gleiche Masse: Wenn das Proton dann nach dem Zerfall mehr Energie mit sich trägt als das Elektron, wäre es schneller als das Elektron. Wenn sie aber tatsächlich die gleiche Masse besäßen, dann wäre auch der Impuls des Protons größer als der des Elektrons. Wenn jedoch das Neutron im Ruhezustand zerfiele, betrüge sein Impuls vor dem Zerfall null, und der Impuls des davonfliegenden Protons müsste den Impuls des davonfliegenden Elektrons aufheben. Das aber ist unmöglich, solange ihre Impulse nicht gleich groß und entgegengesetzt gerichtet sind. Damit kann der Impuls des Protons niemals größer sein als der des Elektrons. Kurz gesagt, für Energie und Impuls der beiden Teilchen nach dem Zerfall gäbe es, wenn ihre Masse gleich wäre, nur einen einzigen Wert.

Wie sich herausstellt, gilt die gleiche, wenn auch mathematisch ein wenig verwickeltere Überlegung auch dann, wenn Proton und Elektron unterschiedliche Massen haben. Wären das die einzigen beim Zerfall des Neutrons erzeugten Teilchen, müssten ihre Geschwindigkeiten und damit ihre Energien und Impulse jeweils feste Werte aufweisen, die vom Verhältnis ihrer jeweiligen Massen abhingen.

Wenn aus dem Beta-Zerfall aber Elektronen mit einer Spanne verschiedener Energien hervorgehen, so würde damit das Gesetz der Erhaltung von Energie und Impuls verletzt. Doch wie ich oben vorgeschlagen habe, trifft das nur zu, wenn beim Zerfall des Neutrons nur ein Elektron und ein Proton entstehen.

1930, nur wenige Jahre vor der Entdeckung des Neutrons, schrieb der bemerkenswerte österreichische Physiker Wolfgang Pauli den Kollegen an der Eidgenössischen Technischen Hochschule Zürich einen Brief mit der unsterblichen Überschrift: »Liebe radioaktive Damen und Herren«. In diesem Schreiben skizzierte er einen Vorschlag, der dieses Problem lösen sollte, fügte allerdings hinzu, dass er sich nicht sicher genug sei, um etwas darüber zu veröffentlichen. Er schlug die Existenz eines neuen, elektrisch neutralen Elementarteilchens vor, das er als »Neutron« bezeichnete. Dieses neutrale Teilchen sollte beim Neutronen-Zerfall entstehen, sodass Elektron, Proton und dieses Teilchen sich die beim Zerfall verfügbare Energie teilten, was ein kontinuierliches Spektrum ermöglichen würde.

Pauli, der für sein »Ausschließungsprinzip« später den Nobelpreis erhielt, war kein Dummkopf. Tatsächlich hatte er mit Dummköpfen keine Geduld. Angeblich war er berühmt dafür, dass er bei Vorlesungen an die Tafel eilte und dem Vortragenden die Kreide aus der Hand nahm, wenn er den Eindruck hatte, dieser gebe Unsinn von sich. Theorien, die er nicht mochte, konnte er schonungslos kritisieren; seine schärfste Kritik, reserviert für eine allzu vage Theorie, lautete, sie »ist noch nicht einmal falsch«. (Als ich in Yale lehrte, antwortete mein geschätzter Kollege, der exzellente mathematische Physiker Geza Gürsey auf die Frage eines Reporters, welche Bedeutung eine mit viel Rummel veröffentlichte Idee habe, die einige um Aufmerksamkeit heischende Physiker vorgeschlagen hatten: »Sie bedeutet, dass Pauli tot sein muss.«)

Jedenfalls war Pauli klar, dass es extrem spekulativ war, ein neues Elementarteilchen vorzuschlagen, das noch nie experimentell beobachtet worden war. In seinem Brief meinte er, ein solches Teilchen sei sehr unwahrscheinlich, einmal, weil es noch nie gesehen worden sei und deshalb nur sehr wenig mit Materie wechselwirken sollte, und außerdem, weil es sehr leicht sein müsse, um gemeinsam mit dem Elektron produziert zu werden – schließlich seien die beim Beta-Zerfall verfügbaren Energien im Vergleich zur Masse des Protons sehr klein.

Das erste Problem, das sich aus seiner Idee ergab, war der von ihm gewählte Name. Nachdem Chadwick 1932 experimentell das Teilchen entdeckt hatte, das wir heute als Neutron kennen (was für einen neutralen Cousin des Protons mit vergleichbarer Masse angemessen scheint), brauchte Paulis hypothetisches Teilchen eine andere Bezeichnung. Der brillante italienische Physiker und Kollege Paulis, Enrico Fermi, präsentierte 1934 eine Lösung: Er änderte den Namen in »Neutrino«, die italienische Verkleinerungsform von »Neutron«.

Es sollte 26 Jahre dauern, bis Paulis Neutrino entdeckt wurde – genug Zeit für das kleine Teilchen und seinen schwereren Cousin, das Neutron, die Physiker zu zwingen, ihre Ansichten über die Kräfte, die den Kosmos beherrschen, die Natur des Lichts und sogar die Natur des leeren Raums selbst umfassend aufzufrischen.

KAPITEL 10

VON HIER IN DIE UNENDLICHKEIT – WIR WERFEN EIN LICHT AUF DIE SONNE

Ich habe den guten Kampf gekämpft, ich habe den Lauf vollendet, ich habe Glauben gehalten.

2. TIMOTHEUS 4:7

In den Augen der Öffentlichkeit wird Enrico Fermi nicht besonders gewürdigt, doch er bleibt einer der größten Physiker des 20. Jahrhunderts. Zusammen mit Richard Feynman hat er – mehr als alle anderen bemerkenswerten Gestalten aus dieser bemerkenswerten Phase der Physik – meine eigene Haltung, meine Annäherung an das Gebiet und auch mein eigenes Verständnis am stärksten beeinflusst. Ich wünschte mir nur, ich wäre ebenso talentiert wie die beiden.

Fermi, geboren 1901, starb im Alter von 53 Jahren an Krebs, der möglicherweise auf seine Arbeit über Radioaktivität zurückzuführen war. Zum Zeitpunkt seines Todes im Jahr 1954 war er neun Jahre jünger, als ich es bei dieser Niederschrift bin. Doch in seinem kurzen Leben schob er die Grenzen der experimentellen wie der theoretischen Physik in einer Weise nach vorne, wie es seither niemand wiederholt hat und wie es wahrscheinlich niemals jemand wiederholen wird. Die Komplexität der heute für die Entwicklung physikalischer Modelle genutzten Palette an theoretischen Werkzeugen sowie die Komplexität der heute zu deren Überprüfung verwendeten Einrichtungen sind jeweils für sich zu ausgefeilt, als dass ein Einzelner, wie begabt er auch sei, noch in der Lage wäre, in beiden Sektoren Vorreiter auf demselben Niveau zu sein wie seinerzeit Fermi.

Als Fermi 1918 in Rom die Hochschulreife erlangte, standen einem brillanten jungen, wissenschaftlichen Kopf noch wesentlich mehr Möglichkeiten offen. Die Quantenmechanik hatte gerade das Licht der Welt erblickt, überall sprießten neue Ideen, und die rigorose Mathematik, die erforderlich war, um mit diesen Ideen umzugehen, war noch nicht entwickelt oder angewandt worden. Die Experimentalphysik musste das Reich der »Großforschung« erst noch betreten; Experimente konnten von einzelnen Forschern in improvisierten Laboren durchgeführt und statt in Jahren binnen Wochen abgeschlossen werden.

Fermi bewarb sich an der angesehenen Scuola Normale Superiore in Pisa, die als Teil des Zulassungsexamens einen Aufsatz verlangte. In jenem Jahr lautete das Thema »Spezifische Merkmale von Geräuschen«. Fermi legte einen »Aufsatz« vor, der die Lösung von partiellen Differentialgleichungen für einen schwingenden Stab einschloss und eine Technik namens Fourier-Analyse nutzte. Selbst heute trifft man normalerweise wohl kaum vor dem dritten Studienjahr auf solche mathematischen Verfahren, und manche Studenten begegnen ihnen erst im Promotionsstudium. Doch mit seinen 17 Jahren beeindruckte Fermi die Prüfer so sehr, dass er das Examen als Bester bestand.

An der Universität studierte Fermi zunächst Mathematik als Hauptfach, wechselte aber zur Physik und brachte sich die Allgemeine Relativitätstheorie – die erst wenige Jahre zuvor von Einstein entwickelt worden war – größtenteils selbst bei; dazu kamen Quantenmechanik und Atomphysik, Forschungsfelder, die zu dieser Zeit gerade aufkamen. Innerhalb von drei Jahren nach seinem Start an der Universität veröffentlichte er theoretische Aufsätze in wichtigen Physik-Fachblättern – über Themen wie Allgemeine Relativitätstheorie und Elektromagnetismus. Mit 21, vier Jahre nach dem Beginn seines Studiums, wurde er mit einer Arbeit promoviert, in der er Anwendungen von Wahrscheinlichkeit auf die Röntgendiffraktion erforschte. In Italien war damals eine physikalische Doktorarbeit über rein theoretische Fragen nicht akzeptabel, was Fermi dazu brachte, seine Kompetenz sowohl im Labor als auch mit Papier und Schreibgerät nachzuweisen.

Fermi zog nach Deutschland, ins Zentrum der aufkommenden Forschung zur Quantenmechanik, und dann ins holländische Leiden, wo er die berühmtesten Physiker der damaligen Zeit traf – Born, Heisenberg, Pauli, Lorentz und Einstein, um nur einige zu nennen –, ehe er nach Italien zurückkehrte, um dort zu lehren. 1925 legte Wolfgang Pauli das »Ausschließungsprinzip« vor – wonach zwei identische Teilchen wie Elektronen nicht gleichzeitig und am gleichen Ort exakt denselben Quantenstatus einnehmen können –, das zur Grundlage der gesamten Atomphysik wurde. Binnen eines Jahres wandte Fermi diese Vorstellung auf Systeme mit vielen solcher identischer Teilchen an, die wie Elektronen zwei mögliche Werte für den Eigendrehimpuls aufweisen, die wir als Up- bzw. Down-Spin bezeichnen. Damit begründete er das moderne Gebiet der statistischen Mechanik; sie bildet die Grundlage fast aller Materialwissenschaften, Halbleiter und jener Gebiete der Physik, die zur Herstellung moderner elektronischer Komponenten wie der Computer führten.

Wie ich schon ausgeführt habe, gibt es keine intuitive Möglichkeit, sich ein punktförmiges Teilchen vorzustellen, das sich um eine Achse dreht. Es handelt sich einfach um eine der Arten, in der die Quantenmechanik sich unseren Vorstellungen des gesunden Menschenverstands entzieht. Elektronen werden als Teilchen mit Spin ½ bezeichnet, weil der Betrag ihres Eigendrehimpulses die Hälfte des kleinsten Drehimpulses ausmacht, der mit der Orbitalbewegung der Elektronen in Atomen zusammenhängt.

Zu Ehren Fermis heißen alle Teilchen mit Spin ½ – wie beispielsweise das Elektron – Fermionen.

Im zarten Alter von 26 Jahren wurde Fermi auf einen neu eingerichteten Lehrstuhl in theoretischer Physik an der Universität in Rom berufen. Dort leitete er eine dynamische Gruppe von Studenten, unter denen sich mehrere künftige Nobelpreisträger befanden; sie erforschten alle Gebiete der Atom- und dann der Nuklearphysik.

1933 wurde Fermi durch einen weiteren Vorschlag Paulis angeregt; diesmal war es das beim Neutronen-Zerfall entstehende Teilchen, das Fermi Neutrino nannte. Doch die Namensgebung war nur ein Nebenaspekt. Fermi hatte sehr viel Wichtigeres zu tun und stellte eine Theorie zum Beta-Zerfall des Neutrons auf, welche die mögliche Existenz einer neuen Fundamentalkraft der Natur aufzeigte. Es war die erste der Wissenschaft bekannte neue Kraft nach Elektromagnetismus und Schwerkraft, und die Vorstellung war, wie wir noch sehen werden, auf ihre eigene Weise durch das Nachdenken über Licht inspiriert. Obwohl das damals nicht auf der Hand lag, war dies die erste von zwei neuen, mit Atomkernen zusammenhängenden Kräften, die zusammen mit dem Elektromagnetismus und der Gravitation alle bekannten in der Natur wirksamen Kräfte umfassen – angefangen bei den kleinsten subatomaren Größenordnungen bis hin zur Bewegung von Galaxien.

Als Fermi seinen Vorschlag bei der Zeitschrift *Nature* einreichte, lehnte der Herausgeber ihn ab, weil er »zu weit von der physikalischen Realität entfernt ist, als dass er für Leser interessant sein könnte«. Für viele von uns, deren Aufsätze seitdem von ähnlich überheblichen Herausgebern bei dieser Zeitschrift zurückgewiesen wurden, ist es tröstlich zu wissen, dass auch Fermis Aufsatz – einer der bedeutendsten Vorschläge in der Physik des 20. Jahrhunderts – es nicht geschafft hat.

Für Fermi war diese unangemessene Ablehnung zweifellos frustrierend, doch sie hatte einen nützlichen Nebeneffekt. Fermi beschloss, sich wieder der Experimentalphysik zuzuwenden, und begann rasch, mit den zwei Jahre zuvor von Chadwick entdeckten Neutronen zu experimentieren. Innerhalb einiger Monate hatte er eine starke radioaktive Neutronenquelle entwickelt und fand heraus, dass er in sonst stabilen Atomen radioaktiven Zerfall induzieren konnte, indem er sie mit Neutronen beschoss. Als er Uran und Thorium mit Neutronen bombardierte, registrierte er ebenfalls nukleare Zerfallsprozesse und glaubte, er habe neue Elemente erschaffen. Tatsächlich aber hatte er die Kerne dazu gebracht, sich in leichtere Kerne »aufzuspalten«. Andere Wissenschaftler fanden 1939 heraus, dass sie dabei mehr Neutronen emittierten als absorbierten.

Wie sich herausstellte, war Fermis Wechsel zu Experimenten gut für ihn. Vier Jahre später, 1938, erhielt er mit 37 Jahren den Nobelpreis für die Einleitung künstlicher Radioaktivität und die Schaffung neuer radioaktiver Elemente durch Neutronenbeschuss. Doch 1938 hatten die Nazis in Deutschland angefangen, ihre Rassengesetze zu erlassen, und Italien hatte sich dem angeschlossen, weshalb Fermis jüdische Frau Laura in Gefahr war. Nach der Verleihung des Nobelpreises in Stockholm kehrte Fermi mit seiner Familie nicht mehr nach Italien zurück, sondern siedelte nach New York um, wo er eine Stelle an der Columbia University annahm.

Als Fermi 1939 bei einer Vorlesung von Niels Bohr in Princeton von der Kernspaltung erfuhr, korrigierte er seine Nobelpreisrede, um seinen vorherigen Fehler klarzustellen; kurz darauf gelang es ihm, die deutschen Ergebnisse zu reproduzieren. Es dauerte nicht lange, bis er und seine Mitarbeiter erkannten, dass dies die Möglichkeit einer Kettenreaktion einschloss. Man konnte Uran mit Neutronen beschießen, seine Spaltung auslösen und Energie sowie weitere Neutronen freisetzen, mit denen mehr Uranatome bombardiert werden konnten und so weiter.

Unverzüglich hielt Fermi bei der US-Navy einen Vortrag über die potenzielle Bedeutung dieses Resultats, doch nur wenige nahmen ihn ernst. Im gleichen Jahr fand Einsteins berühmter Brief seinen Weg zu Präsident Roosevelt und veränderte den Lauf der Geschichte.

Fermi hatte die potenziellen Gefahren, die in der Freisetzung von Energie aus dem Atomkern liegen, sogar schon früher erkannt. 1923, ein Jahr nach Erwerb seines Doktortitels, schrieb er den Anhang zu einem Buch über Relativität und sprach vom Potenzial der Formel $E = mc^2$: »Zumindest in naher Zukunft scheint es unmöglich, einen Weg zu finden, diese fürchterlichen Energien freizusetzen – was nur gut ist, weil die erste Wirkung einer so schrecklichen Energiemenge darin bestünde, den Physiker, der das Pech hat, eine Möglichkeit dazu zu finden, in tausend Stücke zu zerreißen.«

Der Gedanke muss Fermi präsent gewesen sein, als ihm 1941 als Teilnehmer des gerade eingerichteten Manhattan-Projekts die Aufgabe zugewiesen wurde, eine kontrollierte Kettenreaktion zu ermöglichen, indem er in Chicago einen Atomreaktor errichtete. Die Verantwortlichen machten sich verständlicherweise Sorgen, dies in städtischer Umgebung durchzuführen, doch Fermi war so zuversichtlich, dass er den Leiter des Projekts überzeugen konnte, ihm die Konstruktion an der University of Chicago zu genehmigen. Am 2. Dezember 1942 wurde der Reaktor kritisch, und Chicago blieb erhalten.

Zweieinhalb Jahre später war Fermi in New Mexico anwesend, um die erste Atomexplosion – den Trinity-Test – zu beobachten. Typisch für Fermi war, dass er, während die anderen in Ehrfurcht und Schrecken verharrten, ein spontanes Experiment vornahm, um die Stärke der Bombe abzuschätzen. Als die Druckwelle der Explosion ankam, ließ er einige Papierschnipsel fallen und beobachtete, wie weit sie getragen wurden.

Fermis beständiges experimentelles Herangehen an die Physik ist einer der Gründe, warum ich sein Andenken so hochhalte. Er fand immer einen einfachen und leicht durchführbaren Weg, mit dem die richtige Antwort gefunden werden konnte. Obwohl er über große mathematische Fähigkeiten verfügte, mochte er keine Komplikationen und erkannte, dass man eine ungefähre Antwort erhalten konnte, die kurzfristig »gut genug« war, während es Monate oder Jahre dauern mochte, eine gute zu finden.

Er verbesserte seine Fähigkeiten und half seinen Studenten bei der Verbesserung der ihrigen, indem er die heute als »Fermi-Probleme« bekannten Aufgaben erfand. Es heißt auch, er habe sie dem für ihn tätigen Team täglich beim Mittagessen zugeteilt. Mein Lieblingsproblem, das ich meinen eigenen Studenten in den Einführungskursen gebe, lautet: »Wie viele Klavierstimmer gibt es in Chicago?« Probieren Sie's aus. Wenn Sie auf einen Wert zwischen 100 und 500 kommen, haben Sie gut gearbeitet.

Den Nobelpreis erhielt Fermi für seine experimentellen Arbeiten, doch sein theoretisches Vermächtnis für die Physik dürfte tatsächlich weit größer sein. Wie man es von ihm kennt, war die in seinem berühmten abgelehnten Aufsatz über den Neutronen-Zerfall vorgeschlagene »Theorie« bemerkenswert einfach, doch sie erfüllte ihre Aufgabe. In Wahrheit handelte es sich nicht einmal um eine richtige Theorie. Der Versuch, eine solche zu entwickeln, wäre damals verfrüht gewesen. Stattdessen ging er von der einfachsten möglichen Annahme aus. Er stellte sich eine neue Art von Wechselwirkung zwischen Teilchen vor, die an einem bestimmten Punkt stattfand. Es handelte sich um vier Teilchen, nämlich ein Neutron, ein Proton, ein Elektron und das neue, von Pauli vorgeschlagene Neutrino.

Ausgangspunkt seiner Überlegungen war – wie fast in der ganzen modernen Physik – das Licht; in diesem Fall ging es um die moderne Quantentheorie des mit Materie interagierenden Lichts. Erinnern wir uns, dass Feynman, als er vorbrachte, warum es Antimaterie geben sollte, einen bildlichen Rahmen entwickelte, anhand dessen man über fundamentale Prozesse in Raum und Zeit nachdenken kann. Das Raumzeit-Bild eines Elektrons, das ein Photon emittiert, ist hier wiedergegeben, wobei das Elektron durch ein Proton p ersetzt wurde:

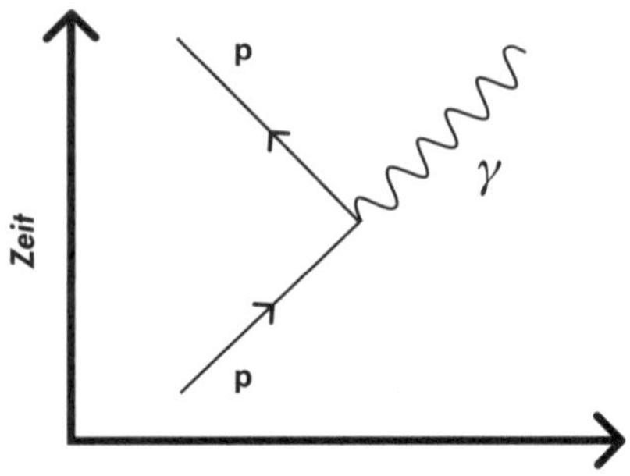

Fermi stellte sich den Zerfall eines Neutrons ähnlich vor, doch anstatt ein Photon zu emittieren und dabei dasselbe Teilchen zu bleiben (in diesem Fall das Neutron n), würde es ein Paar von Teilchen emittieren – ein Elektron e und ein Neutrino ν, und dabei in ein Proton umgewandelt werden:

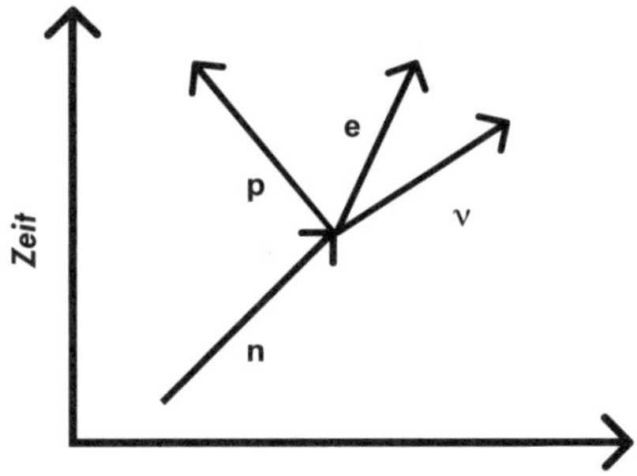

Im Elektromagnetismus ist die Stärke der Wechselwirkung zwischen geladenen Teilchen und Photonen (sie bestimmt die Wahrscheinlichkeit, dass an dem in der ersten Abbildung gezeigten Punkt ein Photon emittiert wird) der Ladung des Teilchens proportional. Da es die Ladung ist, die den Teilchen eine Interaktion ermöglicht – oder ihnen erlaubt, sich ans elektromagnetische Feld zu »koppeln« –, bezeichnen wir den Betrag des fundamentalen Ladungsquantums – die Ladung auf einem einzelnen Elektron oder Proton – als »Kopplungskonstante« des Elektromagnetismus.

In Fermis Interaktion bestimmt die numerische Größe, die am Interaktionspunkt der Abbildung erscheint, wo ein Neutron sich in ein Proton umwandelt, die Wahrscheinlichkeit, mit der an diesem Punkt eine solche Umwandlung erfolgt. Der Wert dieser Größe wird experimentell bestimmt; heute nennen wir ihn Fermi-Konstante. Im Verhältnis zum Elektromagnetismus ist der numerische Wert dieser Größe sehr klein, weil das Neutron sehr lange braucht, bis es zerfällt – beispielsweise im Vergleich mit der Rate, in der elektromagnetische Übergänge in Atomen stattfinden. Deshalb wurde Fermis Interaktion, die eine neue Naturkraft beschrieb, als schwache Wechselwirkung bekannt.

Was Fermis Vorschlag unter anderem so bemerkenswert machte, war die Tatsache, dass in der Physik erstmals jemand vorgebracht hatte, in der Quantenwelt könnten andere Teilchen als Photonen spontan entstehen. (In diesem Fall werden Elektron und Neutrino gleichzeitig mit der Umwandlung des Neutrons in ein Proton erzeugt.) Insofern bildete er die Anregung und den Prototyp für einen großen Teil der folgenden Forschung zum Quantencharakter der Grundkräfte in der Natur.

Darüber hinaus machte der Vorschlag nicht nur nachträgliche Vorhersagen über die Natur. Er lieferte Vorhersagen, wonach eine einzige mathematische Formel für die Wechselwirkung, welche den Neutronen-Zerfall verursachte, auch eine Fülle anderer Phänomene vorhersagen konnte, deren Auftreten später tatsächlich beobachtet wurde.

Bedeutsamer war, dass man beobachten konnte, wie diese Wechselwirkung mit exakt der gleichen Stärke sehr ähnliche Zerfallsprozesse anderer Teilchen in der Natur steuerte. So fand Carl Anderson, der Entdecker des Positrons, 1936 in kosmischer Strahlung ein weiteres neues Teilchen – es war das Erste einer so großen Vielzahl, dass Teilchenphysiker sich fragen sollten, ob diese Reihe jemals enden würde. Als der Atomphysiker und spätere Nobelpreisträger I. I. Rabi davon erfuhr, soll er ausgerufen haben: »Wer hat das bestellt?«

Heute wissen wir, dass dieses mit dem griechischen Buchstaben μ bezeichnete Teilchen namens Myon letztlich eine exakte Kopie des Elektrons ist – allerdings um den Faktor 200 schwerer. Weil es schwerer ist, kann es zerfallen, wobei es ein Elektron und ein Neutrino emittiert; die entsprechende Wechselwirkung ähnelt der des Neutronen-Zerfalls, nur dass das Myon sich in diesem Fall nicht in ein Proton umwandelt, sondern in eine andere Art von Neutrino (das man Myon-Neutrino nennt). Verwendet man für die Stärke dieser Wechselwirkung die gleiche Fermi-Konstante, leitet man bemerkenswerterweise exakt die richtige Lebenszeit des Myons ab.

Hier ist eindeutig eine neue, in der Natur universell wirksame Grundkraft am Werk – mit einigen Ähnlichkeiten zum Elektromagnetismus und einigen sehr wichtigen Unterschieden. Erstens ist die Wechselwirkung viel schwächer. Zweitens scheint die Wechselwirkung im Gegensatz zum Elektromagnetismus nur über eine geringe Distanz zu wirken – in Fermis Modell an einem einzigen Punkt. Neutronen verwandeln sich nicht an einer Stelle in Protonen und bringen irgendwo anders Elektronen dazu, sich in Neutrinos zu verwandeln. Die Interaktion zwischen Elektronen und Photonen ermöglicht dagegen, dass Elektronen virtuelle Photonen austauschen und einander selbst dann abstoßen, wenn sie sehr weit voneinander entfernt sind. Drittens wandelt die Wechselwirkung eine Teilchenart in eine andere um. Elektromagnetismus umfasst die Erzeugung und Absorption von Photonen – den Lichtquanten –, doch die mit ihnen interagierenden geladenen Teilchen behalten vor und nach der Wechselwirkung ihre Identität. Auch die Schwerkraft besitzt eine zu große Reichweite; außerdem bleibt ein Ball, der zur Erde fällt, weiterhin ein Ball. Die schwache Wechselwirkung dagegen lässt Neutronen zu Protonen, Myonen zu Neutrinos und so weiter zerfallen.

Die schwache Wechselwirkung ist eindeutig anders, doch Sie fragen sich vielleicht, ob es wirklich der Mühe wert ist, sich darum zu kümmern. Neutronen-Zerfall ist interessant, doch zum Glück beschützen uns die Eigenschaften von Atomkernen davor, sodass stabile Atome existieren können. Damit scheint sich die schwache Wechselwirkung kaum auf das Alltagsleben auszuwirken. Im Gegensatz zur Gravitation und zum Elektromagnetismus spüren wir sie nicht. Hätte sie sonst nur wenig Bedeutung, könnte man ihre anormale Natur einfach übergehen.

Doch die schwache Wechselwirkung ist, mindestens ebenso sehr wie Gravitation und Elektromagnetismus, direkt für unsere Existenz verantwortlich. Hans Bethe, der bald dazu beitragen sollte, den Bau der Atombombe voranzubringen, erkannte 1939, dass genau die Wechselwirkungen, welche schwere Atomkerne zerlegten und damit die Quelle der Explosionskraft dieser Bombe waren, unter anderen Umständen benutzt werden konnten, um aus kleineren Atomkernen größere herzustellen. Dabei konnte sogar noch mehr Energie freigesetzt werden als mit der Atombombe.

Bis zu dieser Zeit war die Energiequelle der Sonne ein Mysterium gewesen. Man wusste, dass die Temperatur im Zentrum der Sonne nicht höher als einige zehn Millionen Grad betragen konnte – das mag einem extrem vorkommen, doch tatsächlich hatte man die Energien, die bei diesen Temperaturen für die kollidierenden Atomkerne verfügbar waren, bereits im Labor erreicht. Außerdem war klar, dass die Sonne nicht einfach wie eine Kerze brennen konnte.

Schon im 18. Jahrhundert hatte man festgestellt, dass ein Objekt von der Masse der Sonne mit seiner beobachteten Helligkeit vielleicht 10 000 Jahre brennen konnte, wenn es nur so eine Art brennender Kohleklumpen war. Das ließ sich zwar wunderbar mit Bischof Usshers aus der Bibel abgeleiteten Schätzungen zum Alter des Universums vereinbaren, doch Geologen und Biologen hatten bereits bis zur Mitte des 19. Jahrhunderts erkannt, dass die Erde selbst weit älter war. Ohne eine erkennbare neue Energiequelle war die Langlebigkeit und Helligkeit der Sonne unerklärlich.

Hier kommt Hans Bethe ins Spiel. Auch er war einer der unglaublich begabten und produktiven theoretischen Physiker, die in der ersten Hälfte des 20. Jahrhunderts aus Deutschland kamen, und zudem ein weiterer Doktorand Arnold Sommerfelds, der später den Nobelpreis bekommen sollte. Bethe begann seine

Laufbahn in der Chemie, weil der Einführungsunterricht in Physik an seiner Universität schlecht war – ein verbreitetes Problem. (Aus diesem Grund habe auch ich das Fach Physik im ersten Jahr fallen gelassen, doch zum Glück ermöglichte mir die physikalische Fakultät meiner Universität, im nächsten Jahr an einem anspruchsvolleren Kurs teilzunehmen.) Später, ehe er sein Doktorandenstudium aufnahm, wechselte er zur Physik und emigrierte in die USA.

Bethe war ein großartiger Physiker, der sich durch ausführliche Berechnungen arbeiten konnte, um eine breite Vielfalt an Problemen zu lösen. Er begann oben links auf die Tafel zu schreiben und hörte unten rechts damit auf, fast ohne etwas korrigieren zu müssen. Richard Feynman, der von Bethe stark beeinflusst wurde, bewunderte dessen geduldige methodische Annäherung an Probleme. Feynman sprang oft vom Beginn eines Problems ans Ende und arbeitete die Zwischenschritte danach aus. Als sie beide in Los Alamos an der Atombombe arbeiteten, ergänzten sich Bethes solides technisches Können und Feynmans brillante intuitive Einsichten gut. Wenn sie durch den Flur gingen und Feynman dem geduldigen, aber hartnäckigen Bethe laut widersprach, bezeichneten die Kollegen das Team als »das Schlachtschiff und das Torpedoboot«.

Als ich ein junger Physiker war, war Bethe legendär, weil er noch bis in seine Neunziger wichtige Artikel zur Physik schrieb. Er redete auch gern mit jedem über Physik. Ich erinnere mich, wie geehrt ich mich anlässlich meiner Gastvorlesung an der Cornell-Universität fühlte – dort verbrachte Bethe den größten Teil seiner beruflichen Laufbahn –, als er in mein Büro spazierte, mir konzentriert zuhörte und Fragen stellte, als hätte ich ihm tatsächlich etwas zu bieten.

Auch körperlich war er robust. Ein mit mir befreundeter Physiker erzählte mir von einer Zeit, als auch er als Gast an der Cornell war. An einem Wochenende beschloss mein Freund, Ehrgeiz zu zeigen und einen der vielen steilen Wanderpfade rund um den Campus anzugehen. Er war sehr stolz auf sich, während er sich keuchend und schnaufend bis unter den Gipfel hocharbeitete, bis er Bethe, damals hoch in den Achtzigern, erspähte, der fröhlich vom Gipfel herunterstieg.

Bethe habe ich zwar schon immer gemocht und bewundert, doch als ich Material für das vorliegende Buch recherchierte, stieß ich auf zwei weitere erfreuliche persönliche Verbindungen zu ihm, die mir so gefielen, dass ich von ihnen berichten will. Erstens fand ich heraus, dass ich in gewisser Hinsicht sein Enkel im Geiste bin, weil der Betreuer meiner Abschlussarbeit in Physik, M. K. Sundaresan, einer seiner Doktoranden gewesen war. Zweitens entdeckte ich zu meiner Überraschung, dass Bethe – der wenig Nachsicht für grandiose Behauptungen aufbrachte, die jemand ohne wirkliche Motivation oder Belege aus grundlegenden Resultaten ableitete – als Postdoktorand einmal einen Nonsens-Artikel verfasst hat. Darin machte er sich über eine Arbeit lustig, die er für lächerlich hielt – sie stammte von dem berühmten Physiker Sir Arthur Stanley Eddington. Eddington hatte behauptet, er habe unter Verwendung einiger fundamentaler Prinzipien eine Grundkonstante des Elektromagnetismus »abgeleitet«, doch Bethe sah richtigerweise, dass die Behauptung nichts weiter war als fehlgeleitete Numerologie. Als ich von seinem Artikel erfuhr, kam ich mir wegen eines Nonsens-Aufsatzes, den ich als Assistenzprofessor in Yale geschrieben hatte, gleich besser vor. Damals hatte ich auf einen in meinen Augen unangemessenen Aufsatz reagiert, der in einem angesehenen Physikjournal erschienen war. Der Autor hatte behauptet, eine neue Naturkraft entdeckt zu haben (was sich später tatsächlich als falsch herausstellte). Zu der Zeit, in der Bethe seinen Aufsatz verfasste, nahm man sich in der Welt der Physik noch ein wenig ernster, und Bethe samt Kollegen waren gezwungen, eine Entschuldigung zu veröffentlichen. Als ich meinen Aufsatz schrieb, kam die einzige negative Reaktion vom Dekan meiner Fakultät – er befürchtete, dass *The Physical Review* meinen Artikel tatsächlich veröffentlichen würde.

Wie dem auch sei – als Bethe in seinen Dreißigern war, hatte er sich bereits als führender Physiker etabliert. Sein Name war mit einer Fülle von Ergebnissen verbunden, angefangen bei der Bethe-Formel, welche den Durchgang geladener Teilchen durch Materie beschreibt, bis hin zum Bethe-Ansatz, einem Verfahren, mit dem man für gewisse Quantenprobleme in der Vielteilchenphysik exakte Lösungen erhält. Eine Reihe von Arbeiten zum Status des aufkommenden Gebiets der Nuklearphysik, die er 1936 als Mitautor verfasste, blieb für einige Zeit maßgeblich und wurde als »Bethe-Bibel« bekannt. (Anders als die herkömmliche Bibel machte sie überprüfbare Vorhersagen, und im Zuge des wissenschaftlichen Fortschritts wurde sie schließlich ersetzt.)

1938 wurde Bethe eingeladen, an einer Konferenz zum Thema »Stellare Energieerzeugung« teilzunehmen, obwohl er sich damals nicht besonders mit Astrophysik befasste. Gegen Ende der Tagung hatte er die nuklearen Prozesse ausgearbeitet, durch welche vier einzelne Protonen (die Kerne von Wasserstoffatomen) schließlich – aufgrund von Fermis schwacher Wechselwirkung – zu einen Heliumkern aus zwei Protonen und zwei Neutronen »verschmelzen«. Diese Verschmelzung setzt pro Atom ungefähr eine Million mal mehr Energie frei, als es bei der Verbrennung von Kohle der Fall ist. Das ermöglicht es der Sonne, ungefähr eine Million Mal länger zu leben, als man zuvor geschätzt hatte – also etwa 10 Milliarden statt 10 000 Jahre. Später zeigte Bethe, dass die Sonne auch noch durch andere nukleare Reaktionen Energie gewinnt, darunter ein Vorgang, bei dem Kohlenstoff zu Stickstoff und Sauerstoff umgewandelt wird – der sogenannte Kohlenstoff-Stickstoff-Zyklus.

Damit war das Geheimnis der Sonne – letztlich die Geburt des Lichts in unserem Sonnensystem – enthüllt. Den Nobelpreis erhielt Bethe 1967, und erst weitere 40 Jahre danach bestätigten Experimente mit von der Sonne kommenden Neutrinos Bethes Vorhersagen. Neutrinos waren die entscheidende experimentelle Observable, die eine solche Bestätigung ermöglichte, weil die gesamte Kette mit einer Reaktion beginnt, bei der zwei Protonen kollidieren. Über die schwache Wechselwirkung wird eines davon in ein Neutron umgewandelt, was es den beiden erlaubt, zum Kern des schweren Wasserstoffs (Deuterium) zu verschmelzen, wobei ein Neutrino und ein Positron freigesetzt werden. Das Positron interagiert anschließend in der Sonne, doch Neutrinos, die nur über die schwache Wechselwirkung interagieren, fliegen aus der Sonne heraus zur Erde und über sie hinaus.

In jeder Sekunde passieren mehr als 400 000 Milliarden (4×10^{14}) dieser Neutrinos Ihren Körper. Ihre Wechselwirkung ist so schwach, dass sie im Schnitt 10 000 Lichtjahre festes Blei durchqueren könnten, ehe sie mit etwas interagieren; die meisten von ihnen passieren uns und die Erde ohne jede Wirkung und werden noch nicht einmal bemerkt. Doch ohne die schwache Wechselwirkung würden sie nicht erzeugt, und die Sonne würde nicht scheinen – es gäbe allerdings auch niemanden, der sich deswegen Sorgen machen müsste.

Demnach ist die schwache Wechselwirkung, obwohl sie wirklich sehr schwach ist, dennoch weitgehend für unsere Existenz verantwortlich. Als die Fermi-Wechselwirkung, die zu ihrer Beschreibung entwickelt worden war, wie auch die von ihr erstmals vorhergesagten Neutrinos den gesunden Menschenverstand in Frage stellten, mussten die Physiker deshalb in die Gänge kommen und diese Tatsache zur Kenntnis nehmen. Und sie wurden dazu gebracht, unsere Vorstellungen von der Realität selbst zu verändern.

Teil II

EXODUS

KAPITEL 11

ZEITEN DER VERZWEIFLUNG – VERZWEIFELTE MASSNAHMEN

Ein jegliches hat seine Zeit, und alles Vorhaben unter dem Himmel hat seine Stunde.

PREDIGER SALOMO 3:1

Die rasche Abfolge der Ereignisse in den 1930er-Jahren – von der Entdeckung des Neutrons bis zur Erforschung der Natur des Neutronen-Zerfalls sowie der Entdeckung des Neutrinos und der anschließenden Entdeckung einer neuen, universellen schwachen Naturkraft, die nur über kurze Entfernungen wirkte – ließ die Physiker eher verwirrt als inspiriert zurück. Der brillante Vormarsch, der zur Vereinigung von Elektrizität und Magnetismus und zur Vereinigung von Quantenmechanik und Relativität führte, hatte sich auf die Erforschung der Natur des Lichts gestützt. Es war jedoch nicht klar, wie das elegante theoretische Gebäude der Quantenelektrodynamik (QED) Betrachtungen einer neuen Kraft anleiten sollte. Die schwache Wechselwirkung liegt weit außerhalb menschlicher Erfahrung und schließt neue, exotische Elementarteilchen sowie nukleare Umwandlungen ein, die an Alchimie erinnern, aber im Gegensatz zur Alchimie überprüfbar sind und reproduziert werden können.

Grund für die Verwirrung war die Natur des Atomkerns selbst

und die Frage, was ihn zusammenhielt. Die Entdeckung des Neutrons trug zur Lösung des vorher bestehenden Paradoxons bei, demzufolge zum Ausgleich der Ladung zusätzlicher Protonen, welche die korrekte Kernmasse liefern sollten, Elektronen im Kern eingeschlossen sein mussten. Die Beobachtung des Beta-Zerfalls – bei dem aus dem Atomkern Elektronen emittiert wurden – half da jedoch nicht weiter.

Sobald man erkannt hatte, dass der Beta-Zerfall im Atomkern mit einem Zerfall von Neutronen zu Protonen zusammenhing, und damit die erste Verwirrung geklärt hatte, kam natürlich eine weitere Frage auf: Konnte diese Umwandlung vielleicht die starken Bindekräfte erklären, von denen Protonen und Neutronen im Kern zusammengehalten wurden?

Der bemerkenswerte Erfolg der Quantentheorie des Elektromagnetismus (der QED) bei der Beschreibung des Verhaltens von Atomen und der Interaktionen von Elektronen mit Licht beeinflusste das Denken der Physiker auch in Hinblick auf diese neue schwache Kraft – trotz der offensichtlichen Unterschiede zwischen den schwachen Kräften und der QED. Die mit der QED zusammenhängenden mathematischen Symmetrien funktionierten bestens. Wenn man physikalische Größen vorhersagte, stellten sie das Verschwinden der ansonsten störenden unendlichen Werte in den Berechnungen sicher, die sich aus den mit dem Austausch virtueller Teilchen verknüpften quantenmechanischen Betrachtungen ergaben. Würde etwas Ähnliches funktionieren, wenn man die Kraft verstehen wollte, die Protonen und Neutronen im Atomkern zusammenhielt?

Wenn speziell die elektromagnetische Kraft auf den Austausch von Teilchen zurückzuführen war, dann durfte man vernünftigerweise die Möglichkeit in Betracht ziehen, dass die Kraft, die den Atomkern zusammenhielt, ebenfalls dem Austausch von Teilchen geschuldet sein konnte. Werner Heisenberg machte diesen Vorschlag 1932 – etwa um die Zeit, in der das Neutron entdeckt wurde. Wenn Neutronen und Protonen sich ineinander umwandeln konnten, wobei das Proton ein Elektron aufnahm und so zum Neutron wurde, so war es vielleicht auch möglich, dass der Austausch von Elektronen zwischen den beiden irgendwie eine bindende Kraft hervorrief.

Dieses Bild wurde jedoch durch einige bekannte Probleme beeinträchtigt. Zunächst war da das Problem mit dem »Spin«. Wenn man wie Heisenberg davon ausging, dass das Neutron letztlich aus einem Proton und einem mit ihm verbundenen Elektron (beide mit halbzahligem Spin) bestand, so konnte man durch ihre Addition im Neutron für das Teilchen nicht ebenfalls einen halbzahligen Spin herausbekommen – ½ + ½ kann nicht gleich ½ sein. In seiner Verzweiflung (denn es waren verzweifelte Zeiten, in denen es ohnehin schien, als würden alle konventionellen Regeln zusammenbrechen) meinte Heisenberg, das zwischen Neutronen und Protonen übertragene »Elektron«, welches die beiden im Kern zusammenhielt, unterscheide sich irgendwie von einem freien Elektron und weise überhaupt keinen Spin auf.

Rückblickend ist dieses Bild noch mit einem weiteren Problem verbunden. Auf die Idee, Elektronen als das Bindungselement zwischen Neutronen und Protonen anzusehen, kam Heisenberg durch das Beispiel der Wasserstoffmoleküle. Beim Wasserstoff sind zwei Protonen durch gemeinsame, sie umkreisende Elektronen verbunden. Will man die Bindung im Kern auf ähnliche Weise erklären, ergibt sich ein Problem der Größenordnung. Wie können Neutronen und Protonen Elektronen austauschen und so eng miteinander verbunden sein, dass ihre mittlere Entfernung um einen Faktor von mehr als 100000 kleiner ist als die Größe eines Wasserstoffmoleküls?

Über dieses Problem – auf das ich aus praktischen Gründen noch einmal zurückkommen werde – kann man auch auf eine andere Weise nachdenken. Erinnern wir uns, dass der Elektromagnetismus eine Kraft ist, die über weite Entfernungen wirkt. Zwei Elektronen an entgegengesetzten Orten der Galaxie erfahren aufgrund des Austauschs virtueller Photonen eine – wenn auch sehr kleine – Abstoßung. Die Quantentheorie des Elektromagnetismus macht dies möglich. Photonen besitzen keine Masse, und virtuelle Photonen können – ohne das Heisenberg'sche Unbestimmtheitsprinzip zu verletzen – beliebig weit unterwegs sein und dabei beliebig kleine Energiebeträge transportieren, ehe sie erneut absorbiert werden. Besäßen die Photonen eine Masse, wäre das unmöglich.

Wenn es nun eine Kraft zwischen Neutron und Proton gäbe, die beispielsweise aus der Absorption und Emission virtueller Elektronen hervorgeht, so wäre das eine nur über kurze Entfernungen wirksame Kraft, weil die Elektronen Masse besitzen. Wie klein wäre die Entfernung? Das lässt sich ausrechnen – man erhält einen Wert, der ungefähr um den Faktor 100 größer ist als typische Atomkerne. Der Austausch von Elektronen ist also nicht wirklich geeignet, Kräfte im nuklearen Maßstab zu erzeugen. Wie gesagt, es waren Zeiten der Verzweiflung.

Heisenbergs verzweifelte Idee von einer seltsamen, Spin-losen Version des Elektrons fiel bei einem jungen japanischen Physiker, dem 28 Jahre alten, schüchternen Hideki Yukawa, auf fruchtbaren Boden. 1935, als Japan sich gerade aus der Isolation zu begeben begann und kurz bevor die imperialen Pläne des Landes den Krieg im Pazifik auslösten, veröffentlichte Yukawa die erste Originalarbeit in Physik eines vollständig in Japan ausgebildeten Physikers. Für mindestens zwei Jahre nahm niemand Notiz von dem Aufsatz, doch 14 Jahre später bekam er den Nobelpreis für diese Arbeit – man hatte sie inzwischen zur Kenntnis genommen, doch aus den falschen Gründen.

Einsteins Besuch in Japan im Jahr 1922 hatte Yukawas wachsendes Interesse für die Physik gefestigt. Schon als Yukawa noch die höhere Schule besuchte und Material für sein Examen in einer zweiten Fremdsprache sammelte, stieß er auf Max Plancks *Einführung in die theoretische Physik* in deutscher Sprache. Er fand Vergnügen am Deutschen und an der Physik, und er erhielt dabei Unterstützung von seinem Klassenkameraden Shin'ichirō Tomonaga, einem begabten Physiker, der sowohl in der Oberschule als auch beim Studium an der Universität Kyoto sein Kollege war. Tatsächlich war Tomonaga so begabt, dass er 1969 zusammen mit Richard Feynman und Julian Schwinger den Nobelpreis erhielt – die drei hatten die mathematische Widerspruchsfreiheit der Quantentheorie des Elektromagnetismus, der Quantenelektrodynamik, gezeigt.

Bemerkenswerterweise gelang es Yukawa, der zu einer Zeit in Japan studiert hatte, als viele seiner Lehrer das aufkommende Gebiet der Quantenmechanik noch nicht umfassend verstanden, eine mögliche Lösung für das Problem der Kernkraft zu erarbeiten, die Heisenberg, Pauli und sogar Fermi übersehen hatten. Ich vermute, das Problem war zum Teil einem Phänomen geschuldet, das im 20. Jahrhundert mehrfach aufgetreten ist – möglicherweise auch zuvor und danach. Wenn die mit manchen physikalischen Prozessen zusammenhängenden Paradoxa und Komplexitäten allmählich überwältigend erscheinen, kommt man in Versuchung anzunehmen, eine neue Revolution ähnlich der Relativitätstheorie oder der Quantenmechanik könnte eine so dramatische Umwälzung des Denkens erfordern, dass es keinen Sinn ergibt, vorhandene Verfahren weiter voranzubringen.

Anders als Heisenberg oder Pauli suchte Fermi nicht nach einer umfassenden Revolution. Er war bereit, eine »vorläufige Theorie« des Neutronen-Zerfalls vorzulegen, die sich der Elektronen im Atomkern entledigte, indem sie zuließ, dass diese während des Beta-Zerfalls spontan erzeugt werden konnten. Er schlug ein Modell vor, das funktionierte, von dem er aber wusste, dass es lediglich ein Modell und keine vollständige Theorie war; es ermöglichte einem jedoch, Berechnungen vorzunehmen und Vorhersagen zu machen. Und genau das zeichnete Fermis praktischen Arbeitsstil aus.

Yukawa verfolgte diese Entwicklungen; er übersetzte Heisenbergs Aufsatz über Atomkerne, schrieb dazu eine Einführung und veröffentlichte beides in Japan. Die Probleme von Heisenbergs Vorschlag waren ihm also bereits bewusst. 1934 las Yukawa dann Fermis Theorie des Neutronen-Zerfalls, was in seinem Denken eine neue Möglichkeit katalysierte. Möglicherweise war die Kernkraft, die Protonen und Neutronen zusammenhielt, nicht auf den Austausch von virtuellen Elektronen zwischen ihnen zurückzuführen, sondern auf den Austausch des Elektrons und des Neutrinos, die erzeugt wurden, wenn Neutronen sich in Protonen umwandelten.

Doch dabei tauchte sofort ein Problem auf. Der Neutronen-Zerfall ist eine Folge dessen, was als schwache Wechselwirkung bekannt werden sollte, und die dafür zuständige Kraft ist schwach. Setzte man Werte für die mögliche Kraft ein, die aufgrund des Austauschs eines Paars aus Elektron und Neutrino zwischen Protonen und Neutronen resultieren könnte, wurde klar, dass die Kraft viel zu schwach sein würde, um Protonen und Neutronen in Atomkernen zusammenzuhalten.

An dieser Stelle erlaubte Yukawa sich etwas, was keiner der anderen getan hatte. Er fragte, warum die nukleare Kraft, wenn sie wie in der QED aus dem Austausch virtueller Teilchen hervorging, auf den Austausch eines oder mehrerer Teilchen zurückgeführt werden musste, die man kannte oder deren Existenz man vermutete. Wenn man bedenkt, wie ungern Physiker wie Dirac und Pauli neue Teilchen vorgeschlagen hatten, selbst wenn sie damit richtig liegen sollten, kann man sich vielleicht vorstellen, wie radikal Yukawas Idee war. Yukawa schilderte es später so:

> Zu dieser Zeit war der Atomkern die Widersprüchlichkeit schlechthin, völlig unerklärbar. Und warum? Weil unsere Vorstellung von Elementarteilchen zu eng war. Im Japanischen gab es kein entsprechendes Wort, und wir verwendeten den englischen Begriff – er bedeutete Proton und Elektron. Vor irgendwoher musste eine göttliche Botschaft gekommen sein, die es uns verbot, über irgendein anderes Teilchen nachzudenken. Außerhalb dieser Grenzen zu denken (mit Ausnahme des Photons) bedeutete, man war so anmaßend, den Zorn der Götter nicht zu fürchten. Denn die Vorstellung, Materie bestehe ewig, war seit den Zeiten Demokrits und Epikurs Tradition gewesen. Über die Entstehung anderer Teilchen als des Photons nachzudenken

war suspekt, und es existierte eine starke, beinahe unbewusste Hemmung, solche Gedanken zu hegen.

Einer meiner guten Freunde, ein Physiker, erzählte, es habe nur eine einzige Phase gegeben, in der er fähig gewesen war, wirklich komplizierte Berechnungen auszuführen – und zwar jeweils nach der Geburt seiner Kinder, als er ohnehin nicht schlafen konnte und deshalb wach blieb und arbeitete. Im Oktober 1934, als Yukawa direkt nach der Geburt seines zweiten Kindes nicht schlafen konnte, wurde ihm klar: Falls die Reichweite der starken Kernkraft auf die Größe des Atomkerns beschränkt sein sollte, musste jedes ausgetauschte Teilchen weit massiver sein als das Elektron. Am nächsten Morgen schätzte er diese Masse auf das 200-Fache der Elektronenmasse. Es müsste eine elektrische Ladung tragen, falls es zwischen Neutronen und Protonen ausgetauscht wurde, und es dürfte keinen Spin aufweisen, damit es den Spin von Proton oder Neutron bei Absorption oder Emission nicht veränderte.

Sie fragen sich vielleicht: Was haben all diese Bedenken hinsichtlich starker nuklearer Kräfte mit dem Neutronen-Zerfall zu tun, dem Thema, mit dem das letzte Kapitel endete und dieses begann? In den 1930er-Jahren, als es gerade gegen die guten Sitten verstieß, sich neue Teilchen auszudenken, erschien es bestenfalls unnötig und schlimmstenfalls ketzerisch, neue Kräfte zu erfinden. Die Physiker waren davon überzeugt, dass alle im Atomkern ablaufenden Vorgänge, ob stark oder schwach, miteinander zusammenhängen mussten.

Yukawa dachte sich eine clevere Möglichkeit aus, es dennoch zu tun; er verband Ideen von Fermi und Heisenberg und verallgemeinerte auch Vorstellungen aus der erfolgreichen Quantentheorie des Elektromagnetismus. Wenn Neutronen im Atomkern anstelle eines Photons ein neues, schweres Teilchen mit einer Ladung, aber ohne Spin emittierten (Yukawa bezeichnete es zunächst als »Mesotron«, bis Heisenberg sein Griechisch korrigierte und der Name zu »Meson« verkürzt wurde), dann konnte dieses Teilchen von Protonen im Kern absorbiert werden und eine Anziehungskraft hervorrufen, deren Größe Yukawa berechnen konnte. Dazu nutzte er Gleichungen, die er aus dem (Sie hatten es sich sicher schon gedacht) Elektromagnetismus extrapolierte.

Die Analogie mit dem Elektromagnetismus konnte jedoch nicht exakt zutreffen, weil das Meson massiv, das Photon dagegen masselos ist. Yukawa wählte die Einstellung, die wohl auch Fermi übernommen hätte, wenn er daran gedacht hätte. Ja, die Theorie war unvollständig, doch er war bereit, die anderen Aspekte des Elektromagnetismus außer Acht zu lassen, die diese Theorie nicht reproduzieren konnte. Zur Hölle mit den Torpedos! Volle Kraft voraus!

Geschickt – und letztlich unkorrekt – verband Yukawa diese starke Kraft mit dem beobachteten Neutronen-Zerfall, indem er vorschlug, dass Mesonen möglicherweise nicht immer nur zwischen Neutronen und Protonen im Atomkern ausgetauscht würden. Ein kleiner Teil der von Neutronen emittierten Mesonen zerfiel unterwegs vielleicht in ein Elektron und ein Antineutrino, ehe sie wieder absorbiert werden und so den Neutronen-Zerfall verursachen konnten. In diesem Fall würde der Neutronen-Zerfall nicht durch die linke Abbildung auf der nächsten Seite dargestellt, wo der Zerfall und die Emission der anderen Teilchen an einem einzigen Punkt ablaufen. Er würde aussehen wie in der rechten Abbildung, wo der Zerfall ausgebreitet stattfindet und ein neues, durch die gestrichelte Linie wiedergegebenes Teilchen (es steht für Yukawas Meson) nach der Emission eine kurze Entfernung zurücklegt, ehe es in das Elektron und das Neutrino zerfällt. Mit dem neuen vermittelnden Teilchen sieht die den Neutronen-Zerfall vermittelnde schwache Wechselwirkung allmählich eher so aus wie die elektromagnetische Wechselwirkung zwischen geladenen Teilchen:

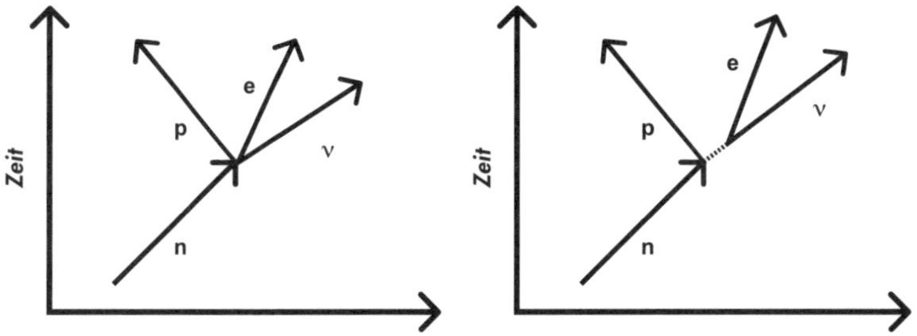

Yukawa hatte ein neues vermittelndes Teilchen vorgeschlagen – ein schweres Meson. Damit ähnelte der Neutronen-Zerfall dem früheren Bild des Austauschs von Photonen im Elektromagnetismus, das seine Überlegungen überhaupt erst angeregt hatte. Natürlich gab es bedeutsame Unterschiede. In diesem Fall war das vermittelnde Teilchen sowohl massiv als auch elektrisch geladen, und im Gegensatz zum Photon hatte es auch keinen Spin.

Dennoch konnte Yukawa zeigen, dass diese Theorie für ein schweres Meson sich nicht von Fermis an einem Punkt ablaufender Interaktion des Neutronen-Zerfalls unterscheiden würde – zumindest soweit es um die Vorhersage der Details des Neutronen-Zerfalls ging. Darüber hinaus bot seine Theorie die Möglichkeit, all die merkwürdigen Eigenschaften des Atomkerns – angefangen beim Beta-Zerfall von Neutronen innerhalb des Kerns bis hin zur Stärke der Wechselwirkung, welche die Protonen und Neutronen zusammenhielt – zu reduzieren. Dadurch konnte man die Eigenschaften einer einzelnen Interaktion verstehen, welche den Austausch eines einzelnen neuen Teilchens, seines Mesons, umfasste.

Doch es gab noch ein anderes Problem. Falls dieses neue schwere Meson existierte: Wo war es? Warum hatte man es noch nicht in kosmischer Strahlung gefunden? Aufgrund dieses Problems, aber auch weil Yukawa eine unbekannte Größe war, tätig an einem Ort, der damals weitab von allem lag, was zählte, beachtete kaum jemand seinen Vorschlag zur Erklärung der starken Wechselwirkung zwischen Nukleonen und der schwächeren Interaktion, die anscheinend für den Neutronen-Zerfall verantwortlich war. Nichtsdestoweniger war sein Vorschlag im

Vergleich zu denen von Heisenberg und anderen (einschließlich Fermi) einfacher und sinnvoller.

Alles änderte sich 1936 – weniger als zwei Jahre nach Yukawas Vorhersage –, als Carl Anderson, der Entdecker des Positrons, zusammen mit seinem Mitarbeiter Seth Neddermeyer etwas fand, was eine neue Gruppe von Teilchen in der kosmischen Strahlung zu sein schien. Die Merkmale der Spuren dieser neuen Teilchen in Blasenkammern implizierten, dass sie beim Durchqueren von Materie zu wenig Strahlung erzeugten, als dass es sich um Protonen oder Elektronen hätte handeln können. Zudem besaßen sie eine größere Masse als Elektronen und schienen manchmal negativ, manchmal positiv geladen zu sein. Es dauerte nicht lange, bis man die Masse der neuen Teilchen in einem von Yukawa vorhergesagten Bereich bestimmte – sie betrug etwa das 200-Fache der Masse des Elektrons.

Es ist bemerkenswert, wie schnell der Rest der Welt anbiss. Yukawa veröffentlichte eine kurze Notiz, in der er darauf hinwies, dass seine Theorie genau solche Teilchen vorhersagte. Innerhalb weniger Wochen begannen die bedeutendsten Physiker Europas, sein Modell zu erforschen und seine Ideen in ihre eigenen Arbeiten zu integrieren. 1938, anlässlich der letzten großen Konferenz, ehe der Zweite Weltkrieg praktisch die gesamte internationale Zusammenarbeit in der Wissenschaft unterbrach, befassten sich drei der acht Hauptredner mit Yukawas Theorie – sie zitierten einen Namen, den sie ein oder zwei Jahre zuvor wohl noch nicht einmal gekannt hatten.

Obwohl ein Großteil der Physikergemeinde die offenkundige Entdeckung von Yukawas Meson feierte, brachte diese Entdeckung ihre eigenen Probleme mit sich. Der von Yukawa vorhergesagte Zerfall des Mesons in ein Elektron wurde 1940 in den Spuren kosmischer Strahlung tatsächlich beobachtet. Doch im Zeitraum von 1943 bis1947 wurde deutlich, dass dieses Teilchen sehr viel schwächer mit Atomkernen interagierte, als man das für Yukawas Teilchen angenommen hatte.

Irgendetwas stimmte da nicht.

Drei von Yukawas japanischen Kollegen sahen sich zu dem Vorschlag veranlasst, es könne zwei verschiedene Arten von Mesonen geben, und ein Yukawa-Meson noch zu einem anderen, schwächer interagierenden Meson zerfallen. Doch ihre Artikel erschienen in japanischer Sprache und wurden erst nach dem Krieg auf Englisch veröffentlicht – zu einer Zeit, als der US-amerikanische Physiker Robert Marshak bereits einen ähnlichen Vorschlag präsentiert hatte.

Diese Verzögerung erwies sich als Glücksfall. Man entwickelte neue Verfahren für die Beobachtung kosmischer Strahlen in Fotoemulsionen, und um nach möglichen neuen Signalen zu suchen, schleppte eine Reihe tapferer Forscher die Ausrüstung in große Höhen. Weil viele kosmische Strahlen mit etwas interagieren und verschwinden, ehe sie auf Meereshöhe ankommen, hatten diese und andere Gruppen, die sich für die wundersame neue Teilchenquelle interessierten, keine andere Wahl, als nach höher gelegenen Messpunkten zu suchen. Dort hatte die kosmische Strahlung in der Atmosphäre eine geringere Distanz zurückgelegt und war vielleicht einfacher aufzuspüren.

Der italienische Physiker Giuseppe Occhialini, ein ehemaliger Bergführer, war aus Brasilien eingeladen worden, sich während des Krieges dem an der Atombombe arbeitenden britischen Team anzuschließen. Doch wie er feststellen musste, konnte er als Ausländer nicht an dem Projekt mitarbeiten, weshalb er sich der Gruppe für kosmische Strahlung in Bristol anschloss. Occhialinis Bergtraining erwies sich als nützlich – er schleppte Fotoemulsionen auf den 2800 Meter hohen Pic du Midi in Frankreich. Heute kann man mit der Seilbahn zum Observatorium auf dem Gipfel fahren, und die Fahrt ist ungeheuer aufregend. Doch 1946 musste Occhialini auf den Gipfel klettern und im Bemühen, Signale einer exotischen neuen Physik zu entdecken, seine Gesundheit riskieren.

Und es war exotische neue Physik, die er und sein Team entdeckten. Cecil Powell, Occhialinis Mitarbeiter in Bristol (und künftiger Nobelpreisträger – während Occhialini, der die Kletterei absolviert hatte, leer ausging), drückte es so aus: Sie sahen »eine ganz neue Welt. Es war, als wären wir plötzlich in einen ummauerten Obstgarten eingefallen, in dem geschützte Bäume blühten und alle Arten exotischer Früchte in ungeheurer Fülle herangereift waren.«

Was sie aufspürten, war vielleicht etwas prosaischer – nämlich zwei Beispiele für Mesonen-Ereignisse, bei denen ein erstes Meson in der Emulsion stecken blieb und damit ein zweites entstehen ließ, wie es die Theoretiker vorhergesagt hatten. Anhand von Fotoemulsionen, die man auf eine Erhebung verfrachtet hatte, die beinahe doppelt so hoch war wie der Pic du Midi, ließen sich noch viele weitere Ereignisse beobachten. Im Oktober 1947 veröffentlichten Powell, Occhialini und Powells Student Cesare Lattes in der Zeitschrift *Nature* einen Aufsatz, in dem sie das auslösende Meson als Pion – es schien mit der nuklearen Stärke zu interagieren, die zu Yukawas Meson passte – und das folgende Meson als Myon bezeichneten. Yukawas Meson schien endlich entdeckt worden zu sein. Von seinem »Partner«, dem Myon, das man mit Yukawas Meson verwechselt hatte, konnte man das nicht behaupten. Anstatt keinen Spin aufzuweisen, besaß es den gleichen Spin wie das Elektron und das Proton. Und seine Wechselwirkungen mit Materie waren nirgends stark genug, um eine Rolle in der nuklearen Bindung zu spielen. Tatsächlich stellte sich heraus, dass das Myon einfach eine schwere, wenn nicht instabile Kopie des Elektrons war, was zu Rabis Frage »Wer hat das bestellt?« geführt hatte.

So war das Teilchen, das Yukawa berühmt machte, am Ende nicht das von ihm vorhergesagte Teilchen. Seine Idee wurde berühmt, weil man das ursprüngliche experimentelle Ergebnis falsch interpretiert hatte. Zum Glück wartete das Nobelkomitee bis zur Entdeckung des Pions im Jahr 1947, ehe es Yukawa 1949 den Preis zuerkannte.

Doch angesichts des Ablaufs fragt man sich natürlich, ob das Pion tatsächlich das von Yukawa vorhergesagte Teilchen war. Die Antwort lautet Ja und Nein. Der Austausch geladener Pionen zwischen Protonen und Neutronen ist eine Möglichkeit, die starke Kernkraft abzuschätzen, welche die Atomkerne zusammenhält. Doch zusätzlich zu den geladenen Pionen – den Mesonen, die Yukawa vorgesagt hatte – gibt es auch neutrale Pionen. Wer hatte die eigentlich bestellt?

Zudem war die Theorie, die Yukawa zur Beschreibung der starken Wechselwirkung notierte, ebenso wenig wie Fermis Theorie zur Beschreibung des Beta-Zerfalls eine mathematisch vollständige Theorie, was Yukawa selbst eingeräumt hatte, als er sie vorschlug. Zu dieser Zeit gab es *keine* korrekte relativistische Theorie, welche den Austausch massiver Teilchen einschloss. Etwas fehlte noch, und zusammen mit vorausschauenden theoretischen Ideen, die man unglücklicherweise auf die falschen Theorien angewandt hatte, trug eine Reihe überraschender experimenteller Entdeckungen dazu bei, die Physik in ein Jahrzehnt der Verwirrung zu führen. Dann verzog sich der Nebel, und Licht tauchte am Ende des Tunnels auf. Oder vielleicht am Höhlenausgang.

KAPITEL 12

MARSCH DER TITANEN

Da werden die Wölfe bei den Lämmern wohnen und die Panther bei den Böcken lagern.

JESAJA 11:6

Der Zusammenhang zwischen theoretischer Einsicht und experimenteller Entdeckung gehört zu den interessantesten Aspekten wissenschaftlichen Fortschritts. Wie die gesamte Wissenschaft ist die Physik im Kern eine empirische Disziplin. Doch es gibt Zeiten, in denen kurze Ausbrüche theoretischer Einsicht alles verändern. Einsteins Einsichten in Raum und Zeit während der ersten beiden Jahrzehnte des 20. Jahrhunderts sind sicherlich ein gutes Beispiel; ein weiteres ist der bemerkenswerte theoretische Fortschritt, der mit der Entwicklung der Quantenmechanik durch Schrödinger, Heisenberg, Pauli, Dirac und andere in den 1920er-Jahren verbunden war.

Weniger bekannt ist ein anderer Zeitabschnitt, der zwar nicht so revolutionär war, aber, wenn erst einmal genug Zeit vergangen ist, als eine der fruchtbarsten und produktivsten Phasen der theoretischen Physik im 20. Jahrhundert angesehen werden wird. Es handelt sich um die Jahre von 1954 bis 1974; diese zwei Jahrzehnte brachten uns – nicht ohne Verwerfungen – vom Chaos zur Ordnung, von Verwirrung zu Zuversicht und von Hässlichkeit zu Schönheit. Es war ein wilder Ritt mit einigen Umwegen, die einem vielleicht überraschend vorkommen, aber Sie sollten Geduld haben. Wenn es Ihnen ein wenig unbequem erscheint: Erinnern Sie sich an das, was ich in der Einführung über Wissenschaft und Bequemlichkeit gesagt habe. Wenn Sie sich in das Gedankengebäude derer hineinversetzen, die an dieser Suche beteiligt waren und bei denen Frustration am Ende zur Erkenntnis führte, ist es möglich, die Bedeutung dieser Erkenntnis wirklich zu schätzen.

Wenig überraschend, dass diese unruhige Phase auf eine Zeit folgte, in der experimentelle Knaller weithin für Konfusion gesorgt und die Natur – wie Lewis Carroll es vielleicht ausgedrückt hätte – »immer seltsamer und seltsamer« gemacht hatten. Die Entdeckung des Positrons, dem kurz darauf die des Neutrons folgte, war nur der Anfang. Neutronen-Zerfall, Kernreaktionen, Myonen, Pionen und eine Fülle neuer Elementarteilchen, die man anschließend entdeckte, erweckten den Anschein, als sei die fundamentale Physik hoffnungslos kompliziert. Das schlichte Bild eines Universums, in dem Elektromagnetismus und Gravitation allein die Interaktionen einer aus Protonen und Elektronen bestehenden Materie lenkten, verschwand im Mülleimer der Geschichte. Damals sehnten sich manche Physiker – wie heute manche Vertreter der politischen Rechten – nach der (oft falsch in Erinnerung gebliebenen) Einfachheit der guten alten Zeit.

Diese neu entdeckte Komplexität brachte in den 1960er-Jahren manche zu der Vorstellung, *nichts* sei fundamental. In einem der Zen-Philosophie ähnelnden Bild stellten sie sich vor, alle Elementarteilchen bestünden aus allen anderen Elementarteilchen, und meinten, dass sogar die Vorstellung von fundamentalen Kräften eine Illusion sein könnte.

Im Hintergrund zirkulierten dennoch theoretische Vorstellungen, die zum richtigen Zeitpunkt die dunklen Vorhänge der Ignoranz und der Verwirrung zurückziehen und eine der Natur zugrunde liegende Struktur enthüllen sollten, die so bemerkenswert wie merkwürdig einfach ist und in der das Licht erneut eine zentrale Rolle spielen würde.

Alles begann mit zwei theoretischen Entwicklungen, die eine tiefgründig und kaum bekannt, die andere relativ direkt, aber brillant und alsbald gefeiert. Bemerkenswert ist, dass an beiden Entwicklungen derselbe Mann beteiligt war.

Der 1922 als Sohn eines Mathematikers geborene Chen Ning Yang wurde in China ausgebildet; 1938 zog er von Beijing nach Kunming, um der japanischen Invasion Chinas zu entkommen. Vier Jahre später machte er an der Vereinigten Südwest-Universität sein Examen und blieb noch zwei Jahre dort. An dieser Universität traf er einen anderen Studenten namens Tsung-Dao Lee, der gezwungen gewesen war, nach Kunming umzuziehen. Obwohl sie die USA nur oberflächlich kannten, erhielten 1946 beide Stipendien, die von der US-Regierung mithilfe von Mitteln aus China vergeben wurden, um begabten chinesischen Studenten ein Promotionsstudium in Amerika zu ermöglichen. Yang hatte einen Mastergrad und deshalb mehr Freiheit bei seiner Promotion; er ging mit Fermi von der New Yorker Columbia University zur University of Chicago. Lee hatte keinen Mastergrad und deshalb weniger Auswahl, doch die einzige US-Universität, an der er direkt für eine Promotion arbeiten konnte, war ebenfalls die University of Chicago. Yangs Promotion wurde von Edward Teller betreut; nach seinem Examen arbeitete er nur ein Jahr lang unmittelbar mit Fermi zusammen, während Lee direkt bei Fermi promovierte.

Während der 1940er-Jahre gehörte die University of Chicago zu den größten US-Zentren für theoretische und praktische Physik, und die Doktoranden profitierten davon, dass sie mit einer bemerkenswerten Zahl von Wissenschaftlern konfrontiert waren – mit Fermi und Teller, aber auch mit anderen, darunter der brillante, aber bescheidene Astrophysiker Subrahmanyan Chandrasekhar. Mit 19 Jahren hatte Chandra (so wurde er von Kollegen häufig genannt) bewiesen, dass Sterne, deren Masse 1,4-mal größer ist als die der Sonne, am Ende ihrer nuklearen Brenndauer katastrophal kollabieren müssen – entweder in einem Ereignis, das wir heute als Supernova-Explosion kennen, oder direkt als Schwarzes Loch. Obwohl man sich damals über seine Theorie lustig machte, erhielt er dafür 53 Jahre später den Nobelpreis.

Chandra war nicht nur ein brillanter Wissenschaftler, sondern wie Fermi ein engagierter Lehrer. Selbst als er am Yerkes-Observatorium in Wisconsin forschte, fuhr er jede Woche 100 Meilen hin und zurück, um einen nur aus zwei Studenten bestehenden Kurs zu unterrichten – Lee und Yang. Schließlich wurden alle Kursteilnehmer, einschließlich des Professors, Nobelpreisträger, ein Vorgang, der in der Geschichte der Physik einzigartig sein dürfte.

1949 ging Yang ans ehrwürdige Institute for Advanced Study (IAS) in Princeton, wo er seine angehende Zusammenarbeit mit Lee durch eine Vielfalt von Themen förderte.

Jeder dieser Männer erbrachte auf verschiedensten Feldern bedeutende Beiträge zur Physik, doch die Zusammenarbeit, die sie berühmt machen sollte, begann mit einem merkwürdigen Versuchsergebnis, das wieder einmal aus der Beobachtung kosmischer Strahlung hervorging.

Im selben Jahr, in dem Yang von Chicago ans IAS umzog, entdeckte Cecil Powell, der schon das Pion aufgespürt hatte, in kosmischer Strahlung ein neues Teilchen, das er Tau-Meson nannte. Beobachtungen zufolge zerfiel dieses Teilchen in drei Pionen. Kurz darauf entdeckte man ein weiteres Teilchen, das Theta-Meson, das in zwei Pionen zerfiel. Überraschenderweise stellte sich heraus, dass dieses Teilchen exakt die gleiche Masse und Lebenszeit aufwies wie jenes Tau-Meson.

Das musste einem nicht sonderlich merkwürdig erscheinen. Konnte es sich nicht um das gleiche Teilchen handeln, das auf zwei unterschiedliche Arten zerfiel? Denken wir daran: In der Quantenmechanik kann alles, was nicht verboten ist, geschehen, und solange das neue Teilchen schwer genug war, um entweder in zwei oder in drei Pionen zu zerfallen – und die schwache Kraft ließ derartige Zerfälle zu –, sollte beides stattfinden.

Doch wenn die schwache Kraft sinnvoll war, hätte sie nicht beide Zerfallsprozesse zugelassen.

Sehen Sie sich für einen Augenblick Ihre Hände an. Es gibt einen Unterschied zwischen Ihrer linken und Ihrer rechten Hand – zumindest hoffe ich, dass das offensichtlich ist. Kein einfacher physikalischer Vorgang – abgesehen vom Durchgang durch einen Spiegel – kann die eine in die andere verwandeln. Keine Folge von Bewegungen, ob auf- oder abwärts, umdrehen oder auf und ab springen, kann aus der einen die andere machen.

Die Kräfte, die unsere Erfahrung leiten, nämlich Elektromagnetismus und Schwerkraft, sind blind gegenüber der Unterscheidung zwischen links und rechts. Kein von einer dieser Kräfte gelenktes Verfahren kann so etwas wie Ihre rechte Hand in ihr Spiegelbild verwandeln. So ist es beispielsweise nicht möglich, Ihre rechte Hand durch einfaches Bestrahlen mit Licht zur linken Hand zu machen.

Anders ausgedrückt: Wenn ich Ihre linke Hand mit Licht bestrahle und sie aus einiger Entfernung betrachte, so wird die Intensität des reflektierten Lichts ebenso stark sein wie bei der Bestrahlung der rechten Hand. Denn Licht kümmert sich nicht um links oder rechts, wenn es von irgendetwas reflektiert wird.

Unsere Unterscheidung zwischen links und rechts folgt einer Übereinkunft. Wir könnten morgen beschließen, dass links zu rechts wird und umgekehrt, und abgesehen von unseren Etiketten würde sich nichts ändern. Während ich im Flugzeug, in der Economy-Class sitzend, diesen Text schreibe, dürfte sich die Person rechts von mir erheblich von der Person zu meiner Linken unterscheiden, doch auch das ist nur den zufälligen Umständen geschuldet. Ich gehe nicht davon aus, dass die Gesetze, die den Flug dieser Maschine beherrschen, für die rechte Tragfläche anders lauten als für die linke.

Sehen wir uns diesen Sachverhalt nun für die subatomare Welt an. Wie Enrico Fermi herausgefunden hat, besagen die Regeln der Quantenmechanik, dass das mathematische Verhalten von Gruppen oder Paaren von Elementarteilchen davon abhängt, ob sie einen Spin von ½ aufweisen und damit Fermionen sind, oder nicht. Wie sich herausstellt, verhalten sich Gruppen von Fermionen ganz anders als Teilchen wie Photonen mit einem Spin von 1 (oder einem ganzzahligen Vielfachen des Eigendrehimpulses). Die mathematische »Wellenfunktion«, welche ein Paar von Fermionen beschreibt, ist beispielsweise »antisymmetrisch«, während diese Funktion, wenn sie ein Paar von Photonen beschreibt, »symmetrisch« ist. Das heißt, wenn man ein Teilchen mit dem anderen vertauscht, wechselt die Wellenfunktion, die Fermionen beschreibt, das Vorzeichen. Bei Teilchen wie den Photonen jedoch bleibt die Wellenfunktion bei einem solchen Austausch gleich.

Der Austausch von zwei Teilchen entspricht der Spiegelung eines Teilchens in einem Spiegel. Das auf der linken Seite wird dabei zu dem auf der rechten. Demnach gibt es eine enge Verknüpfung zwischen solchen Vertauschungen und dem, was Physiker als »Parität« bezeichnen – dabei handelt es sich um die Gesamteigenschaft eines Systems unter Reflexion (also bei einem Vertauschen von links und rechts).

Wenn ein Elementarteilchen in zwei andere Teilchen zerfällt, ermöglicht uns die Wellenfunktion, welche die »Parität« des Endzustands beschreibt (also ob die Wellenfunktion unter einer Vertauschung der Teilchen von links und rechts das Vorzeichen ändert), dem ursprünglichen Teilchen eine Größe zuzuweisen, die wir als Parität bezeichnen können. Wenn die Kraft, die den Zerfall steuert, in der Quantenmechanik gegenüber links und rechts blind ist, dann wird der Zerfallsprozess die Parität des Quantenzustands des Systems während des Zerfalls nicht ändern.

Wenn die Wellenfunktion des Systems unter einem Vertauschen der Teilchen nach dem Zerfall antisymmetrisch ist, dann zeigt das System »negative« Parität. In diesem Fall muss die Wellenfunktion, die den ursprünglichen Quantenzustand des zerfallenden Teilchens beschreibt, ebenfalls negative Parität aufweisen (das heißt, sie würde das Vorzeichen wechseln, wenn links und rechts vertauscht würden).

Wie sich zeigt, haben die von Powell entdeckten und von Yukawa hypothetisch vorhergesagten Pionen negative Parität, sodass die Wellenfunktion, die den Quantenzustand ihres Spiegelbilds beschreibt, im Vergleich zur ursprünglichen Wellenfunktion das Vorzeichen wechseln würde. Die Unterscheidung zwischen positiver und negativer Parität ist etwa so, als würde man zunächst eine hübsche Kugel betrachten, die identisch aussieht, wenn man sie im Spiegel reflektiert, und deshalb positive Parität besitzt:

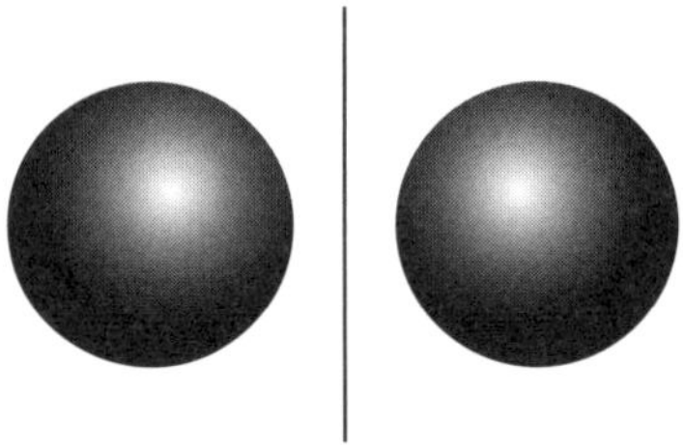

Nehmen wir dagegen, sagen wir, Ihre Hand, die ihre Natur (von links nach rechts) verändert, wenn man sie im Spiegel reflektiert, weshalb man von ihr sagen kann, sie besitzt negative Parität:

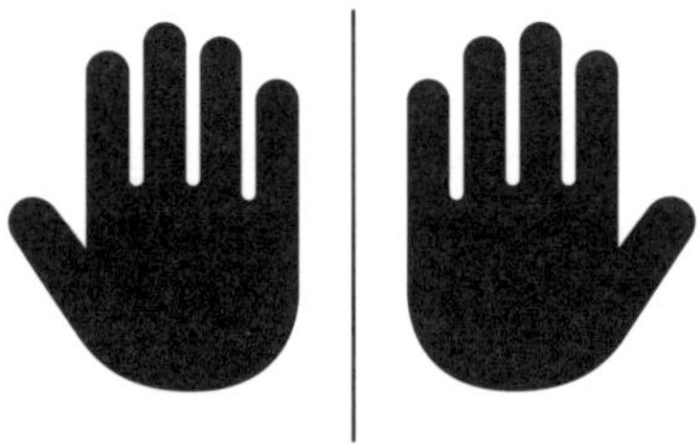

Diese ein wenig abstrakten Erwägungen sorgten dafür, dass die beobachteten Daten zum Zerfall der von Powell entdeckten neuen Teilchen, die in Pionen zerfielen, verwirrend wirkten. Weil Pionen negative Parität aufweisen, besäßen zwei Pionen positive Parität (da $(-1)^2 = 1$). Ein System aus drei Pionen würde aufgrund der gleichen Überlegung *negative* Parität besitzen (denn $(-1)^3 = -1$). Wenn sich die Parität beim Zerfall eines Teilchens nicht ändert, kann ein einzelnes Ausgangsteilchen deshalb nicht in die zwei oben gezeigten Endzustände zerfallen, weil diese zwei Zustände entgegengesetzte Paritäts-Vorzeichen haben.

Wenn die für den Zerfall verantwortliche Kraft sich wie all die anderen zu dieser Zeit bekannten Kräfte, nämlich Elektromagnetismus und Schwerkraft, verhält, so sollte sie gegenüber der Parität blind sein (sie würde nicht zwischen links und rechts unterscheiden). Sie sollte also die ursprüngliche Parität des Systems nach dem Zerfall nicht verändern – so, wie das auf Ihre rechte Hand fallende Licht nicht dafür sorgen sollte, dass sie wie Ihre linke Hand aussieht.

Da es also unmöglich erschien, dass ein einzelnes Teilchen manchmal in zwei und manchmal in drei Teilchen zerfällt, schien die Lösung einfach zu sein. Es musste zwei verschiedene neue Elementarteilchen mit jeweils entgegengesetzten Paritätseigenschaften geben. Powell bezeichnete sie als Tau- beziehungsweise Theta-Teilchen, von denen eines in zwei, das andere in drei Pionen zerfallen konnte.

Beobachtungen ließen erwarten, dass sie exakt die gleiche Masse und Lebensdauer besitzen sollten, was ein wenig seltsam schien. Lee und Yang jedoch meinten, dies könne eine allgemeine Eigenschaft vieler verschiedener Elementarteilchen sein. Sie schlugen vor, dass sie in Paaren mit entgegengesetzter Parität auftreten könnten. Diese Vorstellung nannten sie »Paritätsverdopplung«.

Das war die Lage im Frühling 1956, als die jährlich an der Universität von Rochester abgehaltene Internationale Konferenz über Hochenergiephysik stattfand. Zu dieser Zeit hätte die gesamte Physikergemeinde, die sich für Teilchen- und Nuklearphysik interessierte, in einen einzigen Universitätshörsaal gepasst, und eben jene Gemeinschaft, einschließlich ihrer wichtigsten Mitspieler, war geneigt, sich bei diesem jährlichen Treffen zu versammeln. Richard Feynman teilte sich bei der Konferenz ein Zimmer mit Marty Block. Als Experimentalphysiker war Block durch die mögliche Ketzerei, die in der Vorstellung lag, dass eine Kraft der Natur vielleicht nicht blind gegenüber der Unterscheidung zwischen links und rechts war, nicht so sehr belastet. Er fragte Feynman, ob die schwache Wechselwirkung, welche die von Powell beobachteten Zerfälle beherrschte, möglicherweise zwischen links und rechts unterschied und damit paritätsverletzende Zerfallsprozesse erlaubte, sodass ein bestimmtes Teilchen auf zwei Wegen zu Zuständen unterschiedlicher Parität zerfallen könnte – was darauf hinauslief, dass das Tau und das Theta in Wirklichkeit dasselbe Teilchen waren.

Block war nicht so wagemutig, diese Frage in der öffentlichen Sitzung zu stellen, doch Feynman tat es, obwohl er persönlich es für äußerst unwahrscheinlich hielt. Yang erwiderte, er und Lee hätten darüber nachgedacht, doch bislang sei aus dieser Idee nichts hervorgegangen. Interessanterweise war auch Eugene Wigner, der später einen Nobelpreis dafür erhielt, dass er die Bedeutung solcher Dinge wie Parität in der Atom- und Kernphysik erhellte, bei der Veranstaltung anwesend; auch er warf die Frage bezüglich der schwachen Wechselwirkung auf.

Doch dem Sieger fällt die Beute zu, und Spekulationen über die mögliche Verletzung der Parität durch eine neue Naturkraft, die vielleicht zwischen links und rechts unterscheiden konnte, waren etwas anderes als deren Beweis. Einen Monat später saßen Lee und Yang in einem New Yorker Café; sie beschlossen, alle bekannten Experimente zur schwachen Wechselwirkung darauf zu überprüfen, ob eines davon die Möglichkeit der Paritätsverletzung ausschließen konnte. Zu ihrer großen Überraschung erkannten sie, dass keines der Experimente die Frage definitiv lösen konnte. Yang drückte es später so aus:

> Die Tatsache, dass die Paritätserhaltung in der schwachen Wechselwirkung so lange ohne experimentelle Unterstützung geblieben war, war sehr aufregend. Noch aufregender jedoch war die Aussicht, dass vielleicht ein Gesetz zur Symmetrie der Raumzeit, das die Physiker so gut gelernt haben, verletzt wurde. Diese Aussicht gefiel uns gar nicht.

Es ehrt sie, dass Lee und Yang verschiedene Experimente vorschlugen, mit denen die Möglichkeit getestet werden *konnte*, dass die schwache Wechselwirkung links und rechts unterschied. Sie regten an, den Beta-Zerfall eines Neutrons im Kern von Kobalt-60 zu betrachten. Weil dieser radioaktive Atomkern einen von null verschiedenen Eigendrehimpuls aufweist – er verhält sich, als würde er rotieren –, wirkt er auch wie ein kleiner Magnet. In einem äußeren Magnetfeld ordnen sich die Kerne in der Richtung des Feldes an. Falls die beim Zerfall des Neutrons im Kern emittierten Elektronen bevorzugt in einer Hemisphäre landeten, wäre das ein Zeichen für eine Paritätsverletzung, weil die Elektronen bei einer Spiegelung in der gegenüberliegenden Hemisphäre enden würden.

Und falls das zutraf, wäre die Natur auf einer grundlegenden Ebene imstande, rechts und links zu unterscheiden. Die vom Menschen geschaffenen Unterscheidungen zwischen ihnen (also böse versus gut) wären demnach nicht vollkommen künstlich. Damit könnte man die Welt im Spiegel von der realen Welt unterscheiden, oder, wie Richard Feynman es später poetisch ausgedrückt hat, wir könnten dieses Experiment nutzen, um einem Marsianer mitzuteilen, welche Richtung »links« ist – etwa die Hemisphäre, in der mehr auftauchende Elektronen zu beobachten sind –, ohne ein Bild zu zeichnen.

Dies wurde damals als so gewagt angesehen, dass es viele aus der Physikergemeinde belustigte, und keiner preschte vor, um das Experiment tatsächlich durchzuführen. Keiner außer Lees Kollegin an der Columbia University, die Experimentalphysikerin Chien-Shiung Wu, bekannt als Madame Wu.

Auch wenn wir heute in den USA darüber klagen, dass es so wenige Physikerinnen gibt, die an amerikanischen Einrichtungen ausgebildet wurden – die Situation 1956 war weit schlimmer. Schließlich waren Frauen bis zum Ende der 1960er-Jahre an Institutionen der »Ivy League« nicht einmal als Studentinnen zugelassen. Fast 30 Jahre, nachdem Wu 1936 aus China angereist war, um ihr Studium in Berkeley aufzunehmen, stellte sie in einem *Newsweek*-Artikel über sie selbst fest:

> … Es ist eine Schande, dass es in der Wissenschaft so wenige Frauen gibt. […] In China gibt es sehr viele Frauen in der Physik. In Amerika herrscht die irrige Vorstellung, Wissenschaftlerinnen seien allesamt unattraktive Mauerblümchen. Daran sind die Männer schuld. In der chinesischen Gesellschaft wird eine Frau nach dem bewertet, was sie ist, und Männer ermutigen sie, etwas zu leisten – trotzdem bleibt sie ganz und gar weiblich.

Wie dem auch sei, Wu war Expertin für Neutronen-Zerfall und interessierte sich sehr für die verlockende Möglichkeit, in der schwachen Wechselwirkung nach einer Paritätsverletzung zu suchen, nachdem sie von ihren Freunden Lee und Yang davon erfahren hatte. Sie strich einen Europaurlaub mit ihrem Mann und begann im Juni, einen Monat, nachdem Lee und Yang über das Problem nachgedacht hatten, ein Experiment vorzubereiten. Im Oktober – es war der Monat, in dem Lees und Yangs Aufsatz in Druck ging – hatten sie und mehrere Kollegen die für den Versuch notwendigen Geräte beisammen. Noch im selben Jahr, zwei Tage nach Weihnachten, lag ihnen ein Ergebnis vor.

Heute dürfte ein Experiment der Teilchenphysik von der Konzeption bis zum Abschluss Jahrzehnte in Anspruch nehmen, doch in den 1950er-Jahren war das anders. Es war auch eine Zeit, in der Physiker sich anscheinend nichts aus Urlaub machten. Auch rund um Weihnachten und Silvester gingen die von Lee veranstalteten freitäglichen »Chinese Lunches« weiter, und am ersten Freitag nach Neujahr teilte Lee mit, Wus Gruppe habe nicht nur herausgefunden, dass die Parität verletzt werde, sondern auch, dass dies mit dem maximalen in diesem Versuch möglichen Betrag stattgefunden habe. Das Resultat war so überraschend, dass Wus Gruppe ihre Arbeit fortsetzte, um sicherzustellen, dass sie nicht durch einen technischen Fehler genarrt worden war.

Leon Lederman und seine Kollegen Dick Garwin und Marcel Weinrich, ebenfalls an der Columbia University, hatten zwischenzeitlich erkannt, dass das Ergebnis durch ihre Experimente zum Zerfall von Pionen und Myonen am Teilchenbeschleuniger der Columbia University überprüft werden konnte. Innerhalb einer Woche bestätigten beide Gruppen wie auch Jerry Friedman und Val Telegdi in Chicago unabhängig voneinander genau dieses Ergebnis mit hoher Zuverlässigkeit, und Mitte Januar 1957 reichten sie ihre Aufsätze bei *The Physical Review* ein. Sie veränderten unser Weltbild für immer.

Die Columbia University berief die wahrscheinlich erste Pressekonferenz zur Verkündung eines wissenschaftlichen Ergebnisses ein. Feynman verlor eine 50-Dollar-Wette, Wolfgang Pauli hatte mehr Glück gehabt: Am 15. Januar hatte er in Zürich einen Brief an Victor Weisskopf am MIT geschrieben und darin gewettet, dass Wus Experiment keine Paritätsverletzung demonstrieren würde, ohne zu wissen, dass der Versuch es bereits gezeigt hatte. Im Brief hatte er betont: »Ich weigere mich zu glauben, dass Gott ein schwacher Linkshänder ist«, womit er zudem eine interessante Wertschätzung für Baseball erkennen ließ. Weiskopf, der das tatsächliche Resultat bereits kannte, war zu wohlerzogen, um die Wette anzunehmen.

Später, nachdem Pauli die Neuigkeit erfahren hatte, schrieb er: »Nachdem nun der erste Schock vorüber ist, beginne ich mich zu fassen.« Und es war wirklich ein Schock. Die Vorstellung, dass eine der Grundkräfte der Natur zwischen rechts und links unterschied, war sowohl ein Schlag für den gesunden Menschenverstand als auch für viele Grundlagen der modernen Physik, wie man sie damals verstand.

Der Schock war so heftig, dass, in einem der wenigen Fälle in der Geschichte des Nobelpreises, Nobels Testament tatsächlich angemessen umgesetzt wurde.

Sein Testament legt fest, dass der Preis demjenigen oder denjenigen auf jedem Gebiet zukommen sollte, dessen oder deren Arbeit *in eben jenem Jahr* die wichtigste gewesen war. Und im Oktober 1957, fast genau ein Jahr nach der Veröffentlichung des Aufsatzes von Lee und Yang und nur zehn Monate nach der Bestätigung durch Wu und Lederman, erhielten der 30-jährige Lee und das 34-jährige Milchgesicht Yang gemeinsam den Nobelpreis für ihren Vorschlag. Madame Wu, bekannt als die chinesische »Madame Curie«, musste sich leider mit dem 20 Jahre später erstmals vergebenen Wolf-Preis zufriedengeben.

Plötzlich wurde die schwache Wechselwirkung interessanter und auch verwirrender. Fermis Theorie, die bis zu diesem Punkt ausgereicht hatte, war grob nach dem Elektromagnetismus modelliert. Die elektromagnetische Wechselwirkung können wir uns als eine Kraft zwischen zwei verschiedenen elektrischen Strömen vorstellen, die jeweils den beiden sich getrennt bewegenden Elektronen entsprechen, die miteinander wechselwirken. Die schwache Wechselwirkung konnte man sich irgendwie ähnlich veranschaulichen, wenn ein Strom das Neutron umfasste, das sich während der Interaktion in ein Proton umwandelt, während der andere Strom ein davonfliegendes Elektron und ein Neutrino einschloss.

Es gibt jedoch zwei entscheidende Unterschiede. Bei Fermis schwacher Wechselwirkung interagieren die beiden Ströme nicht über eine gewisse Entfernung, sondern an einem bestimmten Punkt, und die Ströme in der schwachen Wechselwirkung erlauben es allen Teilchen, sich bei ihrer Ausbreitung im Raum von einer Art in eine andere umzuwandeln.

Während elektromagnetische Interaktionen im Spiegel genauso ablaufen wie in der realen Welt, müssen die beteiligten »Ströme«, wenn bei der schwachen Wechselwirkung die Parität verletzt wird, die merkwürdige Eigenschaft der Paritätsverletzung irgendwie widerspiegeln. Die Ströme müssten nämlich, wie Pauli es bildhaft ausdrückte, eine »Händigkeit« aufweisen – wie sie beispielsweise ein Korkenzieher oder eine Schere zeigen –, damit ihr jeweiliges Spiegelbild nicht identisch ist.

Die Paritätsverletzung in der schwachen Wechselwirkung würde dann der sozialen Regel ähneln, dass wir beim Händedruck immer die rechte Hand reichen. In einer Spiegelwelt würden die Leute immer die linke Hand nehmen. Demnach unterscheidet sich die reale Welt von ihrem Spiegelbild. Wenn die an der schwachen Wechselwirkung beteiligten Ströme irgendwie eine »Händigkeit« aufwiesen, dann konnte diese Interaktion rechts von links unterscheiden, und die schwache Wechselwirkung würde sich in einer Spiegelwelt von der Kraft in der Welt unterscheiden, in der wir leben.

Eine ganze Menge Arbeit und Verwirrung entstand, als Physiker genau herauszufinden versuchten, welche Arten neuer möglicher Interaktionen imstande waren, Fermis einfache Wechselwirkung von Strom zu Strom zu ersetzen – dort gab es keine erkennbare Händigkeit, die man den einbezogenen Teilchen zurechnen konnte. Die Relativität erlaubte eine Vielfalt möglicher Verallgemeinerungen von Fermis Interaktion, doch die Resultate verschiedener Experimente führten zu unterschiedlichen, einander ausschließenden mathematischen Formeln für die Interaktion. Folglich sah es so aus, als sei es unmöglich, sie alle mit einer universellen schwachen Wechselwirkung zu erklären.

Etwa zu der Zeit, als die ersten aufkommenden experimentellen Ergebnisse zum Zerfall von Neutronen und Myonen nahelegten, dass die Paritätsverletzung so groß war, wie sie sein konnte, begann ein junger Doktorand an der University of Rochester, George Sudarshan, diese verworrene Situation auszuloten. Er lieferte etwas, was sich schließlich als die korrekte Formel einer universellen Interaktion erwies, die Fermis Formel ersetzen konnte – etwas, das auch voraussetzte, dass zumindest einige der experimentellen Resultate dieser Zeit falsch waren.

Der Rest der Geschichte ist ein wenig tragisch. Bei der Rochester-Konferenz – drei Monate nach der Entdeckung der Paritätsverletzung und ein Jahr, nachdem Lee und Yang ihre ersten Überlegungen zu einer Paritäts-Verdoppelung vorgelegt hatten – bat Sudarshan, seine Ergebnisse vorstellen zu dürfen. Doch weil er Doktorand war, wurde ihm das nicht genehmigt. Sein Betreuer Robert Marshak, der Sudarshan das Forschungsproblem vorgeschlagen hatte, war damals mit einem anderen Problem der Nuklearphysik beschäftigt und entschied, bei der Tagung einen Vortrag zu diesem Thema zu halten. Ein anderes Fakultätsmitglied, das man gebeten hatte, Sudarshans Arbeit zu erwähnen, vergaß es. Deshalb endeten alle Diskussionen, die man auf der Konferenz über eine mögliche Formel für die schwache Wechselwirkung führte, im Nichts.

Zuvor war Marshak 1947 in der Tat der Erste gewesen, der vorgeschlagen hatte, dass bei Cecil Powells Versuchen zwei verschiedene Mesonen entdeckt worden waren; eines davon sollte das von Yukawa vorgeschlagene Teilchen sein, das andere das heute als Myon bezeichnete. Marshak war auch der Initiator der Rochester-Konferenz und hätte es daher vermutlich für Vetternwirtschaft gehalten, wenn er seinem eigenen Studenten erlaubt hätte vorzutragen. Weil Sudarshans Vorstellung zudem darauf hinauslief, dass zumindest einige der experimentellen Daten falsch sein mussten, entschied Marshak vielleicht, es sei zu früh, sie auf der Konferenz vorzulegen.

Was auch immer der Grund gewesen sein mag, in diesem Sommer jedenfalls arbeitete Marshak bei der RAND Corporation in Los Angeles, und er lud Sudarshan und einen weiteren Studenten ein, sich ihm anzuschließen. In dieser Zeit waren Feynman und Murray Gell-Mann, die beiden angesehensten Teilchentheoretiker der Welt, am California Institute of Technology (Caltech) beschäftigt, und beide waren von dem Wunsch besessen, die Formel der schwachen Wechselwirkung zu enthüllen.

Feynman hatte die Entdeckung der Paritätsverletzung verpasst, weil er seiner eigenen Forschungslinie nicht gefolgt war. Mittlerweile hatte er jedoch erkannt, dass seine Arbeit zur Quantenelektrodynamik Licht auf die schwache Wechselwirkung werfen konnte – etwas, was er dringend umzusetzen wünschte, weil er das Gefühl hatte, seine Arbeit über die QED sei nur ein wenig formale Hexerei und seinem Rang weniger angemessen, als die Formel für das Gesetz aufzuspüren, das eine weitere fundamentale Wechselwirkung der Natur beherrschte. Das Problem lag darin, dass Feynmans Vorschlag für die Formel der schwachen Wechselwirkung damals ebenfalls nicht mit Experimenten übereinzustimmen schien.

Im Verlauf der 1950er-Jahre brachte Gell-Mann viele der wichtigsten und beständigsten Vorstellungen in der Teilchenphysik jener Zeit hervor. Er war einer der beiden Physiker, die vorschlugen, Protonen und Neutronen bestünden eigentlich aus fundamentaleren Teilchen, die er als »Quarks« bezeichnete. Und er hatte seine eigenen Gründe, sich über die Parität und die schwache Wechselwirkung Gedanken zu machen. Ein großer Teil seines Erfolgs beruhte darauf, dass er sich auf die neuen mathematischen Symmetrien in der Natur ausrichtete, und er hatte diese Ideen auch dazu verwendet, zu einer möglichen neuen Formel für die schwache Wechselwirkung zu gelangen – doch auch hier geriet seine Idee mit experimentellen Befunden in Konflikt.

Als sie in L. A. waren, arrangierte Marshak für Sudarshan ein Mittagessen mit Gell-Mann, bei dem sie ihre Gedanken austauschen konnten. Dabei lernten sie auch den herausragenden Experimentalphysiker Felix Boehm kennen, der erklärte, seine Versuche stimmten nun mit ihren Vorstellungen überein. Gell-Mann gab Sudarshan und Marshak zu verstehen, dass seine Vorstellungen mit Sudarshans Vorschlag vereinbar seien; er wolle die Idee jedoch bestenfalls in einen Abschnitt eines langen allgemeinen Aufsatzes über die schwache Wechselwirkung einbauen.

In der Zwischenzeit bereiteten Marshak und Sudarshan einen Aufsatz zu ihrer Vorstellung vor, und Marshak entschied, ihn für eine Präsentation bei einer internationalen Konferenz aufzuheben, die im Herbst in Italien stattfinden sollte. In dieser Zeit kehrte Feynman ans Caltech zurück und erfuhr von den neuen Versuchsdaten Boehms; er entschied – einigermaßen aufgeregt –, dass seine Vorstellungen korrekt seien, und begann einen Aufsatz über den Gegenstand zu schreiben. Gell-Mann, der äußerst ehrgeizig war, beschloss ebenfalls einen Aufsatz zu verfassen, weil Feynman einen schrieb. Schließlich wurden sie von ihrem Dekan davon überzeugt, dass es erforderlich war, die Arbeit gemeinsam zu schreiben, was sie auch taten. Ihr Aufsatz wurde berühmt. Und obwohl die Arbeit einen Dank an Sudarshan und Marshak für deren Diskussionsbeiträge einschloss, erschien deren Aufsatz später in den Protokollen einer Konferenz und konnte im Wettbewerb um die Aufmerksamkeit der Physikergemeinde nicht mithalten.

Feynman, der sich bemühte, bei Ideen großzügig zu sein, schrieb 1963 eine öffentliche Erklärung, die auch folgenden Satz enthielt: »Die ... Theorie, die von Sudarshan und Marshak entdeckt und von Feynman und Gell-Mann publiziert wurde ...« Doch es war zu wenig und zu spät. Selbst in den besten Zeiten wäre es schwer gewesen, im Rampenlicht mit Feynman und Gell-Mann zu konkurrieren, und Sudarshan musste Jahre in dem Wissen leben, dass die universelle Formel der schwachen Wechselwirkung, die zwei der Heroen der Physik entdeckt hatten, zuerst – und mit größerer Überzeugung – von ihm vorgeschlagen worden war.

Die in Feynmans und Gell-Manns Aufsatz so schön erklärte Theorie Sudarshans wurde als »V-A-Theorie« der schwachen Wechselwirkung bekannt. Der Name hat einen sehr fachspezifischen Grund, und es ist sinnvoller, ihn in einem der folgenden Kapitel zu erläutern. Die Grundidee aber ist einfach, obwohl sie sich sowohl lächerlich als auch belanglos anhört: Die in Fermis Theorie auftretenden Ströme müssen »linkshändig« sein.

Diese Ausdrucksweise lässt sich verstehen, wenn man sich daran erinnert, dass in der Quantenmechanik Elementarteilchen wie Elektronen, Protonen und Neutrinos einen Drehimpuls oder Spin aufweisen – sie verhalten sich, als würden sie rotieren, obwohl ein punktförmiges Teilchen ohne räumliche Ausdehnung im klassischen Sinn nicht wirklich als rotierend vorstellbar ist. Nun sehen wir uns die Richtung ihrer Bewegung an und tun für den Augenblick so, als sei das Teilchen ein um seine Achse rotierender Kreisel. Strecken Sie Ihre rechte Hand aus und zeigen Sie mit dem Daumen in die Bewegungsrichtung des Teilchens. Die übrigen Finger krümmen Sie einfach. Wenn sie in die gleiche Richtung (gegen den Uhrzeigersinn) weisen wie das um seine Bewegungsachse rotierende Teilchen, so sagt man, das Teilchen sei rechtshändig. Wenn Sie das Gleiche mit der Linken machen, würde ein linkshändiges Teilchen in Übereinstimmung mit den gekrümmten Fingern Ihrer linken Hand im Uhrzeigersinn rotieren:

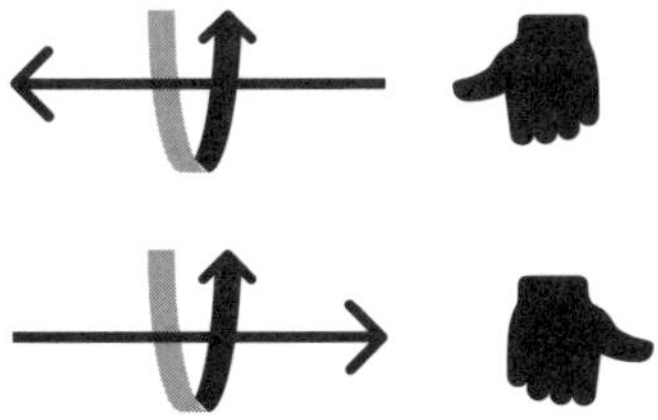

Wenn Sie Ihre linke Hand in einem Spiegel betrachten, sieht sie aus wie eine rechte Hand, und wenn Sie einen rotierenden Pfeil im Spiegel sehen, wird dessen Bewegungsrichtung umgekehrt – fliegt der Pfeil in der realen Welt von Ihnen fort, wird er im Spiegel auf Sie zufliegen – die Drehrichtung wird dabei jedoch nicht verändert. Im Spiegel verwandelt sich ein linkshändiges Teilchen also in ein rechtshändiges Teilchen. (Und damit hätten die armen Seelen in Platos Höhle, falls sie über Spiegel verfügt hätten, es vielleicht weniger seltsam gefunden, dass die Schatten von Pfeilen ihre Richtung ändern.)

Diese Arbeitsvorstellung linkshändiger Teilchen ist nicht exakt – wenn Sie darüber nachdenken, können Sie auch ein linkshändiges Teilchen einfach dadurch in ein rechtshändiges verwandeln, dass Sie sich schneller bewegen als das Teilchen. In einem Bezugssystem, in dem eine ruhende Person das Teilchen vorbeiflitzen sieht, mag es sich nach links bewegen. Wenn Sie aber in eine Rakete hüpfen, nach links starten und das Teilchen überholen, dann bewegt es sich relativ zu Ihnen nach rechts. Das führt dazu, dass die obige Darstellung nur für masselose Teilchen – die sich deshalb mit Lichtgeschwindigkeit bewegen – exakt gültig ist. Denn wenn ein Teilchen mit Lichtgeschwindigkeit unterwegs ist, kann nichts so schnell sein, dass es das Teilchen überholt. Die genaue mathematische Definition der Linkshändigkeit muss diesen Effekt einbeziehen, doch diese Komplikation muss uns hier nicht weiter interessieren.

Natürlich können Elektronen in beide Richtungen rotieren, doch mathematisch impliziert die V-A-Interaktion, dass nur die sich bewegenden Elektronen, deren Ströme linkshändig sind, die schwache Kraft »spüren« und am Neutronen-Zerfall teilnehmen können. Rechtshändige Ströme spüren die Kraft nicht.

Erstaunlicher ist die Tatsache, dass Neutrinos allein die schwache und keine andere Kraft spüren. Soweit wir das sagen können, sind Neutrinos *ausschließlich* linkshändig. Es ist nicht einfach so, dass sich nur eine Art von Neutrinostrom auf die schwache Wechselwirkung einlässt. Soweit wir wissen, gibt es keine rechtshändigen Neutrinos – möglicherweise die ausgeprägteste Demonstration einer Paritätsverletzung in der Natur.

Vor einigen Jahren, als ich mir eine Folge von *Star Trek: Deep Space Nine* ansah, wurde mir die scheinbare Albernheit dieser Nomenklatur besonders bewusst. Die Wissenschaftsoffizierin der Raumstation entdeckt, dass in einem Spielcasino etwas mit den Gesetzen der Wahrscheinlichkeit nicht stimmt. Sie schickt einen Neutrinostrahl durch die Einrichtung und beobachtet, dass die Neutrinos nur linkshändig wieder austreten. Da lief eindeutig etwas falsch.

Außer natürlich, dass es *tatsächlich* so ist.

Was stimmt nicht mit der Natur? Wie kommt es, dass zumindest für eine der Grundkräfte ein Unterschied zwischen links und rechts besteht? Und warum sollten Neutrinos so eigen sein? Die einfache Antwort auf diese Fragen: Wir wissen es noch nicht, obwohl unsere bloße Existenz, die sich aus der Natur der bekannten Kräfte herleitet, letztlich davon abhängt. Unter anderem deshalb bemühen wir uns, es herauszufinden. Die Erklärung einer neuen Kraft beschwor ein neues Rätsel herauf, und wie die meisten Rätsel in der Wissenschaft lieferte es am Ende den Schlüssel, der Wissenschaftler auf einen neuen Pfad der Entdeckungen führen sollte. Als sie erkannten, dass der Natur die Rechts-Links-Symmetrie fehlt, die alle als grundlegend angesehen hatten, begannen die Wissenschaftler erneut zu untersuchen, wie Symmetrien sich in der Welt manifestieren, und – wichtiger noch – wie sie das nicht tun.

KAPITEL 13

SCHÖNSTE FORMEN ENDLOS – DIE SYMMETRIE SCHLÄGT ZURÜCK

Es ist aber der Glaube eine feste Zuversicht auf das, was man hofft, und ein Nichtzweifeln an dem, was man nicht sieht.

HEBRÄER 11:1

Um es mit Pauli zu sagen: Mutter Natur ist tatsächlich eine schwache Linkshänderin. Mit der schockierenden Erkenntnis, dass die Natur links von rechts unterscheidet, unternahm die Physik selbst eine merkwürdige Linkswendung auf eine Straße ohne vertraute Wegweiser. Die schöne Ordnung des Periodensystems, das die Phänomene in der Größenordnung der Atome regelt, machte dem Mysterium des Atomkerns und der unergründlichen Natur der Kräfte Platz, von denen diese Ordnung gesteuert wird.

Vorbei die scheinbar einfachen Tage von Licht, Bewegung, Elektromagnetismus, Schwerkraft und Quantenmechanik. Die spektakulär erfolgreiche Quantenelektrodynamik, welche zuvor die vorderste Front der Physik eingenommen hatte, schien durch eine verwirrende Welt exotischer Phänomene ersetzt zu werden. Diese Welt hing zusammen mit den jüngst entdeckten Kräften, der schwachen und der starken Kernkraft, welche den Kernbereich der Materie beherrschten. Ihre Effekte und Eigenschaften konnten nicht auf einfache Weise isoliert betrachtet werden – trotz der Tatsache, dass eine Kraft um den Faktor 1000 stärker war als die andere. Die Welt der Elementarteilchen schien immer komplizierter zu sein, und mit jedem Jahr wurde die Situation verwirrender.

Wenn die Entdeckung der Paritätsverletzung verwirrende Schatten hervorrief, weil sie zeigte, dass die Natur völlig unerwartete Präferenzen hatte, gingen die ersten Lichtstrahlen aus der Erkenntnis hervor, dass es weitere nukleare Größen gab, die auf den ersten Blick völlig anders erschienen, möglicherweise aber gar nicht so anders waren, wenn man sie aus einer fundamentalen Perspektive betrachtete.

Die vielleicht wichtigste Entdeckung in der Kernphysik war, dass Protonen und Neutronen sich ineinander umwandeln können, wie Yukawa Jahre zuvor spekuliert hatte. Das bildete die Grundlage für das aufkommende Verständnis der schwachen Wechselwirkung. Die meisten Physiker hatten jedoch das Gefühl, dass dies auch den Schlüssel zum Verständnis der starken Kernkraft bildete, welche die Atomkerne zusammenhielt.

Zwei Jahre vor seiner revolutionären Arbeit mit T. D. Lee, mit der er das Ende der geheiligten Rechts-Links-Symmetrie der Natur herbeigeführt hatte, hatte C. N. Yang sich vor allem um ein Verständnis des Folgenden bemüht: Wie konnte eine andere Art von Symmetrie, die aus der Quantenelektrodynamik entlehnt war, möglicherweise eine ansonsten verborgene Schönheit innerhalb des Atomkerns aufdecken?

Vielleicht sind die offensichtlichsten Dinge, die wir in Hinblick auf die Natur beobachten, ja auch die Dinge, die ihre fundamentalen Eigenschaften am effektivsten verstecken – wie es schon Galilei in Hinblick auf die Grundlagen der Bewegung erlebt hatte.

Allmählich war deutlich geworden – nicht nur infolge der Fortschritte beim Verständnis des Neutronen-Zerfalls und anderer schwacher Effekte in Atomkernen, sondern auch durch die Beobachtung starker nuklearer Kollisionen –, dass der offenkundige Unterschied zwischen Protonen und Neutronen (das Proton ist geladen, das Neutron neutral) möglicherweise belanglos ist, soweit es die den Atomkern beherrschende grundlegende Physik betrifft. Oder zumindest so belanglos, wie es der scheinbare Unterschied zwischen einer fallenden Feder und einem fallenden Stein für unser Verständnis der zugrunde liegenden Physik der Schwerkraft und fallender Objekte ist.

Erst einmal konnte die schwache Kraft Protonen in Neutronen umwandeln. Noch wichtiger war, dass es die Resultate nicht nennenswert veränderte, wenn man die Raten anderer, stärkerer nuklearer Reaktionen, etwa Kollisionen von Protonen oder Neutronen, untersuchte und dabei Neutronen durch Protonen ersetzte oder umgekehrt.

Heisenberg hatte 1932 (in diesem Jahr war das Neutron entdeckt worden) vorgeschlagen, dass Neutron und Proton vielleicht nur zwei Zustände desselben Teilchens seien, und zu ihrer Unterscheidung erfand er einen Parameter, den er als »isotopischen Spin« bezeichnete. Schließlich besitzen sie fast die gleiche Masse, und leichte stabile Atomkerne enthalten von beiden die gleiche Anzahl. Anschließend – und nachdem die ausgezeichneten Kernphysiker Benedict Cassen, Edward Condon, Gregory Breit und Eugene Feenberg erkannt hatten, dass Kernreaktionen weitgehend unempfänglich gegen eine Unterscheidung von Neutronen und Protonen sind – schlug der brillante mathematische Physiker Eugene Wigner vor, dass der isotopische Spin (in der Folge auch »Isospin« genannt) bei Kernreaktionen »erhalten« bleibe. Das implizierte eine grundlegende Symmetrie, welche die Kernkräfte zwischen Protonen und Neutronen beherrschte. (Zuvor hatte Wigner Regeln entwickelt, mit denen gezeigt werden konnte, wie Symmetrien in atomaren Systemen letztlich eine vollständige Klassifikation atomarer Zustände und der zwischen ihnen ablaufenden Übergänge ermöglichten – dafür erhielt er später den Nobelpreis).

Als ich weiter oben den Elektromagnetismus erörtert habe, kam kurz die Tatsache zur Sprache, dass die bei elektromagnetischen Interaktionen insgesamt unveränderte elektrische Ladung (die elektrische Ladung bleibt also erhalten) letztlich aus einer grundlegenden Symmetrie zwischen positiven und negativen Ladungen im Elektromagnetismus resultiert. Der grundlegende Zusammenhang zwischen Erhaltungsgesetzen und Symmetrien geht jedoch viel weiter und viel tiefer als in diesem einen Beispiel. Tatsächlich war der tiefe und unerwartete Zusammenhang zwischen Erhaltungsgesetzen und Symmetrien der Natur das wichtigste Leitprinzip der Physik im vergangenen Jahrhundert.

Trotz seiner Bedeutung wurde der genaue mathematische Zusammenhang zwischen Erhaltungsgesetzen und Symmetrien erst 1915 explizit formuliert – von der bemerkenswerten deutschen Mathematikerin Emmy Noether. Leider arbeitete Noether, obwohl sie zu den bedeutendsten Mathematikern des frühen 20. Jahrhunderts zählt, einen Großteil ihres Berufslebens ohne offizielle Anstellung oder Bezahlung.

Noether hatte sich mit zwei Hindernissen auseinanderzusetzen. Zum einen war sie eine Frau, was es zu Anfang ihrer Karriere erschwerte, eine Ausbildung oder eine Anstellung zu bekommen, und zum anderen war sie Jüdin, was ihre akademische Karriere in Deutschland letztlich beendete und sie kurz vor ihrem Tod ins US-Exil führte. Sie war eine von nur zwei Studentinnen bei einer Gesamtzahl von 986 Studierenden, die es an die Universität Erlangen geschafft hatten, doch selbst dort durfte sie nur mit einer Sondererlaubnis einzelner Professoren an Lehrveranstaltungen teilnehmen. Dennoch machte sie ihren Abschluss und studierte später für kurze Zeit an der renommierten Göttinger Universität, ehe sie wieder nach Erlangen zurückkehrte, um ihre Doktorarbeit abzuschließen. Nachdem sie in Erlangen sieben Jahre als unbezahlte Dozentin gearbeitet hatte, wurde sie 1915 von dem berühmten Mathematiker David Hilbert eingeladen, nach Göttingen zurückzukommen. Doch Historiker und Philosophen der Fakultät verhinderten ihre

Aufnahme; eines der Fakultätsmitglieder protestierte mit den Worten: »Was werden unsere Soldaten denken, wenn sie an die Universität zurückkehren und feststellen, dass man von ihnen verlangt, zu Füßen einer Frau zu lernen?« In einer Erwiderung, die meine Bewunderung für Hilbert – neben der für seine bemerkenswerte mathematische Begabung – für immer bestärkt hat, meinte er: »Ich kann nicht erkennen, dass das Geschlecht der Kandidatin ein Argument gegen ihre Aufnahme als Privatdozentin ist. Schließlich sind wir eine Fakultät, keine Badeanstalt.«

Doch Hilbert wurde überstimmt, und obwohl Noether für die nächsten 17 Jahre in Göttingen lehrte, wurde sie erst 1923 dafür bezahlt. Trotz ihrer bemerkenswerten Beiträge auf vielen Gebieten der Mathematik – tatsächlich waren es so viele und tief reichende Arbeiten, dass man sie oft zu den größten Mathematikern des 20. Jahrhunderts zählt – erhielt sie nie eine Professur.

Nichtsdestotrotz bewies sie 1915, kurz nach ihrer Ankunft in Göttingen, einen Lehrsatz, der heute als Noether-Theorem bekannt ist. Dieses Theorem lernen heute alle Doktoranden der Physik – oder sollten es zumindest lernen, wenn sie sich Physiker nennen wollen.

Kommen wir auf den Elektromagnetismus zurück: Der Zusammenhang zwischen der Tatsache, dass die Unterscheidung zwischen positiv und negativ willkürlich ist (und hätte Benjamin Franklin ein besseres Naturverständnis besessen, als er entschied, was er als positive Ladung definierte, würden Elektronen heute wahrscheinlich als Träger der positiven statt der negativen Ladung bezeichnet), und der Tatsache, dass elektrische Ladung erhalten bleibt – also die Gesamtladung in einem System vor und nach jeder physikalischen Reaktion nicht verändert ist –, liegt keineswegs auf der Hand. Tatsächlich folgt dieser Zusammenhang aus dem Noether-Theorem; es konstatiert, dass für jede grundlegende Symmetrie der Natur – nämlich für jegliche Transformation, unter welcher die Naturgesetze unverändert erscheinen – irgendeine damit zusammenhängende physikalische Größe erhalten bleibt. Anders gesagt, es gibt eine physikalische Größe, die sich mit der Zeit nicht ändert, während sich physikalische Systeme entwickeln. Daraus folgt:

- Die Erhaltung elektrischer Ladung spiegelt die Tatsache wider, dass die Naturgesetze sich nicht ändern, wenn ich die Vorzeichen aller elektrischen Ladungen ändere.
- Die Energieerhaltung spiegelt die Tatsache wider, dass die Naturgesetze sich nicht mit der Zeit ändern.
- Die Impulserhaltung spiegelt die Tatsache wider, dass die Naturgesetze sich nicht von Ort zu Ort ändern.
- Die Erhaltung des Drehimpulses spiegelt die Tatsache wider, dass die Naturgesetze nicht davon abhängen, in welcher Richtung ein System rotiert.

Deshalb spiegelt die behauptete Erhaltung des »isotopischen Spins« bei nuklearen Reaktionen die experimentell bestätigte Behauptung wider, dass nukleare Reaktionen im Großen und Ganzen gleich bleiben, wenn alle Protonen in Neutronen umgewandelt werden und umgekehrt. Ebenso spiegelt sie sich in unserer Erfahrungswelt in der Tatsache, dass die Zahl der Protonen und Neutronen zumindest bei den leichten Elementen ungefähr gleich ist.

Doch Yang und sein damaliger Mitarbeiter Robert Mills gingen 1954 einen Schritt weiter, als sie – auch in diesem Fall – über Licht nachdachten. Elektromagnetismus und Quantenelektrodynamik weisen nicht einfach die schlichte Symmetrie auf, die uns mitteilt, dass es keinen prinzipiellen Unterschied zwischen negativer und positiver Ladung gibt und dass die Festlegung willkürlich ist. Wie ich ein ganzes Stück weiter oben dargestellt habe, ist hier auch noch eine weit subtilere Symmetrie am Werk – sie ist es, die letztlich die vollständige Formel der Elektrodynamik festlegt.

Die Eichsymmetrie im Elektromagnetismus sagt uns, dass wir die Definition von positiver und negativer Ladung lokal ändern können, ohne die Physik zu verändern, solange ein Feld – in diesem Fall das elektromagnetische Feld – vorhanden ist, das jede solche lokale Änderung begründet. Lokale Änderungen müssen begründet sein, damit gewährleistet ist, dass die auf große Entfernungen zwischen Ladungen wirkenden Kräfte nicht von dieser Umbenennung abhängig sind. In der Quantenelektrodynamik folgt daraus die Existenz eines masselosen Teilchens, des Photons, welches das Quantum des elektromagnetischen Feldes ist und die Kraft zwischen entfernten Teilchen vermittelt.

In diesem Sinne gewährleistet die Tatsache, dass die Eichinvarianz eine Symmetrie der Natur ist, dass der Elektromagnetismus exakt die Form besitzt, die er zeigt. Die Wechselwirkungen zwischen geladenen Teilchen und Licht werden durch diese Symmetrie beschrieben.

Dann fragten Yang und Mills, was geschehen würde, wenn man die Symmetrie erweiterte, die impliziert, dass wir überall Neutronen und Protonen vertauschen könnten, ohne die Physik zu verändern – hin zu einer Symmetrie, die es uns erlaubt, das Etikett »Neutron« beziehungsweise »Proton« von einem Ort zum anderen jeweils unterschiedlich zuzuweisen. Analog zur Quantenelektrodynamik wäre hier eindeutig ein neues Feld erforderlich, das die Auswirkung dieser willkürlich wechselnden Benennungen von einem Ort zum anderen begründet und neutralisiert. Falls es sich bei diesem Feld um ein Quantenfeld handelt – könnten dann die mit diesem Feld zusammenhängenden Teilchen die Natur der nuklearen Kräfte zwischen Protonen und Neutronen irgendwie vollständig bestimmen oder dabei zumindest eine Rolle spielen?

Faszinierende Fragen, und man muss Yang und Mills zugutehalten, dass sie diese Fragen nicht nur stellten, sondern versuchten, die Antworten zu bestimmen. Dazu erforschten sie insbesondere, welches die mathematischen Implikationen einer solchen neuen, mit der Isospin-Erhaltung zusammenhängenden Art von Eichsymmetrie wären.

Sofort wurde deutlich, dass die Dinge weit komplizierter werden würden. In der Quantenelektrodynamik wird die Größe der Gesamtladung jedes Teilchens nicht verändert, wenn man einfach die Vorzeichen zwischen Elektronen und Positronen vertauscht. Durch die Umbenennung eines isotopischen Spins im Kern würde aber ein neutrales Neutron durch ein positiv geladenes Proton ersetzt. Jedes wie auch immer beschaffene Feld, das man einführen muss, um die Auswirkung einer solchen lokalen Umwandlung auszugleichen, damit die grundlegende Physik unverändert bleibt, muss deshalb selbst geladen sein. Wenn aber das Feld selbst geladen ist, dann müsste das neue Feld im Unterschied zu Photonen – die, weil sie neutral sind, nicht direkt mit anderen Photonen interagieren – auch mit sich selbst interagieren.

Die damit eingeführte Notwendigkeit einer neuen, geladenen Verallgemeinerung des elektromagnetischen Feldes macht die Mathematik, welche die Theorie beherrscht, sehr viel komplexer. Zunächst stellt sich heraus, dass man zur Erklärung all dieser Isospin-Umwandlungen nicht nur ein derartiges Feld bräuchte, sondern drei davon – eines positiv geladen, eines negativ geladen, und eines neutral. Das heißt, ein einziges Feld an jedem Punkt des Raums (wie das elektromagnetische Feld in der QED), das mit einer bestimmten Größe in eine bestimmte Raumrichtung weist (und in der Physik deshalb als Vektorfeld bezeichnet wird) reicht hier nicht aus. Das elektrische Feld muss durch ein Feld ersetzt werden, das mit einem mathematischen Objekt namens Matrix beschrieben wird – nicht zu verwechseln mit irgendetwas, das mit Keanu Reeves zu tun hat.

In der Folge erforschten Yang und Mills die Mathematik hinter dieser neuen, komplexeren Art der Eichsymmetrie, die wir heute als »nichtabelsche« Eichsymmetrie bezeichnen. Sie ergibt sich aus einer besonderen mathematischen Eigenschaft von Matrizen, aufgrund derer sie anders multipliziert werden als Zahlen; in Anerkennung der Verdienste von Yang und Mills heißt sie Yang-Mills-Symmetrie.

Yangs und Mills Artikel erscheint auf den ersten Blick als abstrakte – oder rein spekulative – mathematische Erkundung der Implikationen einer Vermutung im Hinblick auf die mögliche

Formel einer neuen Wechselwirkung, angeregt durch die Beobachtung der Eichsymmetrie im Elektromagnetismus. Dennoch war es keine Übung in reiner Mathematik. Der Aufsatz versuchte, mögliche beobachtbare Folgen der Hypothese auszuloten, um feststellen zu können, ob sie vielleicht mit der realen Welt zusammenhing. Leider war die Mathematik so kompliziert, dass die möglichen beobachtbaren Signaturen sich nicht auf den ersten Blick erschlossen.

Eines war jedoch klar. Damit die neuen »Eichfelder« die an entfernten Orten ausgeübten Effekte separater Isospin-Transformationen begründen und somit aufheben konnten, mussten die Felder masselos sein. Dies entspricht der Aussage, dass die von Photonen zwischen Teilchen übertragene Kraft nur deshalb beliebig weit reicht, weil die Lichtteilchen masselos sind. In Analogie zum bereits erwähnten Schachspiel: Wenn ich zuvor die Farben zufallsbestimmt von Feld zu Feld gewechselt habe, benötigt man einen Satz von Regeln, um zu wissen, wie man sich richtig über das gesamte Brett bewegt. Wenn man jedoch Eichfelder mit einer Masse hat, die nicht über beliebige Entfernungen verändert werden können, so entspricht das einem Satz von Regeln, der lediglich angibt, wie man sich ändernde Farben auf benachbarten Feldern rund um den Ausgangspunkt kompensiert. Das würde es einem aber nicht erlauben, Figuren über das Brett zu entfernten Orten zu bewegen.

Kurz, eine Eichsymmetrie wie im Elektromagnetismus oder in dem eher esoterischen Vorschlag von Yang und Mills funktioniert nur, wenn die von der Symmetrie geforderten neuen Felder masselos sind. Inmitten all der mathematischen Komplexität bleibt diese eine Tatsache unangetastet.

Abgesehen vom Elektromagnetismus und der Gravitation beobachtet man in der Natur jedoch keine über große Entfernungen reichenden Kräfte, die mit dem Austausch von Teilchen einhergehen. Die Reichweite nuklearer Wechselwirkungen ist gering – sie wirken nur in der Größenordnung des Atomkerns.

Dieses Problem war Yang und Mills nicht entgangen; sie

erkannten es und – offen gesagt – sie zockten. Sie schlugen vor, ihre neuen Teilchen würden irgendwie massiv werden, wenn sie mit dem Atomkern interagierten. Als sie versuchten, aus Grundprinzipien die Massen abzuschätzen, kamen sie darauf, dass die Theorie mathematisch zu kompliziert war und ihnen deshalb nicht ermöglichte, vernünftige Schätzungen vorzunehmen. Sie wussten lediglich, dass die Masse der neuen Eichteilchen empirisch größer sein musste als die von Pionen, damit sie in den damals möglichen Experimenten nicht zu detektieren waren.

Die Bereitschaft, einfach aufzugeben, mag einem nachlässig oder unprofessionell vorkommen, doch wie Yukawa vor ihnen wussten auch Yang und Mills, dass niemand imstande gewesen war, eine vernünftige Quantenfeldtheorie eines dem Photon entsprechenden, aber mit Masse versehenen Teilchens zu formulieren. Also erschien es damals nicht der Mühe wert, alle Probleme der Quantenfeldtheorie auf einmal lösen zu wollen. Stattdessen präsentierten sie ihr Papier als bescheidenen Vorschlag – wenn auch weniger respektlos als Jonathan Swift damals den seinigen –, der die Vorstellungskraft ihrer Kollegen anspornen sollte.

Doch Wolfgang Pauli spielte nicht mit. Er hatte zwar ein Jahr zuvor über einige damit zusammenhängende Ideen nachgedacht, diese aber verworfen. Zudem hatte er den Eindruck, dass all dieses Gerede über Quanten-Unbestimmtheiten bei der Abschätzung von Massen ein Ablenkungsmanöver war. Wenn es tatsächlich eine neue Eichsymmetrie in der Natur gab, die mit isotopischem Spin zusammenhing und die Kernkräfte steuerte, so musste das neue Yang-Mills-Teilchen, genau wie das Photon, masselos sein.

Unter anderem deswegen erregte der Aufsatz von Yang und Mills damals weit weniger Aufsehen als das spätere Werk der beiden. Für die meisten Physiker war er bestenfalls eine interessante Merkwürdigkeit; die Entdeckung der Paritätsverletzung schien viel spannender zu sein.

Doch für Julian Schwinger, der kein gewöhnlicher Physiker war, galt das nicht. Das Wunderkind hatte mit 18 seinen Universitätsabschluss und mit 21 seinen Doktor gemacht. Wahrscheinlich hätten keine zwei Physiker unterschiedlicher sein können als er und Richard Feynman, mit dem er sich 1965 den Nobelpreis teilte, weil sie unabhängig voneinander die Theorie der Quantenelektrodynamik entwickelt hatten. Schwinger war vornehm, formell und brillant. Feynman war brillant, leger und sicherlich nicht vornehm. Feynman verließ sich oft auf Intuition und Mutmaßung; er setzte auf überragende mathematische Fähigkeiten und Erfahrung. Schwingers mathematische Fähigkeiten waren denen Feynmans in jeder Hinsicht gleichwertig, doch er arbeitete in geordneter Weise; komplizierte mathematische Ausdrücke behandelte er mit einer Leichtigkeit, die normalen Sterblichen unmöglich ist. Über die Feynman-Diagramme, die Feynman entwickelt hatte, um zuvor gefährlich mühsame Berechnungen in der Quantenfeldtheorie handhabbar zu machen, mokierte er sich mit den Worten: »Wie die Silikon-Chips der jüngsten Zeit hat das Feynman-Diagramm der breiten Masse die mathematische Kalkulation gebracht.« Doch beiden Physikern war eine Eigenschaft gemeinsam: Sie marschierten zum Takt eines anderen Trommlers … in entgegengesetzte Richtungen.

Schwinger nahm die Idee von Yang und Mills ernst. Die mathematische Schönheit muss ihn angezogen haben. 1957 – in diesem Jahr wurde die Paritätsverletzung entdeckt – machte Schwinger einen kühnen und scheinbar höchst unwahrscheinlichen Vorschlag: Die für den Zerfall von Neutronen in Protonen, Elektronen und Neutrinos verantwortliche schwache Wechselwirkung könnte von der Möglichkeit der Yang-Mills-Felder profitieren, wenn auch auf eine neue und bemerkenswerte Weise. Er meinte, die beobachtete Eichsymmetrie des Elektromagnetismus könnte vielleicht einfach Teil einer größeren Eichsymmetrie sein, in der neue Eichteilchen die schwache Wechselwirkung vermittelten, die den Zerfall von Neutronen verursachte.

Ein auf der Hand liegender Einwand gegen diese Art von Vereinigung lautet, dass die schwache Wechselwirkung weit schwächer ist als der Elektromagnetismus. Darauf hatte Schwinger eine

Antwort. Falls die neuen Eichteilchen tatsächlich *sehr* schwer waren – beinah um den Faktor 100 schwerer als Protonen und Neutronen –, dann konnte die von ihnen möglicherweise vermittelte Interaktion eine Reichweite besitzen, die noch viel kleiner war als ein Atomkern oder gar ein einzelnes Proton oder Neutron. In diesem Fall ergab sich eine sehr geringe Wahrscheinlichkeit, dass diese Wechselwirkung einen Neutronen-Zerfall verursachte. Wenn also die Reichweite der schwachen Wechselwirkung sehr klein war, dann konnten diese neuen Felder, deren intrinsische Kopplung an Elektronen und Protonen in sehr kleinen Maßstäben mit der Stärke des Elektromagnetismus vergleichbar sein mochte, in der Größenordnung von Atomkernen und darüber dennoch als sehr viel schwächer erscheinen.

Direkter gesagt: Schwinger machte den unerhörten Vorschlag, dass der Elektromagnetismus und die schwache Wechselwirkung – trotz der beachtlichen und offenkundigen Unterschiede zwischen ihnen – Teil einer einzigen Yang-Mills-Theorie seien. Er dachte, das Photon könne möglicherweise das neutrale Mitglied einer Gruppe von drei Eichteilchen des Yang-Mills-Typs sein, die erforderlich sind, wenn man den Isospin als Eichsymmetrie behandelt, wobei die geladenen Teilchen die schwache Wechselwirkung übertragen und dafür verantwortlich sind, dass der Zerfall von Neutronen vermittelt wird. Er hatte keine Vorstellung davon, warum die geladenen Teilchen eine riesige Masse besitzen sollten, während das Photon masselos war. Doch wie ich schon oft gesagt habe, ist fehlendes Verständnis weder ein Gottesbeweis noch ein Beleg dafür, dass jemand zwangsläufig falsch liegt. Es handelt sich nur um den Beleg, dass einem das Verständnis fehlt.

Schwinger war nicht nur ein brillanter Mathematiker, sondern auch ein brillanter Lehrer und Mentor. Während Feynman nur wenige erfolgreiche Studenten hatte – vielleicht, weil keiner mit ihm mithalten konnte –, schien Schwinger geschickt darin, brillante Doktoranden anzuleiten. Im Lauf seines Lebens betreute er mehr als 70 Dissertationen, und vier seiner Schüler bekamen später den Nobelpreis.

Schwinger war so sehr daran interessiert, die schwache Wechselwirkung mit dem Elektromagnetismus zusammenzuführen, dass er einen aus seinem Dutzend damaliger Doktoranden in Harvard ermutigte, über das Thema zu forschen. Sheldon Glashow wurde 1958 mit einer Dissertation zu dem Gegenstand promoviert, und forschte für die nächsten Jahre als Postdoktorand der National Science Foundation in Kopenhagen weiter an diesem Thema. 20 Jahre später wies Glashow in seinem Nobelpreis-Vortrag darauf hin, dass er und Schwinger geplant hätten, nach seiner Promotion ein Manuskript über dieses Thema zu verfassen, doch einer von beiden hätte die erste Fassung des Manuskripts verloren, und danach seien sie nie wieder darauf zurückgekommen.

Glashow war kein Klon von Schwinger. Vornehm und brillant, ja, aber auch laut, verspielt und wild, betrieb Glashow Forschung, die sich nicht durch mathematische Akrobatik auszeichnete, sondern eher durch eine ausgeprägte Fokussierung auf physikalische Rätsel und die Erkundung neuer möglicher Symmetrien der Natur, mit denen sie vielleicht gelöst werden konnten.

Als junger Physik-Doktorand am MIT fühlte ich mich anfangs zu tief reichenden mathematischen Fragen in der Physik hingezogen; meine Zulassungsarbeit für die Dissertation hatte ich tatsächlich zu genau diesem Thema geschrieben. Innerhalb weniger Jahre empfand ich die Natur der von mir betriebenen mathematischen Untersuchungen zunehmend als deprimierend. Sheldon – Shelley – Glashow lernte ich anlässlich eines Sommerseminars für Doktoranden in Schottland kennen und freundete mich sowohl mit ihm als auch mit seiner Familie an. Die Freundschaft vertiefte sich, als wir später in Harvard Kollegen wurden. Das Jahr nach unserem Kennenlernen verbrachte er als Sabbatjahr am MIT. Für mich war das eine wichtige Zeit. Eines Tages, als ich über Alternativen nachdachte, sagte er mir: »Es gibt Physik, und es gibt Formalismus, und du musst den Unterschied kennenlernen.« In diesem Rat schwang die Anregung mit, dass ich mich auf die Physik verlegen sollte. Als ich sah, wie viel Spaß es ihm machte, fiel mir die Vorstellung leichter, da vielleicht mitzumachen.

Wie mir bald klar wurde, musste ich mich, um in der Physik voranzukommen, mit Fragen befassen, die in erster Linie durch physikalische Themen bestimmt wurden. Das war nur möglich, wenn ich mit laufenden Experimenten – und neuen experimentellen Resultaten – in Berührung kam. Ich beobachtete Shelley und seine Art, Physik zu betreiben. Dabei wurde mir klar, dass er unheimlich gut darin war zu erkennen, welche Versuche interessant waren und welche Ergebnisse vielleicht bedeutsam sein oder auf etwas Neues hinweisen konnten. Zum Teil war diese Fähigkeit zweifellos angeboren, doch teilweise beruhte sie auch darauf, dass er sein Leben lang Kontakt zu dem behielt, was sich an der Basis abspielte. Physik ist eine empirische Wissenschaft, und es geschieht auf eigene Gefahr, wenn wir den Kontakt damit verlieren.

In Kopenhagen erkannte Glashow: Wenn er Schwingers Vorschlag, die schwache Wechselwirkung mit der elektromagnetischen Wechselwirkung in Zusammenhang zu bringen, angemessen umsetzen wollte, dann würde es nicht ausreichen, das Photon einfach zum neutralen Mitglied eines Tripletts aus Eichteilchen zu machen, wobei die geladenen Teilchen durch irgendein noch unbekanntes Wunder eine große Masse bekamen. Das konnte die tatsächliche Natur der schwachen Wechselwirkung nicht erklären, geschweige denn den merkwürdigen Sachverhalt, dass die schwache Wechselwirkung anscheinend nur auf linkshändige Elektronen (und Neutrinos) anwendbar ist, während die elektromagnetischen Interaktionen nicht davon abhängen, ob die Elektronen links- oder rechtshändig sind.

Das Problem war nur zu lösen, wenn es zusätzlich zu den Photonen noch ein weiteres Eichteilchen gab, das sich selbst nur an linkshändige Teilchen koppelte. Das neue neutrale Teilchen musste aber eindeutig auch sehr schwer sein, weil die damit vermittelten Wechselwirkungen ebenfalls sehr schwach sein mussten.

Glashows Ideen wurden der Physikergemeinde bei der Rochester-Konferenz 1960 durch Murray Gell-Mann vorgelegt, da dieser Glashow zuvor zur Mitarbeit in seiner Gruppe ans Caltech geholt hatte. Glashows 1960 eingereichter Aufsatz zu dem Thema erschien 1961 im Druck. Doch eine unmittelbare Flut von Reaktionen blieb aus.

Schließlich wies Glashows Vorschlag nach wie vor zwei grundsätzliche Probleme auf. Dabei handelte es sich zum einen um das seit Langem bekannte Problem, wie man für die Teilchen, die zur Vermittlung der verschiedenen Kräfte erforderlich waren, verschiedene Massen erhält, obwohl die Eichsymmetrien verlangen, dass alle Eichteilchen masselos sind. Glashow war sich des Problems natürlich bewusst; in der Einführung seines Aufsatzes konstatierte er schlicht und im Zuge einer langen Reihe solcher Überheblichkeiten erneut: »Das ist ein Stolperstein, den wir außer Acht lassen müssen.«

Das zweite Problem war von subtilerer Art, aus experimenteller Sicht aber ebenso schwerwiegend. Falls Neutronen-Zerfall, Pionen-Zerfall und Myonen-Zerfall tatsächlich durch irgendein neues Teilchen vermittelt wurden, das die schwache Wechselwirkung übertrug, schienen alle nur den Austausch neuer geladener Teilchen zu erfordern. Man hatte keine schwache Interaktion beobachtet, die den Austausch eines neuen neutralen Teilchens erfordert hätte. Wenn es denn tatsächlich ein solches neues, neutrales Teilchen gab, so legten Berechnungen damals nahe, dass es den anderen bekannten schwereren Mesonen, die in zwei oder drei Pionen zerfallen (und für die Konfusion verantwortlich waren, die zur Entdeckung der Paritätsverletzung geführt hatten), einen sehr viel schnelleren Zerfall ermöglicht hätte, als man beobachtet hatte.

Aus diesen Gründen geriet Glashows Vorschlag in den Hintergrund, als die Physiker wegen des neuen Teilchenzoos aus den Beschleunigern und der damit einhergehenden Gelegenheit für neue Entdeckungen in Verzückung gerieten. Zwar lagen mehrere der entscheidenden theoretischen Zutaten, die notwendig waren, um eine Revolution in der Grundlagenphysik zu vollenden, bereits vor, doch das war damals alles andere als offensichtlich. Die Aussicht, dass in wenig mehr als einem Jahrzehnt nach Glashows Aufsatz alle bekannten Kräfte außer der Gravitation enthüllt und verstanden sein würden, hätte man damals als reine Hirngespinste abgetan. Die Symmetrie sollte der Schlüssel dazu sein.

KAPITEL 14

KALTE HARTE WIRKLICHKEIT – ABWEGIG ODER SCHÖN?

Aus wessen Schoß geht das Eis hervor, und wer hat den Reif unter dem Himmel gezeugt?

HIOB 38:29

Es ist leicht, die armen Protagonisten in Platos Höhlengleichnis zu bemitleiden, die vielleicht alles verstehen, was es über die Schatten an der Wand zu wissen gibt, außer der Tatsache, dass es sich um Schatten handelt. Doch manchmal trügt der Schein. Was, wenn die uns umgebende Welt einfach nur ein ähnlicher Schatten der Wirklichkeit wäre?

Stellen Sie sich beispielsweise vor, Sie erwachen an einem kalten Wintermorgen und schauen aus dem Fenster, aber der Ausblick wird vollständig durch wunderschöne Eiskristalle verdeckt, die auf dem Glas seltsame Muster bilden. Das könnte folgendermaßen aussehen:

Foto: Helen Filatova

Die Schönheit des Bildes berührt uns zumindest teilweise wegen der bemerkenswerten Ordnung im kleinen Maßstab, die sich in der offenkundigen Zufälligkeit in großem Maßstab verbirgt. Die Eiskristalle haben großartige, baumähnliche Muster gebildet, die vom Zufall bestimmt in verschiedene Richtungen starten und in schrägen Winkeln aufeinandertreffen. Die Diskrepanz zwischen Ordnung im kleinen und Zufälligkeit im großen Maßstab lässt darauf schließen, dass das Universum für winzige, auf das Leben auf einem der Eiskristalläste beschränkte Physiker oder Mathematiker ganz anders aussähe.

Eine Raumrichtung – sie verläuft entlang dem zentralen Ast des Eiskristalls – wäre besonders hervorgehoben. Es würde so scheinen, als sei die Natur um diese Achse orientiert. Dank der Kristallgitterstruktur würden elektrische Kräfte entlang der Achse sich zudem stark von denen unterscheiden, die im rechten Winkel dazu verlaufen. Tatsächlich würden die Kräfte der verschiedenen Richtungen sich verhalten, als seien es verschiedene Kräfte.

Wenn die auf dem Kristall lebenden Physiker oder Mathematiker sehr klug wären oder wie der Philosoph in Platos Gleichnis das Glück hätten, den Kristall verlassen zu können, würden sie selbstverständlich bald erkennen, dass die spezielle Richtung, welche die Physik ihrer gewohnten Welt beherrschte, eine Illusion war. Sie würden herausfinden oder vermuten, dass andere Kristalle in viele andere Richtungen weisen konnten. Wenn sie das Fenster von außen in hinreichend großen Maßstäben betrachten könnten, würde sich schließlich die zugrunde liegende Symmetrie der Natur unter Rotationen in allen Richtungen zeigen, die sich in der Tatsache widerspiegelt, dass die Kristalle in alle Richtungen wachsen.

Die Vorstellung, dass die Welt unserer Erfahrung ein ähnlicher Zufall unserer speziellen Umstände ist und keine direkte Spiegelung darunterliegender Wirklichkeiten darstellt, ist zum Kern der modernen Physik geworden. Wir haben ihr sogar einen merkwürdigen Namen gegeben: spontane Symmetriebrechung.

Eine Art von spontaner Symmetriebrechung habe ich schon bei der Erörterung der Parität (oder Links-Rechts-Symmetrie) erwähnt. Unsere linke Hand sieht anders aus als die rechte Hand, obwohl der Elektromagnetismus – die Kraft, die den Aufbau großer biologischer Strukturen wie unseren Körper lenkt – nicht zwischen links und rechts unterscheidet.

Zwei weitere mir bekannte Beispiele (beide von ausgezeichneten Physikern präsentiert) tragen dazu bei, das Phänomen der spontanen Symmetriebrechung auf unterschiedliche Arten zu erhellen, die nützlich sein dürften. Abdu Salam, der 1979 den Nobelpreis für Arbeiten erhielt, die entscheidend von diesem Phänomen abhängen, schilderte eine Situation, die wir alle kennen: Eine Gruppe von Leuten setzt sich an einen runden Tisch für, sagen wir, acht Personen. Wenn man sich setzt, ist vielleicht nicht eindeutig erkennbar, welches Weinglas für einen selbst und welches für den Nachbarn gedacht ist: Ist es das rechte oder das linke? Doch ungeachtet der Benimmregeln, die vorschreiben, dass es das Glas zur Rechten ist – sobald der Erste ein Glas in die Hand nimmt, haben alle anderen am Tisch nur noch eine Option, wenn jeder etwas zu trinken erhalten soll. Obwohl die grundlegende Symmetrie des Tisches manifest ist, wird die Symmetrie gebrochen, sobald jemand eine Richtung für die Weingläser festlegt.

Yōichirō Nambu, ein weiterer Nobelpreisträger – als erster Physiker beschrieb er das Phänomen der Symmetriebrechung in der Teilchenphysik –, gab ein anderes Beispiel, das ich hier passend abwandeln möchte. Wir nehmen einen Stab oder auch einen Trinkhalm und stellen ihn mit einem Ende auf einen Tisch, dann drücken wir am oberen Ende darauf. Schließlich wird der Stab sich biegen. Er könnte sich in jede Richtung biegen, und wenn man den Versuch mehrmals wiederholt, könnte es sein, dass er sich jedes Mal in eine andere Richtung verbiegt. Ehe man drückt, zeigt der Stab eine perfekte zylindrische Symmetrie. Danach ist eine unter vielen möglichen Richtungen ausgewählt worden, und die wurde nicht durch die zugrunde liegende Physik des Stabes festgelegt, sondern hing mit der speziellen Weise zusammen, in der man jedes Mal auf den Stab gedrückt hat. Die Symmetrie wurde spontan gebrochen.

Kehren wir nun zur Welt des gefrorenen Fensters zurück. Die Eigenschaften von Materialien ändern sich, wenn wir die Systeme abkühlen. Wasser gefriert, Gase werden flüssig und so weiter. In der Physik heißt eine solche Veränderung Phasenübergang. Wann immer ein System einem Phasenübergang unterworfen ist, ist es nicht ungewöhnlich, dass Symmetrien, die mit einer Phase zusammenhängen, in der anderen Phase verschwinden – wie das Beispiel mit dem Fenster zeigt. Bevor das Eis zu den Kristallen auf dem Fenster gefror, wären die Tröpfchen beispielsweise nicht so geordnet gewesen.

Einer der erstaunlichsten jemals in der Wissenschaft bezeugten Phasenübergänge wurde zuerst von dem holländischen Physiker Heike Kamerlingh Onnes beobachtet, und zwar am 8. April 1911. Kamerlingh Onnes war – beachtlicherweise – in der Lage gewesen, Materialien auf nie zuvor erreichte Temperaturen abzukühlen. So war er der Erste, der Helium bei gerade mal 4 Grad über dem absoluten Nullpunkt verflüssigt hat. Sein entsprechendes experimentelles Können wurde später mit dem Nobelpreis ausgezeichnet. Als er am 8. April einen Quecksilberdraht in einem Bad aus flüssigem Helium auf 4,2 Grad über dem absoluten Nullpunkt abkühlte und den elektrischen Widerstand des Drahtes maß, entdeckte er zu seinem Erstaunen, dass der Widerstand plötzlich auf null abfiel. In dem Draht konnten Ströme, sobald sie einmal damit begonnen hatten, auf unbestimmte Zeit fließen, selbst nachdem die Batterie, die den Stromfluss in Gang gesetzt hatte, entfernt worden war. Um dieses bemerkenswerte und völlig unerwartete Ergebnis zu beschreiben, prägte er den Begriff »Supraleitung« und bewies damit, dass sein Talent für Öffentlichkeitsarbeit ebenso rege war wie seine experimentellen Fähigkeiten.

Die Entdeckung der Supraleitung kam so unerwartet und war so merkwürdig, dass es nach der Entdeckung der Quantenmechanik, auf der sie beruht, noch fast 50 Jahre dauern sollte, ehe 1957 von dem Team aus John Bardeen, Leon Cooper und Robert Schrieffer eine faszinierende physikalische Erklärung dafür entwickelt wurde. (Zufällig wurde im selben Jahr auch die Paritätsverletzung entdeckt, und Schwinger schlug ein Modell vor, das die schwache und die elektromagnetische Wechselwirkung vereinen sollte.) Ihre Arbeit war ein Kraftakt, aufbauend auf einer Reihe von Einsichten, die in mehreren Jahrzehnten Arbeit gewonnen worden waren. Letztlich hängt die Antwort von einem unerwarteten Phänomen ab, das nur in bestimmten Materialien auftreten kann.

Im leeren Raum stoßen Elektronen andere Elektronen einfach deswegen ab, weil gleiche Ladungen einander abstoßen. Wenn bestimmte Materialien abgekühlt werden, können Elektronen hingegen andere Elektronen binden. In solchen Materialien geschieht das, weil ein freies Elektron dazu neigt, positiv geladene Ionen um sich herum anzuziehen. Ist die Temperatur sehr niedrig, können weitere Elektronen von dem positiv geladenen Feld rund um das erste Elektron angezogen werden. Auf diese Weise können sich Elektronen paarweise verbinden; der Kleber, wenn man so will, ist das positiv geladene Feld, das durch die Anziehung des ersten Elektrons auf das mit den Atomen des Materials zusammenhängende Gitter der positiven Ladungen verursacht wird.

Weil die Kerne von Atomen sehr schwer sind und durch relativ starke atomare Kräfte an ihrem Ort festgehalten werden, spielt sich das so ab: Das erste Elektron stört das Gitter der nahe gelegenen Atome ein wenig, wodurch einige der Atome etwas näher zum Elektron hingezogen werden, als das sonst der Fall wäre. Störungen des Gitters verursachen in dem Material in der Regel Schwingungen oder Schallwellen. In der Quantenwelt sind diese Schwingungen gequantelt und werden als Phononen bezeichnet. Leon Cooper entdeckte, dass diese Phononen in der oben geschilderten Weise Elektronenpaare binden können, weshalb man diese Elektronenpaare als Cooper-Paare bezeichnet.

Was dann geschieht, hat mit der wahren Magie der Quantenmechanik zu tun. Wenn Quecksilber (oder einige andere Materialien) unter einen bestimmten Punkt abgekühlt werden, findet ein Phasenübergang statt, in dem alle Cooper-Paare sich plötzlich zu einem einzigen Quantenzustand vereinigen. Dieser Vorgang, die sogenannte Bose-Einstein-Kondensation, vollzieht sich, weil Teilchen mit ganzzahligem quantenmechanischem Spin wie Photonen oder auch Teilchen ohne Spin – anders als Fermionen – bevorzugt alle im gleichen Zustand sind. Es war der indische Physiker Satyendra Nath Bose, der diesen Vorschlag als Erster machte; später wurde er von Einstein weiter ausgearbeitet. Tatsächlich spielte wieder das Licht eine entscheidende Rolle, weil Boses Analyse die Statistik von Photonen einbezog, und die Bose-Einstein-Kondensation steht in engem Zusammenhang mit der Physik, der die Lasertechnik unterworfen ist. Denn beim Laser verhalten sich viele einzelne Photonen zusammen kohärent im gleichen Zustand. Deshalb heißen Teilchen mit ganzzahligem Spin wie die Photonen im Unterschied zu den Fermionen »Bosonen«.

Was Teilchen in einem Gas oder in einem Festkörper betrifft, so finden bei Raumtemperatur normalerweise so viele Kollisionen statt, dass die Zustände einzelner Teilchen sich sehr rasch verändern und jedes kollektive Gruppenverhalten unmöglich ist. Dagegen kann ein Gas aus »Bosonen« bei hinreichend niedrigen Temperaturen sich zu einem solchen Bose-Einstein-Kondensat zusammenfinden. In diesem Zustand verschwinden die Identitäten der einzelnen Teilchen, und das gesamte System verhält sich wie ein einziges, manchmal makroskopisches Objekt, das sich in diesem Fall jedoch nicht nach den Regeln der klassischen Mechanik, sondern gemäß den Regeln der Quantenmechanik verhält.

Deshalb kann ein Bose-Einstein-Kondensat exotische Eigenschaften besitzen – so kann Laserlicht sich ganz anders verhalten als normales, aus einer Taschenlampe stammendes Licht. Weil ein Bose-Einstein-Kondensat ein riesiges Amalgam aus ansonsten individuellen Teilchen umfasst, die nun in einem einzigen Quantenzustand vereint sind, waren sehr exotische und spezielle atomphysikalische Experimente nötig, um ein solches Kondensat in Materie herzustellen, die aus sonst nicht interagierenden Teilchen besteht. Die erste direkte Beobachtung einer derartigen Kondensation aus einem Gas aus Teilchen erfolgte erst 1995 durch die US-Physiker Carl Wieman und Eric Cornell – eine weitere Meisterleistung, die als nobelpreiswürdig erachtet wurde.

Die Möglichkeit eines solchen Kondensationsphänomens innerhalb massiver Materialien wie Quecksilber ist deshalb so merkwürdig, weil es sich bei den ursprünglich beteiligten Elementarteilchen um Elektronen handelt, die normalerweise nicht nur andere Elektronen abstoßen, sondern zudem den Spin ½ aufweisen und als Fermionen, wie oben dargestellt, genau das gegenteilige Verhalten zeigen.

Doch wenn die Cooper-Paare sich bilden, verhalten die zwei beteiligten Elektronen sich kohärent und im Einklang miteinander, und weil beide den Spin ½ besitzen, weist das kombinierte Objekt einen ganzzahligen Spin (2 x ½) auf. Siehe da, damit wurde eine neue Art von Boson erzeugt. Der niedrigste Energiezustand des Systems, den es bei niedrigen Temperaturen annimmt, umfasst nun ein Kondensat aus Cooper-Paaren – alle in einem einzigen Zustand kondensiert. Wenn das geschieht, verändern sich die Eigenschaften des Materials grundlegend.

Legt man eine Spannung an den Draht, ehe sich das Kondensat bildet, beginnen einzelne Elektronen zu wandern und werden zu einem elektrischen Strom. Wenn sie unterwegs mit Atomen zusammenstoßen, geben sie Energie ab, was sich als elektrischer Widerstand zeigt, den wir alle kennen, und erwärmen den Draht. Sobald sich aber das Kondensat bildet, besitzen die einzelnen Elektronen und sogar die einzelnen Cooper-Paare keine eigene Identität mehr. Wie die Borg in *Star Trek* haben sie sich zu einem Kollektiv vereint. Wird ein Strom angelegt, bewegt sich das ganze Kollektiv als Einheit.

Würde das Kondensat nun von einem einzelnen Atom abprallen, änderte sich der Weg des gesamten Kondensats. Doch das würde eine Menge Energie erfordern – weit mehr, als nötig wäre, um den Fluss eines einzelnen Elektrons umzulenken. Klassisch können wir uns das Ergebnis so vorstellen: Bei niedrigen Temperaturen ist im vom Zufall bestimmten Gezappel der Atome einfach nicht genug Wärmeenergie verfügbar, um eine derartige Bewegungsänderung des vereinten Teilchenkondensats auslösen zu können. Es wäre wieder so, als wolle man einen Lkw in Bewegung setzen, indem man ihn mit Popcorn bewirft. Quantenmechanisch erhält man ein ähnliches Resultat. In diesem Fall würden wir sagen, dass eine Konfigurationsänderung des Kondensats erfordern würde, das gesamte Teilchenkondensat in einen neuen Quantenzustand zu versetzen. Dessen Energie unterscheidet sich durch einen großen feststehenden Betrag von dem Zustand, in dem es sich befindet. Auch hier stellt das thermische Bad bei niedrigen Temperaturen keine solche Energie zur Verfügung. Alternativ könnten wir uns fragen, ob die Kollision die zwei Elektronen eines Cooper-Paars im Kondensat auseinanderbrechen lassen könnte – etwa in der Art, wie der Rückspiegel eines Lkw abbricht, wenn dieser mit einem Pfosten kollidiert. Doch bei niedrigen Temperaturen bewegt sich alles zu langsam, als dass dies geschehen könnte. Also fließt der Strom unbehindert. Die Borg würden sagen, Widerstand sei zwecklos. Doch in diesem Fall ist einfach kein Widerstand vorhanden. Ein einmal in Gang gebrachter Strom wird für immer fließen, selbst wenn man die anfangs mit dem Draht verbundene Batterie entfernt.

Das war die Bardeen-Cooper-Schrieffer-Theorie (BCS) der Supraleitung, ein beachtliches Stück Arbeit, das letztlich alle experimentell gefundenen Eigenschaften von Supraleitern wie Quecksilber erklärte. Diese neuen Eigenschaften sind tatsächlich ein Zeichen dafür, dass sich der Grundzustand des Systems, als es zu einem Supraleiter wurde, gegenüber seinem ursprünglichen Zustand verändert hat. Wie Eisblumen am Fenster spiegeln diese neuen Eigenschaften das Phänomen der spontanen Symmetriebrechung wider. Bei Supraleitern ist die Symmetriebrechung nicht so offen sichtbar wie beim Anblick der Eiskristalle auf einer Fensterscheibe, doch sie ist da – unter der Oberfläche.

Mathematisch zeigt sich diese Symmetriebrechung darin, dass plötzlich, sobald das Kondensat aus Cooper-Paaren sich bildet, eine große Minimalenergie erforderlich ist, um die Konfiguration des gesamten Materials zu verändern. In diesem Sinn verhält sich das Kondensat wie ein makroskopisches Objekt mit einer großen Masse. Die Erzeugung einer solchen »Massenlücke« (wie sie genannt wird – ausgedrückt als die Minimalenergie, die man benötigt, um das System aus seinem supraleitenden Zustand herauszubrechen) ist ein Kennzeichen des die Symmetrie brechenden Übergangs, der einen Supraleiter hervorbringt.

Sie fragen sich vielleicht, was all das, selbst wenn es interessant sein mag, mit der Geschichte zu tun hat, auf die wir uns konzentriert haben, nämlich die Grundkräfte der Natur zu verstehen. Im Nachhinein wird der Zusammenhang deutlich, doch in der verwickelten und wirren Welt der Teilchenphysik in den 1950er- und 1960er-Jahren verlief der Weg zur Erleuchtung nicht ganz so gerade.

Yōichirō Nambu, der kurz zuvor an die University of Chicago gewechselt war, nahm 1956 an einem Seminar von Robert Schrieffer zu einem Gegenstand teil, aus dem die BCS-Theorie der Supraleitung hervorgehen sollte. Er war tief beeindruckt. Wie die meisten, die sich damals für Teilchenphysik interessierten, hatte auch er sich damit herumgeschlagen, wie die vertrauten Teilchen, aus denen Atomkerne bestehen – Proton und Neutron –, sich in den Teilchenzoo und den Dschungel von Zusammenhängen fügen, die mit ihrer Erzeugung und ihrem Zerfall zu tun haben.

Wie viele andere war Nambu von der Tatsache beeindruckt, dass Proton und Neutron fast übereinstimmende Massen aufweisen. Wie Yang und Mills dachte auch er, dass es in der Natur irgendein grundlegendes Prinzip geben müsse, das zu einem solchen Ergebnis führte. Doch Nambu spekulierte darauf, dass das Beispiel der Supraleitung vielleicht einen entscheidenden Hinweis liefern könnte – insbesondere das Auftreten einer neuen, charakteristischen Energieskala, die mit der Anregungsenergie zusammenhing, welche für das Aufbrechen des Kondensats aus Cooper-Paaren erforderlich ist.

Drei Jahre lang erkundete Nambu, wie diese Vorstellung mit der Symmetriebrechung in der Teilchenphysik in Einklang gebracht werden konnte. Er schlug ein Modell vor, bei dem ein ähnliches, vielleicht in der Natur vorkommendes Kondensat aus manchen Feldern und die Minimalenergie, die nötig war, um aus diesem Kondensatzustand Anregungen hervorzurufen, für die große Masse/Energie charakteristisch sein könnten, die mit Protonen und Neutronen zusammenhängt.

Er und der Physiker Jeffrey Goldstone entdeckten unabhängig voneinander, dass die Existenz anderer masseloser Teilchen – heute heißen sie Nambu-Goldstone(NG)-Bosonen – ein Kennzeichen derartiger Symmetriebrechungen wäre. Deren Wechselwirkungen mit Materie würden die Natur der Symmetriebrechung ebenfalls widerspiegeln. Hier lässt sich eine Analogie zu einem bekannteren System wie einem Eiskristall heranziehen. Ein derartiges System bricht die Symmetrie unter einer räumlichen Translation spontan, weil die Bewegung der Dinge in eine Richtung ganz anders aussieht als die in eine andere Richtung. Doch in einem solchen Kristall sind winzige Schwingungen einzelner Atome im Kristallgitter um ihre Ruheposition möglich. Diese Schwingungsmodi – sie werden, wie gesagt, als Phononen bezeichnet – können beliebig kleine Energiebeträge speichern. In der Quantenwelt der Teilchenphysik würden diese Modi als masselose Nambu-Goldstone-Teilchen widergespiegelt, weil dort, wo die Äquivalenz von Energie und Masse manifest ist, Anregungen, die wenig oder keine Energie tragen, masselosen Teilchen entsprechen.

Und siehe da – die von Powell entdeckten Pionen passen ins Bild. Sie sind nicht exakt masselos, aber viel leichter als alle anderen stark wechselwirkenden Teilchen. Ihre Interaktionen mit anderen Teilchen zeigen die Merkmale, die man von NG-Bosonen erwarten würde. Diese könnten existieren, wenn es in der Natur irgendwelche die Symmetrie brechenden Phänomene gäbe, bei denen die Größenordnung der Anregungsenergie vielleicht mit dem Maßstab von Masse/Energie der Protonen und Neutronen korrespondierte.

Doch trotz der Bedeutung von Nambus Arbeit übersah er, wie fast alle seine Kollegen auf dem Gebiet, eine damit zusammenhängende, aber viel tiefer reichende Konsequenz der spontanen Symmetriebrechung in der Theorie der Supraleitung. Diese sollte den Schlüssel liefern, mit dem das Geheimnis der starken und schwachen Kernkräfte entschlüsselt werden konnte. Nambus Ausrichtung auf die Symmetriebrechung war genial, doch die Analogien, die er und andere zur Supraleitung heranzogen, waren unvollständig.

Wie es aussieht, sind wir den Physikern auf dem Eiskristall der Fensterscheibe näher, als wir uns je vorstellen konnten. Doch genauso, wie man es sich vielleicht im Fall dieser Physiker vorstellen mag, war sich die damalige Physikergemeinde ihrer Betriebsblindheit nicht unmittelbar bewusst.

KAPITEL 15

LEBEN IN EINEM SUPRALEITER

Einer redet mit dem andern Lug und Trug, sie heucheln und reden aus zwiespältigem Herzen.

PSALTER 12:2

In der Rückschau mögen die Fehler der Vergangenheit offensichtlich erscheinen, doch wir sollten bedenken, dass im Rückspiegel gesehene Objekte oft näher sind, als sie scheinen. Es ist leicht, unsere Vorgänger für das zu geißeln, was ihnen entgangen ist, doch was uns heute verwirrend erscheint, könnte für unsere Nachkommen wiederum auf der Hand liegen. Wenn man an vorderster Front arbeitet, geht man auf einem Weg, der oft in Nebel gehüllt ist. Die erstmals von Nambu verwendete Analogie zur Supraleitung ist nützlich, aber weitgehend aus anderen Gründen, als Nambu und andere es sich damals vorstellten. Im Nachhinein mag die Antwort naheliegen – so, wie die kleinen Hinweise, die den Mörder in Agatha Christies Geschichten entlarven, im Nachhinein völlig eindeutig sind. Doch wie in ihren Krimis gibt es auch hier eine Menge falscher Fährten, und diese Sackgassen lassen die abschließende Lösung noch überraschender erscheinen.

Wir können die damalige Verwirrung in der Teilchenphysik nachempfinden. Wie am Fließband kamen neue Beschleuniger ins Spiel, und jedes Mal, wenn eine neue Schwelle der Kollisionsenergie erreicht wurde, erzeugte man neue, stark wechselwirkende Cousins von Neutronen und Protonen. Es schien, als würde das endlos so weitergehen. Diese Überfülle bedeutete, dass sowohl Theoretiker als auch experimentelle Wissenschaftler den Drang verspürten, sich auf das Mysterium der starken Kernkraft zu konzentrieren, die sich dort zu befinden schien, wo die größte Herausforderung der vorhandenen Theorie lag.

Es hatte den Anschein, als sei die mikroskopische Welt durch eine potenziell unendliche Zahl von Elementarteilchen mit immer noch größerer Masse charakterisiert. Das aber war unvereinbar mit all den Vorstellungen der Quantenfeldtheorie – dem erfolgreichen Rahmen, der für das relativistische Quantenverhalten von Elektronen und Photonen ein so überzeugendes Verständnis geliefert hatte.

Der Berkeley-Physiker Geoffrey Chew leitete die Entwicklung eines populären und einflussreichen Programms, das sich dieses Problems annehmen sollte. Chew gab die Vorstellung auf, dass es irgendwelche wirklich elementaren Teilchen geben könnte, und er ließ auch jegliche mikroskopische Quantentheorie fallen, die punktförmige Teilchen und die mit ihnen zusammenhängenden Quantenfelder einschloss. Stattdessen ging er davon aus, dass alle beobachteten, stark wechselwirkenden Teilchen in Wahrheit nicht punktförmig waren, sondern komplizierte, gebundene Zustände anderer Teilchen bildeten. In diesem Sinn konnte es keine Reduktion auf primäre elementare Objekte geben. In diesem Zen-ähnlichen Bild, das dem Berkeley der 1960er-Jahre angemessen war, stellte man sich vor, dass alle Teilchen aus anderen Teilchen zusammengesetzt waren – das Modell der sogenannten »Bootstrap-Theorie«, in dem keine Elementarteilchen vorrangig oder etwas Besonderes waren. Diesen Ansatz bezeichnete man deshalb auch als *nukleare Demokratie*.

Viele Physiker, die die Quantenfeldtheorie als Werkzeug zur Beschreibung jeder anderen Wechselwirkung als der simplen Interaktion zwischen Elektronen und Photonen aufgegeben hatten, waren von diesem Ansatz entzückt. Doch ein paar Physiker waren vom Erfolg der Quantenelektrodynamik so beeindruckt, dass sie versuchten, sie in einer Theorie der starken Kernkraft – die inzwischen als starke Wechselwirkung bekannt ist – nachzuahmen und sich an dem zuvor von Yang und Mills vertretenen Weg zu orientieren.

Einer davon war J. J. Sakurai, der 1960 einen Aufsatz mit dem ziemlich ambitionierten Titel »Theory of strong interactions« (Theorie der starken Wechselwirkungen) veröffentlichte. Sakurai nahm den Vorschlag von Yang und Mills ernst und versuchte genau zu erkunden, welche photonenähnlichen Teilchen eine starke Kraft zwischen Protonen und Neutronen sowie den anderen kürzlich entdeckten Teilchen übertragen konnten. Weil die starke Wechselwirkung nur eine kurze Reichweite aufweist – sie wirkt bestenfalls über die Größe eines Atomkerns –, sah es so aus, als müssten die Teilchen, welche die Kraft übertragen sollten, eine Masse besitzen, was natürlich jeglicher exakten Eichsymmetrie widersprach. Ansonsten sollten sie viele ähnliche Eigenschaften wie das Photon zeigen und den Spin 1 oder einen sogenannten »Vektorspin« besitzen. Die neu vorhergesagten Teilchen wurden deshalb als massive Vektormesonen bezeichnet. Sie sollten sich an verschiedene Ströme stark wechselwirkender Teilchen koppeln – auf ähnliche Weise, wie Photonen sich an Ströme elektrisch geladener Teilchen koppeln.

Teilchen mit den allgemeinen Eigenschaften der Vektormesonen, wie Sakurai sie vorhergesagt hatte, wurden in den folgenden zwei Jahren tatsächlich experimentell entdeckt. Die Vorstellung, dass sie irgendwie das Geheimnis der starken Wechselwirkung liefern könnten, wurde dazu genutzt, den ansonsten komplexen Interaktionen zwischen Nukleonen und anderen Teilchen einen Sinn zu geben.

Als Reaktion auf diese Idee, dass hinter der starken Wechselwirkung eine Art von Yang-Mills-Symmetrie stecken könnte, entwickelte Murray Gell-Mann ein elegantes Symmetrieschema, das er nach Zen-Manier als den »Achtfachen Weg« bezeichnete. Das Schema ermöglichte nicht nur, acht verschiedene Vektormesonen zu klassifizieren, sondern sagte auch die Existenz von bis dahin unbeobachteten stark wechselwirkenden Teilchen voraus. Die Vorstellung, dass diese neu vorgeschlagenen Symmetrien der Natur dazu beitragen könnten, Ordnung in eine anscheinend hoffnungslose Menagerie von Elementarteilchen zu bringen, war so aufregend, dass sie Gell-Mann, als sein vorhergesagtes Teilchen anschließend aufgespürt wurde, den Nobelpreis einbrachte.

Doch an Gell-Mann erinnert man sich zumeist wegen einer noch grundlegenderen Idee. Er und – unabhängig von ihm – George Zweig führten das ein, was Gell-Mann als »Quarks« bezeichnete (das Wort ist aus James Joyce' *Finnegans Wake* entlehnt) und dazu beitragen sollte, die Symmetrieeigenschaften seines Achtfachen Weges physikalisch zu erklären. Wenn man sich vorstellte, dass Quarks, die Gell-Mann wie vor ihm Faraday einfach als nettes mathematisches Erklärungswerkzeug ansah, Bestandteil aller stark wechselwirkenden Teilchen wie Protonen und Neutronen waren, so konnten die Symmetrieeigenschaften und Quantenzahlen der bekannten Teilchen vorhergesagt werden. Und wieder schien der Geruch der großen Synthese, die diverse Teilchen und Kräfte in einem kohärenten Ganzen vereinen sollte, in der Luft zu liegen.

Ich kann nicht oft genug betonen, wie bedeutsam die Quark-Hypothese war. Während Gell-Mann nicht die Ansicht vertrat, dass seine Quarks reale physikalische Teilchen in Protonen und Neutronen seien, lief sein Kategorisierungsschema darauf hinaus, dass Überlegungen zur Symmetrie nicht nur die Charakteristika der starken Wechselwirkung, sondern aller Elementarteilchen in der Natur abschließend festlegen könnten.

Doch selbst wenn vielleicht eine Art von Symmetrie die Struktur der Materie beherrschte: Die Möglichkeit, dass diese Symmetrie auch auf irgendeine Art von Yang-Mills-Eichsymmetrie ausgedehnt werden konnte, welche die Kräfte zwischen Teilchen beherrschte, schien nicht näher zu rücken. Das quälende Problem der beobachteten Massen von Vektormesonen bestand darin, dass sie eine grundlegende Eichsymmetrie der starken Wechselwirkung nicht auf eine Weise widerspiegeln konnten, mit der deren Form eindeutig zu bestimmen war, und auch nicht potenziell gewährleisten konnten, dass sie einen quantenmechanischen Sinn ergaben. Jede Yang-Mills-Erweiterung der Quantenelektrodynamik verlangte, dass die neuen, photonenähnlichen Teilchen masselos zu sein hatten. Punkt.

Angesichts dieser offenkundigen Sackgasse lieferte ein unerwarteter Weckruf seitens der Supraleitung eine weitere subtile und letztlich tiefer gehende Möglichkeit.

Der Erste, der die Glut wieder anfachte, war ein Theoretiker, der unmittelbar auf dem mit der Supraleitung in Materialien zusammenhängenden Gebiet der Physik kondensierter Materie arbeitete. Philip Anderson, späterer Nobelpreisträger für eine andere Arbeit und zur damaligen Zeit tätig in Princeton, schlug vor, dass es der Mühe wert sein könnte, eines der wahrhaft grundlegenden, allgegenwärtigen Phänomene bei Supraleitern im Kontext der Teilchenphysik zu erforschen.

Eine der spektakulärsten Demonstrationen, die man mit Supraleitern vorführen kann (und speziell mit den neuen Hochtemperatur-Supraleitern, die Supraleitung schon bei Temperaturen flüssigen Stickstoffs auftreten lassen), ist der Schwebezustand eines Magneten über dem Supraleiter:

Foto: Mai-Linh Doan

Möglich wird das aufgrund des sogenannten Meißner-Ochsenfeld-Effekts – eine experimentelle Entdeckung von Walter Meißner und seinem Kollegen Robert Ochsenfeld aus dem Jahr 1933, die zwei Jahre später von den Theoretikern Fritz und Heinz London erklärt wurde.

Wie Faraday und Maxwell 60 Jahre zuvor entdeckt hatten, reagieren elektrische Ladungen unterschiedlich auf magnetische und elektrische Felder. Insbesondere fand Faraday heraus, dass ein sich änderndes Magnetfeld in einem entfernten Draht einen Strom fließen lassen kann. Ebenso wichtig ist eine Tatsache, die ich oben bei der Erörterung von Faradays Entdeckung noch nicht herausgestellt hatte: Der derart erzeugte Strom fließt so, dass ein neues Magnetfeld erzeugt wird; dieses ist dem sich ändernden äußeren Magnetfeld entgegengerichtet. Wenn also das äußere Feld abnimmt, dann erzeugt der induzierte Strom ein Magnetfeld, das der Abnahme entgegenwirkt. Wenn es anwächst, wird der erzeugte Strom in die entgegengesetzte Richtung fließen und ein Magnetfeld hervorbringen, das dieser Zunahme entgegenwirkt.

Wenn Sie sich per Mobiltelefon unterhalten und dabei in eine bestimmte Art von Aufzug einsteigen (das sind speziell diejenigen, bei denen die Außenhülle der Kabine aus Metall besteht), so wird, wie Sie vermutlich schon bemerkt haben, die Verbindung schlechter, sobald sich die Aufzugtür schließt. Das ist ein Beispiel für einen sogenannten Faraday'schen Käfig. Das Metall schirmt Ihr Handy vor dem äußeren Signal ab, weil das Telefonsignal als elektromagnetische Welle empfangen wird. Die Ströme im Metall fließen auf eine Weise, die den sich ändernden elektrischen und magnetischen Feldern des Signals entgegenwirkt – dadurch wird dieses in der Kabine schwächer.

Wenn man einen perfekten Leiter hätte, könnten die Ladungen im Metall im Wesentlichen alle Effekte des äußeren, sich ändernden elektromagnetischen Feldes ausgleichen. Es bliebe kein Signal dieser wechselnden Felder – also kein Telefonsignal – übrig, das im Aufzug gemessen werden könnte. Ein perfekter Leiter würde zudem auch die Wirkungen eines konstanten äußeren elektrischen Feldes abschirmen, weil die Ladungen im Supraleiter sich in Reaktion auf jedes Feld neu ordnen und es vollständig aufheben können. Ihre Verbindung würde abbrechen.

Doch der Meißner-Ochsenfeld-Effekt geht noch darüber hinaus. Bei Supraleitung können Magnetfelder – selbst konstante Magnetfelder wie diejenigen, die auf den Magneten oben zurückzuführen sind – nicht in den Supraleiter eindringen. Das liegt daran, dass der Supraleiter, wenn man einen Magneten aus größerer Entfernung langsam näher heranführt, einen Strom generiert, um das bei Annäherung des Magneten stärker werdende Magnetfeld auszugleichen. Doch weil das Material supraleitend ist, fließt der Strom weiter und hört auch dann nicht auf, wenn man den Magneten nicht weiter bewegt. Nähert man den Magneten dann weiter an, fließt ein stärkerer Strom, um das erneute Anwachsen auszugleichen. Und so weiter. Weil also elektrische Ströme in einem Supraleiter ohne Abschwächung fließen können, werden nicht nur elektrische Felder, sondern auch Magnetfelder abgeschirmt. Deshalb schweben Magneten über Supraleitern. Die Ströme im Supraleiter stoßen das Magnetfeld des äußeren Magneten ab; es wirkt so, als befände sich an der Oberfläche des Supraleiters ein weiterer Magnet und als läge Nordpol gegenüber Nordpol oder Südpol gegenüber Südpol.

Die Gebrüder London, die als Erste versuchten, den Meißner-Ochsenfeld-Effekt zu erklären, leiteten eine Gleichung ab, welche dieses Phänomen innerhalb eines Supraleiters beschreibt. Das Resultat lieferte einen Fingerzeig. Jeder der unterschiedlichen Supraleiter-Typen sollte unter der Oberfläche des Supraleiters eine einzigartige, charakteristische Längenskala schaffen – festgelegt durch die mikroskopische Natur der Superströme, die zur Aufhebung jedes äußeren Feldes erzeugt werden –, und auf dieser Längenskala würde dann jedes externe Magnetfeld aufgehoben. Das bezeichnet man als London-Eindringtiefe. Diese Tiefe ist je nach Supraleiter unterschiedlich und hängt von den Details der jeweiligen Mikrophysik ab – auf eine Weise, die nicht bestimmt werden konnte, weil man damals nicht über eine mikroskopische Theorie der Supraleitung verfügte.

Dass es eine Eindringtiefe gibt, ist jedoch deshalb verblüffend, weil es bedeutet, dass das elektromagnetische Feld sich innerhalb eines Supraleiters anders verhält – es besitzt keine große Reichweite mehr. Wenn aber elektromagnetische Felder innerhalb der Oberfläche eine kurze Reichweite bekommen, dann muss sich der Träger der elektromagnetischen Kräfte anders verhalten. Was kommt dabei heraus? Das Photon verhält sich, als hätte es innerhalb des Supraleiters eine Masse.

Virtuelle Photonen – und die elektrischen und magnetischen Felder, die sie vermitteln – können sich in Supraleitern unter der Oberfläche nur über eine Entfernung ausbreiten, die mit der London-Eindringtiefe vergleichbar ist, so wie das der Fall wäre, wenn der Elektromagnetismus innerhalb des Supraleiters auf den Austausch massiver – und nicht masseloser – Photonen zurückzuführen wäre.

Stellen Sie sich nun vor, wie das Leben im Inneren eines Supraleiters aussähe. Für Sie wäre der Elektromagnetismus eine auf kurze Entfernungen wirkende Kraft, Photonen besäßen Masse, und die ganze vertraute Physik, die wir mit dem Elektromagnetismus als weitreichende Kraft in Verbindung bringen, würde verschwinden.

Ich möchte hervorheben, wie bemerkenswert das ist. Innerhalb des Supraleiters könnte man, solange der supraleitende Zustand besteht, kein Experiment ausführen, das verraten würde, dass die Photonen in der Außenwelt tatsächlich masselos sind. Wenn man in einem solchem Supraleiter Platos Philosoph wäre, müsste man sich intuitiv unglaublich viel über die Außenwelt zusammenreimen, ehe man darauf schließen könnte, dass ein mysteriöses und unsichtbares Phänomen die Ursache einer Illusion gewesen ist. Es könnte mehrere Jahrtausende des Nachdenkens und Experimentierens erfordern, ehe Sie oder Ihre Nachfahren die Natur der Realität erraten würden, die der von Ihnen bewohnten Schattenwelt zugrunde liegt – oder ehe Sie eine Vorrichtung konstruieren könnten, die so viel Energie aufbringt, Cooper-Paare zu zerlegen und den supraleitenden Zustand zusammenbrechen zu lassen, wodurch der Elektromagnetismus wieder in seine normale Form zurückgeführt und enthüllt würde, dass das Photon masselos ist.

Rückblickend hätten wir Physiker – allein wegen der Symmetrie und ohne direkte Einbeziehung des Meißner-Ochsenfeld-Effekts – eigentlich erwarten können, dass Photonen sich in einem Supraleiter wie masselose Teilchen verhalten. Das Kondensat aus Cooper-Paaren, das sich aus Elektronenpaaren zusammensetzt, besitzt unter dem Strich eine elektrische Ladung. Das bricht die Eichsymmetrie des Elektromagnetismus, weil sich vor diesem Hintergrund alle positiven Ladungen, die man in das Material einbringt, anders verhalten werden als negative Ladungen, die man in das Material einbringt. Hier liegt also ein realer Unterschied zwischen positiv und negativ vor. Doch erinnern wir uns: Die Masselosigkeit von Photonen ist ein Zeichen, dass das elektromagnetische Feld über große Entfernungen reicht, und die große Reichweite des Elektromagnetismus spiegelt die Tatsache wider, dass dadurch lokale Variationen in der Definition elektrischer Ladung an einem Ort ermöglicht werden, welche die Physik im gesamten Material *nicht* global verändern. Wenn aber die Eichinvarianz nicht mehr vorhanden ist, dann haben lokale Variationen in der Definition der elektrischen Ladung eine reale physikalische Wirkung – damit kann es ein solches Feld großer Reichweite, das derartige Variationen aufhebt, nicht geben. Eine Möglichkeit, ein Feld großer Reichweite loszuwerden, besteht darin, dem Photon Masse zu geben.

Nun kommt die 64-Millionen-Dollar-Frage: Könnte so etwas in der Welt geschehen, in der wir leben? Könnten die Massen schwerer, photonenähnlicher Teilchen auftauchen, weil wir eigentlich in etwas leben, was einem kosmischen Supraleiter ähnelt? Das war die faszinierende Frage, die Anderson aufwarf, zumindest in Analogie zur normalen Supraleitung.

Ehe wir diese Frage beantworten können, müssen wir ein wenig die technische Hexerei verstehen, die es erlaubt, für ein Photon in einem Supraleiter Masse zu erzeugen.

Erinnern wir uns: In einer elektromagnetischen Welle schwingen das elektrische (E) und das magnetische (B) Feld in Richtungen, die im rechten Winkel zur Richtung der Welle verlaufen:

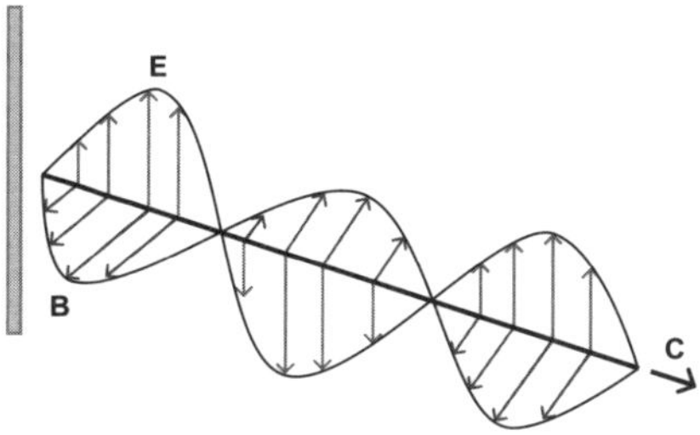

Weil es zwei Senkrechte gibt, könnte man eine elektromagnetische Welle auf zweifache Weise zeichnen. Sie könnte wie in der obigen Abbildung aussehen, oder man könnte die Felder E und B vertauschen. Das spiegelt wider, dass elektromagnetische Wellen zwei Freiheitsgrade aufweisen, die man als zwei verschiedene Polarisationen bezeichnet.

Diese Tatsache ergibt sich aus der Eichinvarianz des Elektromagnetismus oder auch aus der Masselosigkeit von Photonen. Wenn Photonen jedoch eine Masse besäßen, dann würde nicht nur die Eichinvarianz gebrochen – es könnte vielmehr auch eine dritte Möglichkeit auftauchen. Die elektrischen und magnetischen Felder könnten entlang der Bewegungsrichtung schwingen, anstatt nur senkrecht zu ihr zu oszillieren. (Das ist möglich, weil die Photonen nun nicht mehr mit Lichtgeschwindigkeit unterwegs sind – so werden Schwingungen entlang der Bewegungsrichtung möglich, wenn das Teilchen sich fortbewegt.)

Dies jedoch bedeutet, dass die entsprechenden massiven Photonen nicht nur zwei, sondern drei Freiheitsgrade besitzen. Wie können Photonen diesen zusätzlichen Freiheitsgrad in Supraleitern aufnehmen?

Anderson untersuchte diese Frage im Zusammenhang mit der Supraleitung, und die Antwort hängt eng mit der weiter oben geschilderten Tatsache zusammen:

In Abwesenheit elektrischer Wechselwirkungen in einem Supraleiter wäre es möglich, geringfügige räumliche Variationen des Kondensats aus Cooper-Paaren zu erzeugen, die beliebig kleine Energiekosten hätten, weil Cooper-Paare nicht miteinander wechselwirken würden. Berechnet man jedoch den Elektromagnetismus mit ein, verschwinden diese Modi niedriger Energie (welche die Supraleitung zerstören würden) genau wegen der Interaktionen der Ladungen im Kondensat mit dem elektromagnetischen Feld. Diese Interaktion wiederum bringt Photonen im Supraleiter dazu, sich zu verhalten, als besäßen sie eine Masse. Der neue Polarisationsmodus der massiven Photonen im Supraleiter zeigt sich, wenn das Kondensat in Reaktion auf die durchlaufende elektromagnetische Welle schwingt.

Die masselosen Nambu-Goldstone-Modi, die der Teilchenversion der sonst verschwindend kleinen Energieschwingungen im Kondensat entsprechen, werden – in der Sprache der Teilchenphysik – vom elektromagnetischen Feld »geschluckt«, was Photonen Masse und einen neuen Freiheitsgrad vermittelt. Dadurch wird die elektromagnetische Kraft im Supraleiter zu einer Kraft von geringer Reichweite.

Anderson meinte, dieses Phänomen – durch welches das sonst masselose Photon in Supraleitern verschwindet, der sonst masselose Nambu-Goldstone-Modus ebenfalls verschwindet und die beiden gemeinsam ein massives Photon erzeugen – könnte für ein seit Langem bestehendes Problem relevant sein: das Problem, wie man massive, photonenähnliche Yang-Mills-Teilchen erzeugt, die ebenfalls mit starken Kernkräften zusammenhängen könnten.

An dieser Stelle unterbrach Anderson seinen Gedankengang und ließ, angeregt durch die Analogie zum Schweben bei Supraleitern, den Vorschlag im Raum stehen, dass dieser Mechanismus vielleicht auch in der Teilchentheorie anwendbar war. So wie Nambu innegehalten hatte, indem er mithilfe der Analogie zur Supraleitung die spontane Symmetriebrechung in der Teilchenphysik ins Auge fasste, ohne das mit der Supraleitung zusammenhängende Phänomen zu nutzen, auf das Anderson sich später konzentrierte – nämlich den Meißner-Ochsenfeld-Effekt, der den Photonen in Supraleitern Masse gibt –, sollte die explizite Anwendung all dieser Vorstellungen zur Teilchenphysik erst noch kommen.

Aus diesem Grund wurden die möglichen tief reichenden Implikationen der Supraleitung für das Verständnis grundlegender Teilchenphysik von der Physikergemeinde nicht sofort erkannt und blieben im Hintergrund verborgen.

Die Vorstellung, wir würden in einer Art kosmischem Supraleiter leben, verlangt weiterhin viel guten Willen. Und der Mensch ist ja imstande, wilde Geschichten zu allem zu generieren, was ansonsten unverständlich wäre, und zu diesem Zweck fantastische und unsichtbare Ursachen wie Gott und Dämonen zu erfinden. Die behauptete Existenz eines verborgenen Kondensats von Feldern, das den ganzen Raum ausfüllt, um die Natur dessen zu erklären, was sonst unerklärliche starke Kernkräfte gewesen wären – war sie in irgendeiner Weise einleuchtender?

KAPITEL 16

DIE ERTRÄGLICHE SCHWERE DES SEINS – SYMMETRIE GEBROCHEN, PHYSIK WIEDER IN ORDNUNG

Sammelt die übrigen Brocken,
damit nichts umkommt.

JOHANNES 6:12

In der Natur findet sich eine bemerkenswerte Poesie, genau wie sie oft in menschlichen Dramen vorkommt. Und in meinen epischen Lieblingsgedichten der griechischen Antike, die verfasst wurden, als Plato gerade über seine Höhle schrieb, taucht immer wieder ein Thema auf: die Entdeckung eines zuvor den Blicken verborgenen, wunderbaren Schatzes, ausgegraben von einer kleinen, vom Glück begünstigten Schar merkwürdiger Reisender, die nach der Entdeckung für immer verändert sind.

Ach, hätte man doch solch ein Glück! Diese Möglichkeit war es, die mich dazu brachte, Physik zu studieren, weil die romantische Aussicht, möglicherweise erstmals irgendeine schöne neue, verborgene Ecke der Natur aufzuspüren, unwiderstehlich verlockend war.

Diese Geschichte handelt durchweg von jenen Momenten, in

denen die Poesie der Natur sich mit der Poesie der menschlichen Existenz vermählt.

In fast jedem Aspekt der Episoden, die ich hier schildere, findet sich viel Poetisches, doch um es deutlich sehen zu können, ist die richtige Perspektive erforderlich. Heute, im zweiten Jahrzehnt des 21. Jahrhunderts, dürften wir uns problemlos darauf einigen können, welche der großen Theorien des 20. Jahrhunderts die schönsten sind. Um aber das wahre Drama im Fortschritt der Wissenschaft abschätzen zu können, muss man verstehen, dass schöne Theorien in der Zeit, in der sie vorgeschlagen werden, oft nicht so verführerisch wirken wie Jahre später – genau wie ein guter Wein oder eine ferne Liebe.

Und so kam es, dass die auf der mathematischen Poesie der Eichsymmetrie beruhenden Vorstellungen von Yang und Mills, von Schwinger und all den anderen zu jener Zeit nicht hinreichend waren, um jemanden anzuregen oder mit der Vorstellung konkurrieren zu können, dass die Quantenfeldtheorie mit der Quantenelektrodynamik als ihrem schönsten Vorzeigekind kein produktiver Ansatz war, die anderen Naturkräfte – die schwache und starke Kernkraft – zu beschreiben. Viele meinten, für derartige Kräfte, die auf kurze, zur Größenordnung von Atomkernen passende Entfernungen wirkten, müssten neue Regeln angewandt werden, und die alten Methoden seien fehl am Platz.

So wurden auch die folgenden Versuche von Nambu und Anderson, Ideen aus der Materialphysik – auch Physik kondensierter Materie oder Vielkörperphysik genannt – auf das subatomare Reich anzuwenden, von vielen Teilchenphysikern verworfen. Sie hatten starke Zweifel, ob dieses aufkommende Gebiet wirklich neue Erkenntnisse für die »fundamentale« Physik liefern konnte. Die Skepsis der Physikergemeinde wurde von dem wunderbaren Theoretiker Victor Weisskopf zum Ausdruck gebracht, der bei einem Seminar an der Cornell-Universität gesagt haben soll:

> Heutzutage sind die Teilchenphysiker so verzweifelt, dass sie Anleihen bei den Neuigkeiten nehmen müssen, die sich in der Vielkörperphysik ergeben … Vielleicht bringt das etwas.

Diese Skepsis war in gewissem Umfang begründet – immerhin hatte Nambu argumentiert, die spontane Symmetriebrechung könnte die großen und sehr ähnlichen Massen von Protonen und Neutronen erklären, und gehofft, sie würde dabei auch erklären, warum das Pion so viel leichter war. Doch die von ihm entlehnten Ideen gründeten auf der Vorstellung, die spontane Symmetriebrechung zeichne sich dadurch aus, dass es zwar exakt masselose, aber keine *sehr leichten* Teilchen gibt.

Auch Andersons Arbeit war sicherlich interessant. Weil sie aber im Zusammenhang eines nicht relativistischen Arrangements kondensierter Materie formuliert war und zudem gegen einen Lehrsatz aus der Teilchenphysik verstieß – das Goldstone-Theorem, welches unter anderem besagt, dass symmetriebrechende und masselose Teilchen tatsächlich untrennbar sind –, wurde seine Behauptung, dass masselose Zustände in seinem Beispiel (das den Elektromagnetismus in Supraleitern einschloss) verschwanden, von den Teilchenphysikern ebenfalls weitgehend ignoriert.

Julian Schwinger hatte jedoch die Idee nicht aufgegeben, dass eine Yang-Mills-Eichtheorie die Kernkräfte erklären könnte, und er hatte weiterhin argumentiert, die Yang-Mills-Versionen der Photonen könnten massiv sein, allerdings ohne genau zu zeigen, wie das vonstattengehen könnte.

Schwingers Arbeit weckte die Aufmerksamkeit des jungen, zurückhaltenden britischen Theoretikers Peter Higgs, der damals Dozent für mathematische Physik an der Universität Edinburgh war. Mit seinem sanften Gemüt hätte ihn sich niemand als Revolutionär vorstellen können. Doch das war er, ein widerstrebender Revolutionär, obwohl er dank einiger kurzsichtiger Zeitschriftenredakteure fast keine Chance dazu bekommen hätte.

1960 hatte Higgs seine Stellung gerade angetreten; man hatte ihn gebeten, in dem Ausschuss mitzuwirken, der die ersten Summer Schools in Physik der schottischen Universitäten koordinierte. Diese Sommerseminare wurden zu einer ehrwürdigen Veranstaltung, auf der man sich verschiedenen Gebieten der Physik widmete. Etwa alle vier Jahre hörten fortgeschrittene Doktoranden und junge Postdoktoranden drei Wochen lang Vorlesungen über Teilchenphysik, die von etablierten Wissenschaftlern gehalten wurden – umrahmt von Mahlzeiten, die mit guten Weinen begossen und mit herzhaftem Whiskey beendet wurden. Unter den Studenten befanden sich in jenem Jahr die künftigen Nobelpreisträger Sheldon Glashow und Martinus Veltman, und dazu Nicholas Cabibbo, der den Preis meiner Meinung nach ebenfalls hätte gewinnen sollen. Higgs, der auch den Weinkellner spielte, hatte anscheinend bemerkt, dass diese drei Studenten nie an den Morgenvorlesungen teilnahmen. Wie es aussah, verbrachten sie die Abende mit Debatten über Physik, und sie tranken dazu Wein, den sie während der Mahlzeiten aus dem Speisesaal schmuggelten. Higgs hatte keine Gelegenheit, an diesen Diskussionen teilzunehmen, weshalb er nichts von Glashows neuem Vorschlag für eine Vereinigung der elektromagnetischen mit der schwachen Kraft erfuhr, den dieser bereits zur Veröffentlichung eingereicht hatte.

Die schottischen Sommerseminare haben ihre ganz eigene Poesie. Sie finden abwechselnd überall im Land statt und kehren periodisch in die schöne Küstenstadt St. Andrews zurück, die direkt neben dem berühmten Old Course liegt – der Geburtsstätte des Golfspiels. 1980, wieder mal in St. Andrews, kehrten Glashow, der gerade den Nobelpreis gewonnen hatte, und Gerardus ’t Hooft, ein berühmter ehemaliger Schüler von Veltman, für Vorlesungen an die Schule zurück, und ich hatte das Privileg, als Doktorand teilnehmen zu dürfen.

Ich kam spät an, bekam das kleinste Zimmer oben in der Mansarde mit Blick auf den Old Course und genoss nicht nur die Physik, sondern auch den Alkohol und die Tatsache, dass ich von einem der Dozenten, dem Oxford-Physiker Graham Ross, auf einem benachbarten Minigolfplatz mit dem Spitznamen »Himalaya« (er hieß aus gutem Grund so) um Gratisdrinks geschröpft wurde. 't Hooft ist nicht nur ein Physiker von fast außerirdischen Fähigkeiten, sondern auch ein beachtlicher Künstler. Er gewann den jährlichen Wettbewerb im T-Shirt-Design. Mein handsigniertes 't-Hooft-T-Shirt habe ich immer noch; ich kann mich einfach nicht davon trennen, obwohl Ebay lockt. (Im Jahr 2000, 20 Jahre nach diesem Programm, kam ich wieder zum Sommerseminar, dieses Mal jedoch als Dozent. Anders als Glashow, 't Hooft, Veltman und Higgs kehrte ich nicht mit einem Nobelpreis zurück, schaffte es aber schließlich, einen Kilt zu tragen. Wieder ein Punkt auf meiner Liste erledigt.)

Nach der Organisation des Sommerseminars 1960 begann Higgs, die Literatur über Symmetrie und Symmetriebrechung zu studieren und setzte sich mit den Arbeiten von Nambu, Goldstone, Salam, Weinberg und Anderson auseinander. Er bekam Depressionen angesichts der scheinbar hoffnungslosen Aufgabe, das Goldstone-Theorem mit der Möglichkeit massehaltiger Yang-Mills-Vektorteilchen zu vereinen, die vielleicht die starke Kernkraft vermittelten. In dem magischen Jahr 1964, in dem Gell-Mann die Quarks eingeführt hatte, las Higgs zwei Aufsätze, die ihm Hoffnung machten.

Die erste Abhandlung stammte von Abraham Klein und Ben Lee – Letzterer war einer der hellsten aufstrebenden Teilchenphysiker der Welt gewesen, ehe er bei einem Autounfall auf dem Weg zu einer Physikertagung ums Leben kam. Sie schlugen einen Weg vor, mit dem man das Goldstone-Theorem vermied und damit ansonsten nicht beobachtete masselose Teilchen in Quantenfeldtheorien los wurde.

Anschließend verfasste Walter Gilbert, ein junger Harvard-Physiker, der bald beschließen sollte, jene die Teilchenphysik beherrschende Verwirrung zugunsten der grüneren Weidegründe der Molekularbiologie zu verlassen (wo auch er einen Nobelpreis gewinnen sollte, in diesem Fall für seinen Beitrag zur Entwicklung von Methoden der DNA-Sequenzierung), eine Arbeit, in der er zeigte, dass die vorgeschlagene Lösung von Klein und Lee letztlich einen Widerspruch zur Relativität einzuführen schien und deshalb suspekt war.

Wie wir gesehen haben, zeigen Eichtheorien die interessante Eigenschaft, dass man die Definition positiver und negativer Ladungen an jedem Punkt im Raum beliebig vertauschen kann, ohne eine der beobachtbaren physikalischen Eigenschaften des Systems zu verändern – solange man dem elektromagnetischen Feld die ihm eigenen Interaktionen erlaubt und es ihm ermöglicht, sich ebenfalls auf eine Weise zu verändern, welche diese neuen lokalen Variationen begründet. Dadurch kann man mathematische Berechnungen in jeder beliebigen »Eichgröße« durchführen, also alle speziellen lokalen Definitionen von Ladungen und Feldern verwenden, die mit der Symmetrie konsistent sind. Eine Symmetrietransformation wird einen von einer »Eichgröße« zur nächsten bringen.

Auch wenn die Theorie in diesen verschiedenen Eichgrößen sehr unterschiedlich aussehen mag, stellt die Symmetrie der Theorie sicher, dass die Berechnungen aller physikalisch messbaren Größen von der Wahl der Eichung unabhängig sind – dass nämlich die scheinbaren Differenzen Illusionen sind, welche die zugrunde liegende Physik, die die gemessenen Werte aller physikalisch beobachtbaren Größen bestimmt, nicht widerspiegeln. Damit konnte man jede Eichgröße wählen, welche die Berechnungen leichter machte, und erwarten, zu den gleichen Vorhersagen für physikalisch beobachtbare Größen zu gelangen wie bei einer Berechnung in irgendeiner anderen Eichgröße.

Als Higgs Schwingers Arbeiten las, erkannte er, dass manche Eichgrößen anscheinend den gleichen Konflikt mit der Relativität zur Folge haben konnten, den Gilbert als Problem des Vorschlags von Klein und Lee ausgemacht hatte. Doch dieser scheinbare Widerspruch war einfach ein Artefakt dieser speziellen Wahl einer Eichgröße. Deshalb spiegelte es keinen echten Konflikt mit der Relativität wider, wenn es darauf ankam, physikalische

Vorhersagen zu machen, die man testen konnte. Der Vorschlag von Klein und Lee, die mit der spontanen Symmetriebrechung einhergehenden masselosen Teilchen loszuwerden, bot in einer Eichtheorie vielleicht doch eine Arbeitsgrundlage.

Higgs kam zu dem Schluss, dass spontane Symmetriebrechung im Setting einer Quantenfeldtheorie einschließlich einer Eichsymmetrie das Goldstone-Theorem vermeiden und eine Masse für Vektorbosonen liefern könnte, welche möglicherweise die starke Kernkraft vermitteln konnte, ohne dass masselose Teilchen übrigblieben. Das würde mit Andersons Aufspüren des Elektromagnetismus in Supraleitern im nichtrelativistischen Fall korrelieren. Anders gesagt, die starke Kernkraft konnte wegen der spontanen Symmetriebrechung eine über kurze Distanzen wirkende Kraft sein.

Higgs arbeitete ein oder zwei Wochenenden daran, ein Modell niederzuschreiben; es addierte den Elektromagnetismus zu dem Modell, das Goldstone verwendet hatte, um die spontane Symmetriebrechung zu erklären. Higgs fand genau das, was er erwartet hatte. Der sonst masselose Modus, der vom Goldstone-Theorem vorhergesagt worden wäre, wurde stattdessen zum zusätzlichen Polarisations-Freiheitsgrad eines jetzt massiven Photons. Mit anderen Worten, Andersons nichtrelativistisches Argument bei Supraleitern bot tatsächlich eine Überleitung zu relativistischen Quantenfeldern. *Das Universum konnte sich schließlich wie ein Supraleiter verhalten.*

Als Higgs sein Resultat aufschrieb und es bei der europäischen Zeitschrift *Physics Letters* einreichte, wurde der Aufsatz prompt abgelehnt. Der Gutachter glaubte einfach nicht, dass er für die Teilchenphysik relevant sei. Higgs fügte also einige Passagen hinzu, die mögliche beobachtbare Konsequenzen seiner Idee erläuterten, und reichte den Aufsatz bei der US-Fachzeitschrift *Physical Review Letters* ein. Insbesondere erweiterte er ihn um die Anmerkung: »Es lohnt sich festzuhalten, dass ein wesentliches Merkmal dieses Theorietyps die Vorhersage unvollständiger Multipletts von Skalar- und Vektorbosonen ist.«

Higgs hatte also gezeigt, dass man das masselose Skalarteilchen (sprich Goldstone-Boson) in seinem Modell zwar zugunsten eines massehaltigen Vektorteilchens (eines Photons mit Masse) entfernen *konnte,* dass es aber auch ein übrig gebliebenes massehaltiges (also spinloses) Bosonteilchen geben sollte; dieses würde mit dem Feld in Zusammenhang stehen, dessen Kondensat die Symmetrie überhaupt erst gebrochen hatte. Das Higgs-Boson war geboren.

Physical Review Letters nahm den Aufsatz sofort an, doch der Gutachter bat Higgs, den Zusammenhang zwischen seiner Arbeit und einem Aufsatz von François Englert und Robert Brout zu erläutern, den das Journal etwa einen Monat zuvor erhalten hatte. Zu Higgs' großer Überraschung waren sie unabhängig voneinander im Wesentlichen zu den gleichen Schlüssen gelangt. Die Ähnlichkeit zwischen den Arbeiten wird tatsächlich durch die Überschriften deutlich. Higgs' Aufsatz trug den Titel »Broken symmetries and the masses of gauge bosons« (»Symmetriebrechungen und die Massen von Eichbosonen«). Die Arbeit von Englert und Brout war überschrieben: »Broken symmetries and the mass of gauge vector mesons« (»Symmetriebrechungen und die Masse von Eichvektorbosonen«). Eine engere Übereinstimmung ohne Absprache zu den Bezeichnungen kann man sich kaum vorstellen.

Als sollte dieser bemerkenswert glückliche Zufall noch ausgedehnt werden, traf Higgs 20 Jahre später anlässlich einer Konferenz mit Nambu zusammen und erfuhr, dass Nambu beide Aufsätze begutachtet hatte. Besser konnte es sich gar nicht fügen, als dass der Mann, der die Vorstellungen einer Symmetriebrechung und der Supraleitung erstmalig in die Teilchenphysik eingebracht hatte, auch die Arbeiten der Leute begutachtete, die zeigen sollten, wie vorausschauend diese Idee tatsächlich gewesen war. Und wie Nambu waren all diese Autoren auf die starke Wechselwirkung sowie auf die Möglichkeit fixiert gewesen, dass man herausfand, wie Protonen, Neutronen und Mesonen große Massen besitzen konnten.

Dass die Zeit für diese Entdeckung reif war, wird dadurch ersichtlich, dass etwa einen Monat später noch ein weiteres Team, bestehend aus Gerald Guralnik, C. R. Hagen und Tom Kibble, einen Aufsatz veröffentlichte, der viele ähnliche Ideen enthielt.

Sie fragen sich vielleicht, warum wir das Higgs-Boson als Higgs-Boson und nicht als Higgs-Brout-Englert-Guralnik-Hagen-Kibble-Boson bezeichnen. Abgesehen von der naheliegenden Antwort, dass der letztgenannte Name nicht gerade leicht über die Lippen geht, war es unter all den anderen Arbeiten nur der Higgs-Aufsatz, der explizit von der Vorhersage eines begleitenden massehaltigen Skalar-Bosons in massehaltigen Eichtheorien mit spontaner Symmetriebrechung sprach. Und interessanterweise hatte Higgs diese zusätzliche Anmerkung nur aufgenommen, weil die Originalversion seines Aufsatzes ohne diese Aussage abgelehnt worden war.

Ein letzter Hauch von Poesie: Ein paar Jahre nach der Veröffentlichung des Originalaufsatzes vollendete Higgs einen längeren Aufsatz und wurde 1966 eingeladen, Vorträge an verschiedenen Orten in den USA zu halten, wo er ein Sabbatjahr verbrachte. Nach Higgs' Vortrag in Harvard, wo Sheldon Glashow inzwischen Professor war, hat Glashow ihn anscheinend mit den Worten beglückwünscht, er habe da ein »nettes Modell« erfunden, und ist dann weitergegangen. In seiner Fixierung auf die starke Wechselwirkung bemerkte Glashow nicht, dass hier der Schlüssel zur Lösung der Probleme in der Theorie der schwachen Wechselwirkung liegen mochte, die er fünf Jahre zuvor veröffentlicht hatte.

Teil III

OFFEN-
BARUNGEN

KAPITEL 17

DER FALSCHE ORT ZUR RECHTEN ZEIT

Lasst euch nicht verführen! Schlechter Umgang verdirbt gute Sitten.

1. KORINTHER 15:33

Alle sechs Autoren der Aufsätze, in denen das beschrieben wird, was man zumeist als Higgs-Mechanismus bezeichnet (nach dem Nobelpreis, den Higgs sich mit Englert teilte, sprechen jedoch mittlerweile einige vom BHE-Mechanismus – für Brout, Higgs, Englert), vermuteten und hofften, dass ihre Arbeit dazu verwendet werden konnte, die starke Kraft in Atomkernen zu verstehen. Wann immer in den Aufsätzen explizit erörtert wurde, wie diese Ideen möglicherweise experimentell zu überprüfen seien, bezog man sich auf die starke Wechselwirkung – und die von Sakurai vorgeschlagenen Vektormesonen, welche speziell diese Kraft vermitteln sollten. Man hoffte, gleich um die Ecke liege eine Theorie der starken Wechselwirkung, die vielleicht die nuklearen Massen und über kurze Distanzen wirkende starke Kernkräfte erklärte.

Abgesehen von der allgemeinen Faszination für die starke Kernkraft in der Nuklearphysik gab es meiner Vermutung nach noch einen anderen Grund, weshalb Physiker versuchten, ihre neuen Ideen auf diese Theorie anzuwenden. Angesichts der

Reichweite und Stärke dieser Kraft sollten die Massen neuer Teilchen ähnlich denen von Yang und Mills, die zur Vermittlung der starken Wechselwirkung notwendig waren, mit den Massen der Protonen und Neutronen selbst sowie denen der anderen neuen Teilchen vergleichbar sein, die man in Beschleunigern entdeckte. Weil experimentelle Bestätigung die höchste Ehre ist, die Theorien zuteilwerden kann, konzentrierte man sich natürlich darauf, die Physik auf diesen zugänglichen Energieskalen zu verstehen, wo neue Ideen und neue Teilchen in vorhandenen Maschinen rasch getestet und erforscht werden konnten – und der Ruhm, wenn nicht gar Reichtum gleich um die Ecke lag. Wie Schwinger gezeigt hatte, würde dagegen jede Theorie neuer, mit der schwachen Kraft zusammenhängender Teilchen erfordern, dass diese Massen aufwiesen, die um mehrere Größenordnungen über denen lagen, die damals in Beschleunigern verfügbar waren. Hier handelte es sich eindeutig um ein Problem, das man sich später ansehen sollte – so dachten zumindest die meisten Physiker.

Zu den vielen Leuten, die von der Physik der starken Wechselwirkung fasziniert waren, gehörte auch der junge Theoretiker Steven Weinberg. Auch hier findet sich eine gewisse Poesie. Weinberg wuchs in New York City auf und besuchte die Bronx High School of Science, wo er 1950 seinen Abschluss machte. Einer seiner Klassenkameraden war Sheldon Glashow, und die beiden zogen zum Studieren an die Cornell University, wo sie während des ersten Semesters vorübergehend zusammen in einem Wohnheim lebten, ehe ihre Wege sich trennten. Während Glashow für seine Dissertation nach Harvard ging, zog Weinberg weiter nach Kopenhagen – wo Glashow einige Zeit als Postdoktorand verbrachte –, ehe er in Princeton ankam, um seine Dissertation abzuschließen. In den frühen 1960er-Jahren waren beide an der Fakultät in Berkeley; 1966 wechselten beide nach Harvard, wo Glashow eine Professorenstelle annahm und Weinberg während seines Urlaubs von Berkeley eine Gaststelle besetzte. 1967 zog Weinberg dann ans MIT um, kehrte aber schon 1973 nach Harvard zurück und übernahm den frei gewordenen Lehrstuhl von Julian Schwinger, Glashows früherem Doktorvater, sowie das zugehörige Büro. (Als Weinberg das Büro bezog, fand er im Schrank ein Paar Schuhe, die Schwinger zurückgelassen hatte – eindeutig eine Aufforderung an den jungen Wissenschaftler, er möge versuchen, sie auszufüllen. Was er auch tat.) Als Weinberg Harvard 1982 verließ, kam Glashow, um eben diesen Lehrstuhl samt Büro zu übernehmen (doch im Schrank fanden sich keine Schuhe).

Die Lebensläufe dieser beiden Wissenschaftler waren möglicherweise nicht enger verflochten als die anderer Wissenschaftler in jüngster Zeit, doch sie bilden einen interessanten Kontrast. Glashow ist brillant, verspielt und ausgelassen – in seiner Begeisterung für die Wissenschaft sogar fast wie ein Kind. Seine Stärke liegt in seiner Kreativität und seiner Nähe zum Experiment und nicht so sehr in seinen detaillierten rechnerischen Fähigkeiten. Weinberg dagegen ist vielleicht der gelehrteste und ernsthafteste (was die Physik angeht) Physiker, den ich je kennengelernt habe. Obwohl er einen wunderbar ironischen Sinn für Humor hat, nimmt er ein physikalisches Projekt nie auf die leichte Schulter; er will das entsprechende Gebiet stets beherrschen. Seine Physik-Lehrbücher sind Meisterwerke, und seine populären Schriften sind anschaulich und voller Weisheit. Als eifriger Leser der alten Geschichte vermittelt Weinberg die historische Perspektive – nicht nur dessen, was er gerade macht, sondern der gesamten Unternehmung der Physik.

Weinbergs Annäherung an die Physik ist die einer Dampfwalze. Als ich in Harvard war, nannten wir Postdocs ihn gewöhnlich »Big Steve«. Wenn er an einem Problem arbeitete, ging man ihm besser aus dem Weg, sonst wurde man von der immensen Kraft seines Intellekts und seiner Energie überrollt. Einer meiner Freunde aus dieser Zeit, Lawrence Hall, war als Doktorand in Harvard, während ich am MIT war. Lawrence war mir mit seiner Arbeit voraus und promovierte vor mir. Er erzählte mir, dass er die Arbeit, die seine Dissertation bei Weinberg werden sollte, nur abschließen konnte, weil Weinberg 1979 gerade den Nobelpreis gewonnen hatte. Der anschließende Wirbel hatte ihn gezwungen, etwas kürzer zu treten, sodass Lawrence seine Berechnungen beenden konnte, ehe Weinberg ihm zuvorkam.

Es gehört zu den größten Glücksfällen meines Lebens, dass ich während der frühen und prägenden Jahre meiner eigenen Karriere die Gelegenheit hatte, sowohl mit Glashow als auch mit Weinberg eng zusammenzuarbeiten. Nachdem Glashow dabei geholfen hatte, mich aus dem Schwarzen Loch der mathematischen Physik zu retten, wurde er in Harvard zu meinem Mitarbeiter, und vier Jahre später lehrte Weinberg mich vieles von dem, was ich über Teilchentheorie weiß. Am MIT muss man keine Kurse besuchen, sondern nur Examina bestehen, und so absolvierte ich während meiner Dissertation am MIT nur eine oder zwei Lehrveranstaltungen in Physik. Einer der Vorteile am MIT war jedoch, dass ich Kurse in Harvard belegen konnte. Während meines Promotionsverfahrens nahm ich an jedem Doktorandenseminar teil, das Weinberg abhielt (oder saß zumindest darin) – von der Quantenfeldtheorie aufwärts. In einem ganz realen Sinn stellten Glashow und Weinberg komplementäre Rollenmodelle für meine eigene Karriere dar. Im besten Fall ahmte ich Aspekte nach, die ich von jedem der beiden erfahren hatte, während ich begriff, dass mein »Bestes« im Vergleich meist nicht viel war.

Weinberg hatte und hat ein breites und fortwährendes Interesse an den Details der Quantenfeldtheorie, und wie viele andere zu Beginn der 1960er-Jahre konzentrierte er sich darauf, wie man die Natur der starken Wechselwirkung vielleicht mithilfe von Symmetrievorstellungen verstehen konnte, die das Gebiet damals – weitgehend dank der Arbeit von Gell-Mann – so stark dominierten.

Auch Weinberg dachte auf der Grundlage von Nambus Arbeit über die mögliche Anwendung von Vorstellungen zur Symmetriebrechung nach, um nukleare Massen zu verstehen, und wie Higgs war er ziemlich enttäuscht von Goldstones Resultat, wonach masselose Teilchen stets mit dieser Art von Physik einhergehen sollten. Also beschloss Weinberg, dass er es für sich selbst beweisen musste – das tat er fast immer, wenn er sich für irgendeine physikalische Idee interessierte. Und so lieferte sein anschließender Aufsatz mit Goldstone und Salam mehrere unabhängige Beweise des Theorems im Zusammenhang mit stark wechselwirkenden Teilchen und Feldern. Von möglichen Erklärungen der starken Wechselwirkung unter Verwendung spontaner Symmetriebrechung war er so entmutigt, dass er dem Entwurf dieser Arbeit einen Sinnspruch voranstellte, der aufgriff, was König Lear Cordelia geantwortet hat: »Aus nichts kann nichts entstehen: sprich noch einmal!« (Mein Buch *Ein Universum aus Nichts* verdeutlicht, warum ich kein Freund dieses Zitats bin. Die Quantenmechanik verwischt, wie sich herausstellt, die Unterscheidung zwischen etwas und nichts.)

Anschließend erfuhr Weinberg von den Ergebnissen Higgs' und anderer, wonach masselose Goldstone-Bosonen eliminiert werden konnten, wenn die gebrochene Symmetrie eine Eichsymmetrie war; er war jedoch nicht besonders beeindruckt, weil er es wie viele andere Physiker als ein interessantes technisches Detail ansah.

Zudem war die Vorstellung, dass das Pion in vieler Hinsicht einem Goldstone-Boson glich, Anfang der 1960er-Jahre nützlich für die Ableitung einiger Näherungsformeln für gewisse Reaktionsgeschwindigkeiten der starken Wechselwirkung. Dadurch wurde die Idee, die Goldstone-Bosonen in der starken Wechselwirkung loswerden zu können, weniger attraktiv. Weinberg brachte in dieser Zeit mehrere Jahre damit zu, diese Ideen zu erforschen. Er arbeitete eine Theorie aus, bei der zwei verschiedene Symmetrien, die für die starke Wechselwirkung relevant zu sein schienen, spontan gebrochen werden konnten, und unterschiedlich stark wechselwirkende Vektorbosonen vielleicht verschiedene Massen erhielten. Das Problem war, dass er keine Übereinstimmung mit Beobachtungen herstellen konnte, ohne die ursprüngliche Eichsymmetrie zu ruinieren, die dazu dienen sollte, die Theorie zu schützen. Der einzige Weg, dies zu vermeiden und die ursprüngliche Eichsymmetrie zu erhalten, die er benötigte, bestand darin, dass manche Vektorteilchen Masse bekamen, während andere masselos blieben. Doch das stimmte nicht mit den Experimenten überein.

Dann eines Tages im Jahr 1967, als er gerade zum MIT fuhr, erblickte er das Licht – sowohl buchstäblich als auch bildlich gesprochen. (In Boston bin ich mit Steve gefahren; ich habe überlebt und kann davon berichten. Ich habe gesehen, wie ihm, wenn er über Physik nachdenkt, jegliche Aufmerksamkeit für große Massen wie etwa andere Autos abhandenkommt.) Weinberg erkannte plötzlich, dass er und *alle anderen* möglicherweise die richtigen Ideen zur spontanen Symmetriebrechung anwandten, allerdings auf das falsche Problem! In der Natur gab es noch ein Beispiel, das zwei verschiedene Vektorbosonen betreffen konnte – das eine masselos, das andere mit Masse versehen. Das masselose Vektorboson konnte das Photon sein, und das massehaltige (oder mehrere davon) konnten als massive Vermittler der schwachen Wechselwirkung auftreten, die Schwinger ein Jahrzehnt zuvor spekulativ vorgeschlagen hatte.

Falls das zutraf, konnten schwache und elektromagnetische Wechselwirkungen durch einen vereinheitlichten Satz von Eichtheorien beschrieben werden – eine entsprach der elektromagnetischen Wechselwirkung (sie blieb ungebrochen), und eine entsprach der schwachen Wechselwirkung mit einer gebrochenen Eichsymmetrie, aus der mehrere sehr massehaltige Vermittler für diese Wechselwirkung hervorgingen.

In diesem Fall wäre die Welt, in der wir leben, *genau* wie ein Supraleiter.

Die schwache Wechselwirkung wäre wegen des simplen Zufalls schwach, dass der Grundzustand von Feldern in unserem aktuellen Universum die Eichsymmetrie bricht, welche sonst die Symmetrie der schwachen Wechselwirkung beherrschen würde. Die photonenähnlichen Eichteilchen bekämen große Massen, und wie von Schwinger erwartet, würde die Reichweite der schwachen Wechselwirkung so klein, dass sie selbst auf der Längenskala von Protonen und Neutronen fast zum Erliegen käme. Das würde auch erklären, warum der Neutronen-Zerfall so langsam stattfinden würde.

Die massehaltigen Teilchen, welche die schwache Wechselwirkung vermitteln, würden uns genau so vorkommen, wie Photonen für hypothetische Physiker aussähen, die in einem Supraleiter leben. Und so würde die Unterscheidung zwischen Elektromagnetismus und schwacher Wechselwirkung ebenso illusorisch erscheinen wie die Unterscheidung, welche die Physiker auf den Eiskristallen am Fenster hinsichtlich der Kräfte entlang der Richtung ihres Eiszapfens und den senkrecht dazu gerichteten Kräften vornehmen würden. Es würde ein simpler Zufall sein, dass in der Welt unserer Erfahrung die eine Eichsymmetrie gebrochen wird, die andere dagegen nicht.

Weinberg wollte es vermeiden, über stark wechselwirkende Teilchen nachzudenken, weil klar war, dass die Situation hier immer noch verworren war. So beschloss er, über Teilchen nachzudenken, die nur über die schwache oder die elektromagnetische Wechselwirkung interagieren, nämlich Elektronen und Neutrinos. Da die schwache Wechselwirkung Elektronen in Neutrinos umwandelt, musste er sich einen Satz geladener photonenähnlicher Vektorteilchen ausdenken, die eine solche Umwandlung hervorrufen sollten. Dabei handelt es sich um nichts anderes als die geladenen Vektorbosonen, die Schwinger ins Auge gefasst hatte – üblicherweise heißen sie W-plus- und W-minus-Bosonen.

Und weil nur linkshändige Elektronen und Neutrinos durch die schwache Wechselwirkung durcheinandergemischt werden, musste ein Typ von Eichsymmetrie genau die Interaktionen linkshändiger Teilchen mit den W-Teilchen beherrschen. Da aber sowohl links- als auch rechtshändige Elektronen mit Photonen interagieren, musste die Eichsymmetrie des Elektromagnetismus auf eine Weise in dieses vereinigte Modell eingebaut werden, dass linkshändige Elektronen *sowohl* mit Photonen *als auch* mit den neuen, geladenen W-Bosonen interagieren konnten – während rechtshändige Elektronen nur mit Photonen und nicht mit den W-Teilchen interagieren sollten.

Mathematisch ließ sich das – wie Sheldon Glashow entdeckt hatte, als er sechs Jahre zuvor über die elektroschwache Vereinigung nachgedacht hatte – nur durchführen, wenn es zudem ein *neutrales* schwaches Boson gab, mit dem rechts- und linkshändige Elektronen zusätzlich zu der Wechselwirkung mit Photonen interagieren konnten. Diesem neuen Boson gab Weinberg den Namen Z-null.

In der Natur musste es ein neues Feld geben, das im leeren Raum ein Kondensat bilden sollte, um die Symmetrien, welche die schwache Wechselwirkung lenkten, spontan zu brechen. Das mit diesem Feld zusammenhängende Teilchen sollte das massehaltige Higgs-Teilchen sein, während die verbleibenden Möchtegern-Goldstone-Bosonen nun vom W- und Z-Boson gefressen würden, wodurch sie mithilfe des von Higgs erstmals vorgeschlagenen Mechanismus Masse bekämen. Dadurch bliebe nur das Photon als masseloses Eichboson übrig.

Doch das ist nicht alles. Dank der von Weinberg eingeführten Eichsymmetrie sollte das neue Higgs-Teilchen auch mit Elektronen interagieren, und wenn sich das Kondensat bildete, sollte dies bewirken, dass Elektronen ebenso wie die W- und Z-Teilchen Masse bekämen. Damit würde dieses Modell nicht nur die Massen der Eichteilchen erklären, welche die schwache Wechselwirkung vermitteln – und deshalb die Stärke dieser Kraft bestimmen –, sondern eben *dieses* Higgs-Feld würde auch den Elektronen Masse verleihen.

Alle zur Vereinigung von schwacher und elektromagnetischer Wechselwirkung erforderlichen Zutaten waren in diesem Modell vorhanden. Wenn man außerdem mit einer Yang-Mills-Eichtheorie mit masselosen Eichbosonen vor der Symmetriebrechung anfing, bestand Hoffnung, dass eben jene in der Quantenelektrodynamik erstmals genutzten bemerkenswerten Symmetrieeigenschaften es auch dieser Theorie ermöglichen würden, vernünftige endliche Resultate zu liefern. Während eine grundlegende Theorie mit massehaltigen photonenähnlichen Teilchen eindeutig pathologische Merkmale trug, hatte man die Hoffnung, dass diese Pathologien nicht auftreten würden, wenn die Massen erst nach der Symmetriebrechung auftauchten. Doch damals war das tatsächlich nichts als eine Hoffnung.

In einem realistischen Modell sollte das Higgs-Teilchen sich über das Elektron hinaus eindeutig an weitere Teilchen koppeln, die mit der schwachen Wechselwirkung zu tun haben. In Abwesenheit eines Higgs-Kondensats würden all diese Teilchen, Protonen oder die Teilchen, aus denen es sich zusammensetzt, und Myonen exakt masselos sein. *Jede für unsere Existenz verantwortliche Facette* und tatsächlich die bloße Existenz der massehaltigen Teilchen, aus denen wir bestehen, würden demnach als Zufall der Natur in Erscheinung treten – der Entstehung eines speziellen Higgs-Kondensats in unserem Universum. Die besonderen Merkmale, die unsere Welt zu dem machen, was sie ist – die Galaxien, Sterne, Planeten, Menschen und die Interaktionen zwischen ihnen allen –, würden ganz anders aussehen, wenn dieses Kondensat sich nie gebildet hätte.

Oder wenn es sich auf andere Weise gebildet hätte.

Genau wie die an einem kalten Wintermorgen auf dem Eiskristall der Fensterscheibe erlebte Welt der imaginären Physiker ganz anders ausgesehen hätte, wenn der Kristall in eine andere Richtung gewachsen wäre, so hängen auch die Merkmale unserer Welt, die unsere Existenz ermöglichen, entscheidend von der Natur des Higgs-Kondensats ab. Was einem an den Eigenschaften der Teilchen und Felder, die unsere Lebenswelt bilden, so besonders vorkommen könnte, wäre demnach um nichts spezieller, geplanter oder signifikanter als die zufällige Ausrichtung der Mittelachse des Eiskristalls, auch wenn sie für die auf dem Kristall lebenden Wesen scheinbar eine besondere Bedeutung hat.

Und noch ein letzter Hauch von Poesie: Das einzigartige Yang-Mills-Modell, zu dem Weinberg sich 1967 gedrängt sah, und über das auch Abdu Salam ein Jahr darauf stolpern sollte, entsprach exakt dem Modell, das sechs Jahre zuvor von seinem alten High-School-Kumpel Sheldon Glashow vorgelegt worden war, als er auf Schwingers Herausforderung reagierte, eine Symmetrie aufzuspüren, welche die schwache und die elektromagnetische Wechselwirkung vereinen könnte. Es gab wirklich keine andere mathematische Möglichkeit, die reproduzieren konnte, was wir heute in der Welt erkennen. Glashows Modell war in der Zwischenzeit weitgehend unbeachtet geblieben, weil damals kein Mechanismus bekannt war, der den schwachen Bosonen Masse vermittelte. Doch jetzt gab es diesen Mechanismus – den Higgs-Mechanismus.

Weinberg und Glashow, deren Wege sich seit ihren Kindertagen immer wieder gekreuzt hatten, sollten später zusammen mit Salam den Nobelpreis erhalten – für die jeweils *völlig unabhängige* Entdeckung der großartigsten Vereinheitlichung der physikalischen Theorie, seit Maxwell Elektrizität und Magnetismus und Einstein Raum und Zeit vereint hatten.

KAPITEL 18

DER NEBEL LICHTET SICH

Ihr Schall geht aus in alle Lande, und ihr Reden bis ans Ende der Welt.

PSALM 19:4

Man sollte erwarten, dass die Physiker in aller Welt Partys mit Feuerwerk geschmissen hätten, als Weinbergs Aufsatz herauskam. Doch in den ersten drei Jahren nach der Publikation von Weinbergs Theorie sollte kein einziger Physiker, nicht einmal Weinberg selbst, einen Anlass sehen, die Abhandlung zu zitieren – heute gehört sie zu den am meisten zitierten Aufsätzen der Teilchenphysik. Wenn da eine große Entdeckung über die Natur gemacht worden war, so hatte es noch keiner bemerkt. Maxwells Vereinigung lieferte immerhin die schöne Vorhersage, dass Licht eine elektromagnetische Welle ist, deren Geschwindigkeit man aus Grundprinzipien ableiten kann; und siehe da, der vorhergesagte Wert war gleich der gemessenen Lichtgeschwindigkeit. Einsteins Vereinigung von Raum und Zeit sagte voraus, dass Uhren für sich bewegende Beobachter langsamer liefen; und siehe da, das machen sie wirklich – genau in der von ihm vorhergesagten Weise. Die Vereinigung der schwachen und elektromagnetischen Wechselwirkungen durch Glashow-Weinberg-Salam sagte 1967 drei neue Vektorbosonen voraus, die annähernd um den Faktor 100 schwerer waren als alle Teilchen, die man bislang aufgespürt hatte. Sie sagte auch neue Interaktionen zwischen Elektronen und Neutrinos und Materie voraus, die auf das neu vorhergesagte Z-Teilchen zurückzuführen waren, von dem man nicht nur nichts gesehen hatte, sondern das einigen Experimenten zufolge auch gar nicht existierte. Zudem erforderte sie die Existenz eines neuen und bis dahin nicht beobachteten, massehaltigen elementaren Skalarbosons, des Higgs-Teilchens, während man noch keine in der Natur vorkommenden elementaren Skalarteilchen kannte. Und weil es sich schließlich um eine Quantentheorie handelte, wusste niemand genau, ob das einen Sinn ergab.

Ist es da wirklich ein Wunder, dass die Idee nicht sofort zündete? Nichtsdestoweniger sollte sich binnen eines Jahrzehnts alles ändern, und das führte zur theoretisch produktivsten Phase der Teilchenphysik seit der Entdeckung der Quantenmechanik. Es war zwar eine Eichtheorie der schwachen Wechselwirkung, die den Ball ins Rollen brachte, doch was daraus hervorging, war weit größer.

Der erste Riss in dem Damm, der die Fluten des Fortschritts zurückhielt, entstand passenderweise durch die Arbeit des holländischen Doktoranden Gerardus ’t Hooft im Jahr 1971. Ich erinnere mich stets daran, wie man seinen Namen buchstabiert, weil ein besonders brillanter und witziger ehemaliger Harvard-Kollege – der verstorbene Sidney Coleman – zu sagen pflegte, wenn Gerard Manschettenknöpfe mit Monogramm besäße, müsste darauf ein Apostroph graviert sein. Vor 1971 hatten viele der größten Theoretiker weltweit herauszufinden versucht, ob die unendlichen Werte, von denen die meisten Quantenfeldtheorien geplagt werden, bei spontan gebrochenen Eichtheorien verschwänden, so wie das bei ihren nicht gebrochenen Cousins der Fall ist. Doch die Antwort blieb aus. Es ist bemerkenswert, dass dieser junge Doktorand, der unter der Supervision eines erfahrenen Profis – Martinus Veltman – arbeitete, einen Beweis fand, der anderen entgangen war. Wenn wir Physiker mit einem neuen Resultat konfrontiert sind, können wir uns häufig durch die Details arbeiten und uns vorstellen, wie wir das selbst hätten entdecken können. Doch viele Erkenntnisse von 't Hooft, und davon gab es sehr viele – fast alle neuen Ideen in den 1970er-Jahren waren auf die eine oder andere Weise aus diesen theoretischen Erfindungen abgeleitet –, schienen aus einem verborgenen Intuitionsvorrat zu stammen.

Bemerkenswert an Gerard ist jedenfalls auch, wie freundlich, zurückhaltend und unvoreingenommen er ist. Von jemandem, der schon als Student zu einer Berühmtheit auf seinem Gebiet wurde, hätte man vielleicht erwartet, dass er einen gewissen Sinn für Privilegien hat. Doch vom ersten Zusammentreffen an – ich war noch Student mit einem einfachen Abschluss – behandelte Gerard mich wie einen interessanten Freund, und ich kann mit Freude sagen, dass die Beziehung immer noch besteht. Ich bemühe mich stets, mich an diese Einstellung zu erinnern, wenn ich junge Studenten treffe, die vielleicht zurückhaltend oder eingeschüchtert wirken, und versuche Gerards offene, großzügige Geisteshaltung nachzuahmen.

Sein Doktorvater Tini – wie er oft genannt wird – Veltman könnte nicht gegensätzlicher sein. Nicht, dass es keinen Spaß machen würde, sich mit ihm zu unterhalten. Das tut es. Doch wenn wir eine Diskussion begannen, machte er mir immer gleich explizit deutlich, dass ich – was ich auch sagen mochte – die Dinge nicht gut genug verstand. Ich freute mich immer über die Herausforderung.

Festzuhalten ist, dass 't Hooft das Problem nie aufgegriffen hätte, wenn Veltman nicht davon besessen gewesen wäre – selbst dann noch, als die meisten anderen aufgegeben hatten. Die Vorstellung, man könne am Ende die von Feynman und anderen entwickelten Verfahren zur Zähmung der Quantenelektrodynamik erweitern, um komplexere Theorien wie die Yang-Mills-Theorie der spontanen Symmetriebrechung zu erklären, schien vielen Fachleuten auf dem Gebiet schlicht naiv. Doch Veltman stand zu dem Projekt, und schlauerweise fand er einen Doktoranden, der ebenfalls ein Genie war und ihm helfen konnte.

Es dauerte eine Weile, bis die Ideen von ’t Hooft und Veltman einsickerten und die von ’t Hooft entwickelten neuen Verfahren allgemein übernommen wurden. Doch innerhalb eines Jahres stimmten die Physiker darin überein, dass die von Weinberg und später von Salam vorgelegte Theorie einen Sinn ergab. Plötzlich nahmen die Verweise auf Weinbergs Aufsatz exponentiell zu. Doch ob etwas Sinn ergibt oder ob man recht hat, sind zwei verschiedene Dinge. Verwendete die Natur die von Glashow, Weinberg und Salam vorgeschlagene spezielle Theorie tatsächlich?

Das blieb die entscheidende offene Frage, und für eine Weile sah es aus, als laute die Antwort letztlich Nein.

Die von der Theorie geforderte Existenz eines neuen, neutralen Teilchens, des Z-Teilchens, war eine bedeutsame Erweiterung jenseits der Jahre zuvor von Schwinger und anderen vorgeschlagenen geladenen Teilchen, die erforderlich waren, um Neutronen in Protonen und Elektronen in Neutrinos umzuwandeln. Es bedeutete, dass es eine neue Art von schwacher Wechselwirkung geben sollte – nicht nur für Elektronen und Neutrinos, sondern auch für Protonen und Neutronen –, die von einem neuen neutralen Teilchenaustausch vermittelt wurde. In diesem Fall würde sich, wie beim Elektromagnetismus, die Identität der so interagierenden Teilchen nicht ändern. Derartige Wechselwirkungen wurden als »Neutralstrom-Wechselwirkungen« bekannt, und die Theorie überprüfte man logischerweise, indem man nach ihnen suchte. Die geeignetste Stelle, nach ihnen zu suchen, fand sich in den Interaktionen der einzigen Teilchen in der Natur, die genau die schwache Wechselwirkung spüren – in denen der Neutrinos.

Sie erinnern sich vielleicht, dass die Vorhersage solcher neutralen Ströme einer der Gründe war, weshalb Glashows Vorschlag von 1961 sich nie hatte durchsetzen können. Doch Glashows Modell war keine vollständige Theorie. Die Teilchenmassen wurden einfach per Hand in die Gleichungen eingefügt, weshalb Quantenkorrekturen nicht kontrolliert werden konnten. Als jedoch Weinberg und Salam ihr Modell für die elektroschwache Vereinigung vorschlugen, waren alle Elemente vorhanden, die detaillierte Vorhersagen ermöglichten. Die Masse des Z-Teilchens wurde vorhergesagt, und wie 't Hooft gezeigt hatte, konnte man alle Quantenkorrekturen auf verlässliche Weise berechnen, genau wie für die Quantenelektrodynamik.

Das war einerseits gut, andererseits schlecht, weil kein Spielraum mehr vorhanden war, mögliche Diskrepanzen mit Beobachtungen wegzudiskutieren. Und 1967 waren solche Abweichungen anscheinend aufgetreten. In hochenergetischen Kollisionen von Neutrinos mit Protonen waren keine solchen neutralen Ströme beobachtet worden, wobei man eine Obergrenze bestimmt hatte, die etwa 10 Prozent der Rate ausmachte, die man bei den vertrauteren ladungsändernden schwachen Wechselwirkungen von Neutrinos und Protonen – etwa dem Neutronen-Zerfall – beobachtete. Es sah nicht gut aus, und die meisten Physiker gingen davon aus, dass es schwache neutrale Ströme nicht gab.

Weinberg hatte ein persönliches Interesse an dieser Suche, und 1971 konnte er nachvollziehbar vorbringen, dass da immer noch Spielraum war. Doch diese Wahrnehmung wurde nicht von allen geteilt.

In den frühen 1970er-Jahren führte man am CERN in Genf neue Experimente mit dem dortigen Protonenbeschleuniger durch; dabei wurden Protonen mit hoher Energie in ein langes Ziel geschossen. Weil die meisten der beim Zusammenprall erzeugten Teilchen im Ziel absorbiert wurden, sollten am anderen Ende nur Neutrinos herauskommen – ihre Wechselwirkungen sind so schwach, dass sie das Ziel durchqueren konnten, ohne absorbiert zu werden. Der so erzeugte energiereiche Neutrinostrom sollte dann einen Detektor treffen, der auf seinem Weg angebracht worden war und die wenigen Ereignisse aufzeichnen konnte, bei denen vielleicht Neutrinos mit dem Detektormaterial interagierten.

Man baute einen riesigen neuen Detektor, den man Gargamelle nannte – nach der Riesin und Mutter des Gargantua aus dem Werk des französischen Autors Rabelais. Es handelte sich um eine gigantische »Blasenkammer« von 5 mal 2 Metern, gefüllt mit überhitztem Helium, in dem sich Blasenspuren bildeten, wenn ein energiereiches geladenes Teilchen hindurchflog – etwa so, als würde man den Kondensstreifen aus Wasserdampf am Himmel sehen, wenn das Flugzeug selbst nicht sichtbar ist.

Als sich 1968 die Arbeitsgruppe von Experimentalphysikern, die Gargamelle konstruiert hatten, traf, um die Pläne für Neutrinoexperimente zu besprechen, wurde die Idee, nach Neutralströmen zu suchen, interessanterweise nicht einmal erwähnt – ein Hinweis darauf, wie viele Physiker das Thema damals für erledigt hielten. Viel spannender war für sie die Möglichkeit, weiterhin die jüngsten aufregenden Experimente am Stanford-Linearbeschleuniger zu verfolgen, wo man energiereiche Elektronen als Sonden zur Erkundung der Protonenstruktur verwendet hatte. Da Neutrinos keine Ladung tragen, erhoffte man sich durch ihre Nutzung als Sonden für Protonen sauberere Messwerte.

Doch nach den Ergebnissen von 't Hooft und Veltman begannen die Experimentatoren 1972, die von der Eichtheorie gelieferte Beschreibung der schwachen Wechselwirkung und speziell den Vorschlag von Glashow-Weinberg-Salam ernst zu nehmen. Das hieß, dass man nach neutralen Strömen Ausschau hielt. Die Gargamelle-Arbeitsgemeinschaft hatte grundsätzlich die Befähigung, das auszuführen, auch wenn der Detektor nicht für diese Aufgabe ausgelegt war.

Die meisten der energiereichen Neutrinos in dem Strahl sollten mit Protonen im Ziel interagieren und sich dabei in Myonen umwandeln, die schwereren Partner der Elektronen. Diese Myonen sollten den Detektor verlassen und bis an die Grenze des Detektors eine lange Spur geladener Teilchen erzeugen. Die Protonen sollten in Neutronen umgewandelt werden, die ihrerseits keine Spur erzeugen würden, sondern mit Kernen kollidieren und dabei einen Schauer geladener Teilchen erzeugen sollten – diese würden Spuren hinterlassen. Das Experiment war also dafür ausgelegt, die Spuren von Myonen sowie die damit einhergehenden Schauer geladener Teilchen zu registrieren, die als jeweils separate Signale einer einzigen schwachen Wechselwirkung auftraten.

Doch manchmal sollte ein Neutrino mit Material außerhalb des Detektors interagieren und dabei ein Neutron erzeugen, das vielleicht in den Detektor zurückprallen und dort interagieren würde. Solche Ereignisse sollten aus einem einzigen stark wechselwirkenden Schauer von Teilchen bestehen, der auf das kollidierende Neutron zurückzuführen war, und keine damit einhergehende Spur von Myonen aufweisen.

Als Gargamelle anfing, nach Neutralstrom-Ereignissen zu suchen, wurden solche vereinzelten Schauer geladener Teilchen ohne begleitendes Myon zu eben jenem Signal, auf das sie sich einstellen mussten. Das liegt daran, dass sich in einem realen Neutralstrom-Ereignis ein Neutrino, welches im Detektor mit einem Neutron oder Proton interagiert, nicht in ein geladenes Myon umwandelt, sondern einfach abprallt und dem Detektor unbeobachtet entkommt. Zu beobachten wäre allein der zurückprallende nukleare Schauer – genau die Signatur, welche von den üblicheren Neutrino-Interaktionen außerhalb des Detektors produziert wird und Neutronen hervorbringt, die in den Detektor zurückprallen und einen nuklearen Schauer erzeugen.

Sollte das Experiment definitiv Neutralstrom-Ereignisse aufspüren, so bestünde die Herausforderung darin, die von Neutrinos eingeleiteten Ereignisse von denen zu unterscheiden, die auf Neutronen zurückzuführen waren. (Genau dieses Problem stellt die größte Herausforderung für Experimentalphysiker da, die nach irgendwelchen schwach interagierenden Teilchen suchen. Zu ihnen gehören auch die Teilchen der mutmaßlichen Dunklen Materie, die man heute rund um die Welt in unterirdischen Detektoren sucht.)

Die Beobachtung eines einzelnen zurückprallenden Elektrons ohne Spuren von anderen geladenen Teilchen im Detektor wurde Anfang 1973 dokumentiert. Dieses konnte aus den seltener vorhergesagten Neutralstrom-Kollisionen von Neutrinos mit Elektronen statt Protonen oder Neutronen hervorgegangen sein. Ein einzelnes Ereignis reicht in der Regel jedoch nicht aus, um in der Teilchenphysik eine neue Entdeckung behaupten zu können.

Allerdings vermittelte es Hoffnung, und im März 1973 schien eine sorgfältige Analyse der Neutronen-Hintergründe und der beobachteten isolierten Teilchenschauer Belege zu liefern, dass schwache Neutralstrom-Ereignisse tatsächlich existieren. Dennoch schlossen die Forscher am CERN erst im Juli 1973 eine so große Zahl von Nachprüfungen ab, dass sie mit hinreichender Sicherheit behaupten konnten, Neutralströme nachgewiesen zu haben – das verkündeten sie im August desselben Jahres bei einer Konferenz in Bonn.

Hier hätte die Story zu Ende sein können, doch wenig später hatte eine andere nach Neutralströmen suchende Arbeitsgruppe ihre Geräte überprüft und herausgefunden, dass ein vorheriges Signal für Neutralströme unglücklicherweise verschwunden war. Das rief erhebliche Verwirrung und Skepsis in der Physikergemeinde hervor, wo Neutralströme erneut als suspekt angesehen wurden. Schließlich kehrte die Gargamelle-Arbeitsgruppe wieder ans Zeichenbrett zurück, testete den Detektor mithilfe eines Protonenstroms direkt und zeichnete dann sehr viel mehr Daten auf. Bei der Konferenz im folgenden Jahr, im Juni 1974, präsentierten die Gargamelle-Leute eine überwältigende Bestätigung für das Signal. Die konkurrierende Gruppe hatte die Ursache ihres Fehlers mittlerweile gefunden und das Resultat bestätigt. Glashow, Weinberg und Salam waren rehabilitiert.

Neutralströme waren angekommen, und so schien eine bemerkenswerte Vereinigung von schwacher und elektromagnetischer Wechselwirkung greifbar zu sein. Doch es blieben noch zwei lose Enden übrig, die man verknüpfen musste.

Die Existenz von Neutralströmen in der Neutrino-Streuung bekräftigte die Vorstellung, dass es das Z-Teilchen gab, doch damit war nicht garantiert, dass die schwache Wechselwirkung mit derjenigen identisch war, die Glashow, Weinberg und Salam vorgeschlagen hatten und in der die schwache und die elektromagnetische Wechselwirkung vereint waren. Um das herauszufinden, brauchte man ein Experiment mit einem Teilchen, das sowohl an der schwachen als auch an der elektromagnetischen Wechselwirkung beteiligt war. Das Elektron eignete sich ideal für diesen Zweck, weil dies die einzigen Interaktionen sind, die es erfährt.

Wenn Elektronen über ihre elektromagnetische Anziehung mit anderen Ladungen interagieren, verhalten sich links- und rechtshändige Elektronen identisch. Die Weinberg-Salam-Theorie erforderte jedoch, dass schwache Wechselwirkungen bei linkshändigen Elektronen anders ablaufen als bei rechtshändigen. Deshalb sollten sorgfältige Messungen der Streuung polarisierter Elektronen – Elektronen, die zunächst mithilfe magnetischer Felder in links- oder rechtshändigen Zuständen präpariert werden – an unterschiedlichen Zielen eine Verletzung der Rechts-Links-Symmetrie enthüllen. Diese sollte jedoch nicht so extrem asymmetrisch auftreten wie bei der Neutrino-Streuung, weil das Neutrino ausschließlich linkshändig vorkommt. Das Ausmaß der Verletzung bei der Streuung von Elektronen – so es denn existierte – würde dann den Umfang widerspiegeln, in dem die schwache Wechselwirkung und der Elektromagnetismus in einer vereinten Theorie miteinander vermengt waren.

Die Idee, mithilfe von Elektronenstreuung nach einer solchen Interferenz zu suchen, war eigentlich schon 1958 von dem bemerkenswerten sowjetischen Physiker J. B. Seldowitsch vorgeschlagen worden. Doch es sollte noch 20 Jahre dauern, bis hinreichend empfindliche Experimente durchgeführt werden konnten. Und was die Entdeckung der Neutralströme anging, so war der Weg zum Erfolg voller Schlaglöcher und falscher Abzweigungen.

Es dauerte unter anderem deshalb so lange, diese Idee zu testen, weil die schwache Wechselwirkung schwach ist. Da die vorherrschende Interaktion von Elektronen mit Materie elektromagnetischer Natur ist, war die Links-Rechts-Asymmetrie, die aufgrund des möglichen Austauschs eines Z-Teilchens vorgesagt wurde, sehr klein – kleiner als 1 zu 10 000. Um eine derart kleine Asymmetrie nachzuweisen, brauchte man einen sehr starken Strahl, dessen Ausgangspolarisation zudem sehr genau festgelegt war.

Diese Versuche konnte man am besten am Linearbeschleuniger in Stanford (SLAC) durchführen, einem 1962 errichteten,

2 Meilen langen Linearbeschleuniger – der längsten und geradlinigsten Struktur, die je gebaut worden war. 1970 führte man polarisierte Strahlen ein, doch erst 1978 entwickelte und realisierte man ein Experiment mit der Empfindlichkeit, die nötig war, um die schwache elektromagnetische Interferenz bei Elektronenstreuung zu finden.

Während die erfolgreiche Beobachtung von Neutralströmen im Jahr 1974 bedeutete, dass die Weinberg-Salam-Theorie unter Theoretikern allmählich weitgehend akzeptiert wurde, war das SLAC-Experiment von 1978 deshalb so wichtig, weil zwei atomphysikalische Versuche von 1977 Ergebnisse erbracht hatten, die, falls sie korrekt waren, die Theorie überzeugend ausgeschlossen hätten.

Licht hat bisher in unserer Geschichte eine entscheidende Rolle gespielt; es erhellte (entschuldigen Sie das kleine Wortspiel) nicht nur unser Verständnis für Elektrizität und Magnetismus, sondern auch das für Raum, Zeit und letztlich für die Natur der Quantenwelt. Und so erkannte man auch, dass Licht dabei helfen konnte, nach einer möglichen elektroschwachen Vereinigung zu suchen.

Der erste große Erfolg der Quantenelektrodynamik war die korrekte Vorhersage des Spektrums von Wasserstoff und schließlich auch anderer Atome. Wenn aber Elektronen auch die schwache Kraft wahrnehmen, dann führt das zu einer sehr kleinen zusätzlichen Kraft zwischen Elektronen und Atomkernen, welche die Eigenschaften ihrer Umlaufbahnen um die Atome – wenn auch sehr geringfügig – ändern sollten. Diese sind größtenteils nicht beobachtbar, weil elektromagnetische Effekte schwache Wirkungen überdecken. Doch schwache Wechselwirkungen verletzen die Parität, und so kann genau die schwach elektromagnetische Neutralstrom-Interferenz, die man mithilfe polarisierter Elektronenstrahlen erforscht hatte, neuartige Effekte in Atomen hervorbringen – sie würden verschwinden, wenn der Elektromagnetismus die einzige beteiligte Kraft wäre.

Speziell für schwere Atome wurde dieser Interferenzeffekt für die Weinberg-Salam-Theorie berechnet: Wenn man polarisiertes

Licht durch ein atomares Gas leitete, würde die Polarisationsrichtung des Lichts um etwa ein Millionstel Grad gedreht – aufgrund der die Parität verletzenden Neutralstromeffekte in den Atomen, die vom Licht durchquert wurden.

1977 wurden die Ergebnisse zweier voneinander unabhängig durchgeführten atomphysikalischen Versuche in Seattle und Oxford in direkt aufeinanderfolgenden Artikeln in den *Physical Review Letters* veröffentlicht. Die Resultate waren bestürzend. Auf einem Niveau, das um den Faktor 10 kleiner war als von der elektroschwachen Theorie vorhergesagt, war keine derartige optische Drehung zu beobachten. Wäre man bei nur einem Experiment zu diesem Ergebnis gekommen, hätte man dieses als unklar ansehen können. Doch zwei unabhängige Versuche mit unabhängigen Methoden, welche die gleiche Antwort lieferten, schienen die Entscheidung zu bringen. Die Theorie war anscheinend gestorben.

Nichtsdestotrotz war das drei Jahre zuvor begonnene SLAC-Experiment gut unterwegs, und da alle experimentellen Vorbereitungen getroffen waren, kam die Erlaubnis, Anfang 1978 die ersten Daten aufzuzeichnen. Wegen des vorhergegangenen Nullresultats der atomphysikalischen Experimente baute die Stanford-Arbeitsgemeinschaft mehrere Alarmglocken in den Versuch ein, damit sie, falls sie keine Effekte feststellten, garantieren konnte, dass sie einen solchen Effekt hätte sehen *können*, falls es ihn gegeben hätte.

Binnen zwei Monaten begann das Experiment deutliche Anzeichen für Paritätsverletzung zu zeigen, und im Juni 1978 verkündete man in Übereinstimmung mit dem Glashow-Weinberg-Salam-Modell ein von Null abweichendes Ergebnis, das auf der Streuung eines gemessenen Neutrino-Neutralstroms beruhte – dieser maß die Stärke der Z-Interaktion.

Es gab immer noch Fragen, speziell wegen der scheinbaren Diskrepanz mit dem Ergebnis von Seattle beziehungsweise Oxford. Bei einem Gespräch zu diesem Thema am Caltech benannte Richard Feynman in seiner typischen Art eine zentrale, noch ausstehende experimentelle Frage und erkundigte sich, ob die Experimentatoren vom SLAC überprüft hatten, dass der Detektor sowohl auf links- als auch auf rechtshändige Elektronen gleichermaßen gut reagierte. Wie sich herausstellte, hatten sie das unterlassen, doch aus theoretischen Überlegungen heraus hatten sie keinen Grund für die Annahme gesehen, dass die Detektoren sich bei den verschiedenen Polarisierungen unterschiedlich verhalten würden. (Bekanntlich stieß Feynman acht Jahre später, nach der tragischen Explosion der Challenger, auf den Kern eines anderen komplexen Problems, als er der Untersuchungskommission und der am Fernseher zusehenden Öffentlichkeit einfach das Versagen einer Dichtung demonstrierte.)

Im Herbst verstärkte man beim SLAC-Experiment die Bemühungen, sowohl dieses als auch weitere Bedenken, die inzwischen aufgetaucht waren, auszuräumen, und am Ende veröffentlichte man ein mit der Vorhersage von Glashow-Weinberg-Salam übereinstimmendes Ergebnis, dessen Unsicherheit bei unter 10 Prozent lag. Die elektroschwache Vereinigung war rehabilitiert!

Ich weiß bis heute nicht, ob irgendjemand eine gute Erklärung dafür hat, warum die ursprünglichen atomphysikalischen Resultate falsch waren (spätere Experimente stimmten mit der Glashow-Weinberg-Salam-Theorie überein) – abgesehen davon, dass die Versuche und ihre theoretische Erklärung schwierig sind.

Wie auch immer, nur ein Jahr später, im Oktober 1979, bekamen Sheldon Glashow, Abdus Salam und Steven Weinberg den Nobelpreis für ihre inzwischen experimentell bestätigte elektroschwache Theorie, die auf der Grundlage einer einzigen fundamentalen Symmetrie, der Eichsymmetrie, zwei der vier Naturkräfte vereinigte. Wenn die Eichsymmetrie nicht – den Blicken verborgen – gebrochen wäre, so sähen die schwachen und die elektromagnetischen Wechselwirkungen identisch aus. Aber all die Teilchen, aus denen wir bestehen, hätten dann selbstverständlich keine Masse, und wir wären nicht hier, um das zu bemerken …

Doch damit ist unsere Geschichte noch nicht zu Ende. Zwei von vier sind immer noch nur zwei von vier. Die starke Wechselwirkung, Motiv für einen großen Teil der Arbeiten, die zur elektroschwachen Vereinigung geführt hatten, widersetzte sich weiterhin hartnäckig allen Erklärungsversuchen – auch dann noch, als die elektroschwache Theorie Gestalt annahm. Es war deutlich geworden, dass keine Erklärung der starken Kernkraft in Begriffen spontan gebrochener Eichsymmetrien einer experimentellen Überprüfung standhalten würde.

Obwohl die Wissenschaftler/Philosophen des 20. Jahrhunderts – oft auf verschlungenen und schwach beleuchteten Pfaden – aus unserer Schattenhöhle gestolpert waren, um einen Blick auf die sonst verborgene Wirklichkeit hinter der Fassade zu werfen, gab es also immer noch eine zum Verständnis der Grundstruktur von Materie relevante Kraft, die in dem sich herausbildenden Bildteppich der Natur verdächtig abwesend war.

KAPITEL 19

ENDLICH FREI

Lass mein Volk ziehen.

2. MOSES 9:1

Der lange Weg, der zur elektroschwachen Vereinigung führte, war eine Gewalttour intellektueller Ausdauer und Genialität. Allerdings war es auch ein gewaltiger Umweg. Fast alle der von Yang, Mills, Yukawa, Higgs und anderen eingeführten wichtigen Ideen, die in diese Theorie eingingen, waren in dem scheinbar erfolglosen Versuch entwickelt worden, die stärkste Naturkraft zu verstehen – die starke Kernkraft. Erinnern wir uns, dass diese Kraft und die stark wechselwirkenden Teilchen, in denen sie manifest wird, die Physiker so verhext hatten, dass in den 1960er-Jahren viele von ihnen die Hoffnung aufgegeben hatten, sie jemals mithilfe von Verfahren der Quantenfeldtheorie erklären zu können, der Theorie, die nun sowohl den Elektromagnetismus als auch die schwache Wechselwirkung so erfolgreich beschrieben hatte.

Einen Erfolg hatte es gegeben. Er drehte sich um den Vorschlag von Gell-Mann und Zweig, wonach all die stark wechselwirkenden Teilchen, die man beobachtet hatte, einschließlich des Protons und des Neutrons, als eine Zusammensetzung aus fundamentaleren Objekten verstanden werden konnten; Gell-Mann hatte sie, wie schon gesagt, als Quarks bezeichnet. Alle bekannten stark wechselwirkenden und alle damals unentdeckten Teilchen konnten unter der Annahme, dass sie aus Quarks bestehen, klassifiziert werden. Die Symmetrieargumente, die speziell Gell-Mann veranlasst hatten, sein Modell vorzulegen, dienten zudem als Grundlage dafür, dass die ansonsten verwirrenden Daten, die mit den Reaktionen stark wechselwirkender Materie zusammenhingen, einen Sinn ergaben.

Nichtsdestoweniger hatte Gell-Mann eingeräumt, dass sein Schema möglicherweise ein bloßes mathematisches Konstrukt sei, das für die Klassifikation nützlich war, und dass Quarks vielleicht gar keine realen Teilchen darstellten. Schließlich hatte man in Experimenten im Beschleuniger oder in der kosmischen Strahlung niemals freie Quarks beobachtet. Wahrscheinlich war er auch durch die populäre Vorstellung beeinflusst, dass die Quantenfeldtheorie und damit der Begriff der Elementarteilchen an sich in nuklearen Größenordnungen zusammenbrachen. Noch 1972 stellte Gell-Mann fest:

> Abschließend möchte ich mein Hauptargument hervorheben, wonach es durchaus möglich sein dürfte, eine explizite Theorie der Hadronen zu formulieren, die auf Quarks und irgendeiner Art von Klebstoff beruht … Weil die Einheiten, von denen wir ausgehen, fiktiv sind, besteht kein notwendiger Konflikt mit der Ansicht des Bootstrap-Modells.

In diesem Zusammenhang gesehen, wäre die Bemühung fehl am Platz gewesen, die starke Wechselwirkung durch eine Eich-Quantenfeldtheorie nach Yang-Mills zu erklären, bei der reale Eichteilchen die Kraft vermitteln. Sie schien auch unmöglich zu sein. Es sah so aus, als würde die starke Kraft nur in nuklearen Größenordnungen wirken; wenn man sie also durch eine Eichtheorie beschreiben wollte, mussten die photonenähnlichen Teilchen, welche die Kraft vermitteln, schwer sein. Es gab jedoch auch keine Belege dafür, dass hier ein Higgs-Mechanismus mit massehaltigen, stark wechselwirkenden Teilchen nach dem Vorbild des Higgs-Teilchens am Werk war; diese Teilchen hätten, wenn es sie denn gab, experimentell problemlos aufgespürt werden können. Was erschwerend hinzukam: Die Kraft war schlicht so stark, dass selbst dann, wenn man sie mithilfe einer Eichtheorie beschrieben hätte, alle zur Ableitung von Vorhersagen entwickelten Methoden der Quantenfeldtheorie – die bei anderen Kräften so gut funktionierten – zusammengebrochen wären, falls man sie auf die starke Kraft angewandt hätte. Deshalb führte Gell-Mann in seinem Zitat das »Bootstrap-Modell« an – die Zen-ähnliche Idee, dass kein Teilchen wahrhaft fundamental ist. Das Geräusch nicht klatschender Hände, wenn man so will.

Wann immer eine Theorie an einer solchen Sackgasse angelangt ist, ist es zweifellos hilfreich, sich von Experimenten leiten zu lassen, und genau das geschah 1968. Eine Reihe wegweisender Versuche von Henry Kendall, Jerry Friedman und Richard Taylor, die den SLAC-Beschleuniger nutzten, um energiereiche Elektronen an Protonen und Neutronen zu streuen, verrieten etwas Bemerkenswertes. Protonen und Neutronen schienen tatsächlich irgendeine Substruktur zu besitzen, doch die war sehr merkwürdig. Die Kollisionen zeigten Eigenschaften, mit denen niemand gerechnet hatte. War das Signal auf Quarks zurückzuführen?

Die Theoretiker eilten rasch zu Hilfe. James Bjorken zeigte, dass die von den Experimentatoren beobachteten Phänomene, die man als »Skalierung« bezeichnete, tatsächlich verstanden werden konnten, wenn Protonen und Neutronen aus praktisch nicht interagierenden punktähnlichen Teilchen bestanden. Feynman deutete diese Objekte dann als reale Teilchen, die er »Partonen« nannte, und meinte, sie könnten mit Gell-Manns Quarks identisch sein.

Mit diesem Bild gab es jedoch ein *großes* Problem. Wenn alle stark wechselwirkenden Teilchen ihrerseits aus Quarks bestanden, dann sollten die Quarks selbst natürlich auch stark wechselwirken. Warum sollten sie im Inneren von Protonen und Neutronen fast frei sein und nicht stark miteinander wechselwirken?

Außerdem: Wenn die Quarks wirklich die Konstituenten stark wechselwirkender Teilchen und dazu Fermionen wie etwa Elektronen waren, dann wären – wie Nambu, Moo-Young Han und Oscar Greenberg 1965 überzeugend vorgebracht hatten – Gell-Manns Klassifikationen bekannter Teilchen anhand verschiedener Kombinationen von Quarks nur dann widerspruchsfrei, wenn die Quarks eine neue Art von innerer Ladung trügen – eine »Yang-Mills-Eichladung«. Das würde implizieren, dass sie durch Vermittlung einer neuen Gruppe von Eichbosonen, die man damals Gluonen nannte, stark wechselwirkten. Aber wo waren die Gluonen, wo waren die Quarks, und warum gab es keine Anhaltspunkte für Quarks, die in Protonen und Neutronen stark wechselwirkten, wenn sie wirklich mit Feynmans Partonen identisch waren?

Ein weiteres Problem mit Quarks hatte mit den schwachen Wechselwirkungen von Protonen und Neutronen zu tun. Falls diese Letzteren aus Quarks bestanden, dann mussten die Quarks zusätzlich zu starken Wechselwirkungen auch schwache Wechselwirkungen aufweisen. Gell-Mann hatte drei verschiedene Arten von Quarks identifiziert, die alle damals bekannten stark wechselwirkenden Teilchen einschlossen. Mesonen konnten aus Paaren von Quarks und Antiquarks zusammengesetzt sein. Protonen und Neutronen konnten aus drei halbzahlig geladenen Teilchen bestehen, die er »Up(u)«- und »Down(d)«-Quarks – englisch für »(nach) oben« und »(nach) unten« – nannte. Das Proton sollte aus zwei Up-Quarks und einem Down-Quark bestehen, während das Neutron aus zwei Down-Quarks und einem Up-Quark bestand. Zusätzlich zu diesen beiden Arten von Quarks war eine weitere Art von Quark (eine schwerere Version des Down-Quarks) erforderlich, um exotische neue Elementarteilchen bilden zu können. Gell-Mann nannte dieses Quark das »Strange(s)«-Quark (englisch für »seltsam«), und Teilchen, die Strange-Quarks enthielten, wies man die Eigenschaft *Strangeness* (englisch für »Seltsamkeit«) zu.

Als man erstmals Neutralströme als Teil der schwachen Wechselwirkung vorschlug, sorgte das für ein Problem. Wenn Quarks mit den Z-Teilchen interagierten, dann konnten u-, d- und s-Quarks vor und nach der Neutralstrom-Wechselwirkung u-, d- und s-Quarks bleiben – ebenso wie Elektronen, die vor und nach der Interaktion Elektronen waren. Weil aber die d- und s-Quarks genau die gleichen elektrischen und Isospin-Ladungen besitzen, gab es nichts, was ein s-Quark daran gehindert hätte, sich bei der Interaktion mit einem Z-Teilchen in ein d-Quark zu verwandeln. Das hätte es möglich gemacht, dass Teilchen, die s-Quarks enthalten, in Teilchen mit d-Quarks zerfallen. Das Problem bestand darin, dass man keine solchen Zerfallsprozesse mit Änderung der *Strangeness* beobachtete, obwohl das Experiment hochempfindlich war. Irgendetwas stimmte da nicht.

Das Problem der abwesenden »*Strangeness*-Veränderungen durch Neutralströme« wurde im Jahr 1970 von Sheldon Glashow und seinen Mitarbeitern John Iliopoulos und Luciano Maiani zumindest im Grundsatz brillant gelöst. Diese Herren nahmen das Quark-Modell ernst. Falls es, so ihr Vorschlag, ein viertes, »Charm(c)-Quark« getauftes Quark gab, das die gleiche Ladung aufwies wie das u-Quark, dann konnte in der berechneten Umwandlungsrate vom s-Quark in ein d-Quark eine beachtliche mathematische Aufhebung auftreten. Die *Strangeness*-Veränderungen durch Neutralströme würden in Übereinstimmung mit Experimenten unterdrückt.

Dieses Schema ließ zudem allmählich auf eine hübsche Symmetrie zwischen Quarks und Teilchen wie beispielsweise Elektronen und Myonen schließen, die im Zusammenhang mit der schwachen Kraft alle paarweise existieren konnten: Das Elektron träte paarweise mit seinem eigenen Neutrino auf, ebenso das Myon. Gleichzeitig würden Up- und Down-Quark ein Paar bilden, das Charm- und das Strange-Quark ein weiteres Paar. W-Teilchen, die mit dem einen Teilchen eines Paares interagierten, würden es in das andere Teilchen dieser Paarung umwandeln.

Doch keines dieser Argumente griff das zentrale Problem der starken Wechselwirkung zwischen Quarks auf. Warum hatte noch nie jemand ein Quark beobachtet? Und falls die starke Wechselwirkung durch eine Eichtheorie mit Gluonen als Eichteilchen beschrieben wurde – wieso hatte dann noch niemand ein Gluon beobachtet? Und falls die Gluonen masselos waren – wieso besaß die starke Kraft nur eine kurze Reichweite?

Diese Probleme ließen einige weiterhin erwarten, dass eine Quantenfeldtheorie einfach der falsche Ansatz für das Verständnis der starken Kraft sei. Freeman Dyson, der bei der Entwicklung der ersten erfolgreichen Quantenfeldtheorie – der Quantenelektrodynamik – eine so bedeutende Rolle gespielt hatte, behauptete bei der Beschreibung der starken Wechselwirkung: »Die korrekte Theorie wird in den nächsten 100 Jahren nicht gefunden werden.«

Einer von denen, die die Überzeugung vertraten, dass die Quantenfeldtheorie zum Scheitern verurteilt war, war der brillante junge Theoretiker David Gross. Gross, ausgebildet unter Geoffrey Chew – dem Erfinder des Bootstrap-Bildes nuklearer Demokratie, in der Elementarteilchen eine Illusion waren, die eine Struktur verbargen, in der nur Symmetrien und keine Teilchen real waren –, war gut darauf vorbereitet, die Quantenfeldtheorie für immer zu erledigen.

Erinnern wir uns, dass man noch 1965, als Richard Feynman seinen Nobelpreis bekam, den Eindruck hatte, dass das von ihm und anderen entwickelte Verfahren zur Beseitigung unendlicher Werte in der Quantenfeldtheorie ein Trick sei – dass an dem Bild, das die Quantenfeldtheorie in sehr kleinen Maßstäben präsentierte, etwas grundlegend falsch sei.

Der russische Physiker Lew Landau hatte in den 1950er-Jahren gezeigt, dass die elektrische Ladung auf einem Elektron letztlich von der Skala abhängt, auf der man sie misst. Wegen des Effekts virtueller Teilchen, die aus dem leeren Raum auftauchen, sind Elektronen und alle Elementarteilchen von einer Wolke aus virtuellen Paaren, bestehend aus Teilchen und Antiteilchen, umgeben. Diese Paare bewirken, dass die Ladung abgeschirmt wird – so, wie eine Ladung in einem dielektrischen Material abgeschirmt wird. Positiv geladene virtuelle Teilchen umgeben die negative Ladung tendenziell in engem Radius, weshalb die physikalischen Effekte der ursprünglichen negativen Ladung in einiger Entfernung verringert werden.

Laut Landau bedeutete dies, dass die Ladung eines Elektrons umso größer erscheint, je näher man ihm kommt. Wenn wir messen, dass die Ladung des Elektrons auf größere Entfernung einen bestimmten Wert aufweist, würde das heißen, dass die »nackte« Ladung auf dem Elektron – nämlich die Ladung auf dem Elementarteilchen, das man ohne all die unendlichen Hüllen von Teilchen-Antiteilchen-Paaren betrachtet, die es auf immer kleineren Skalen umgeben – unendlich sein müsste. An diesem Bild war eindeutig etwas faul.

Gross wurde nicht nur von seinem Supervisor beeinflusst, sondern auch durch die damals vorherrschenden Ansichten, zumeist Argumente von Gell-Mann, der die theoretische Teilchenphysik in den späten 1950er-Jahren und Anfang der 1960er-Jahre dominierte. Gell-Mann trat dafür ein, algebraische Zusammenhänge zu nutzen, die sich aus dem Nachdenken über Feldtheorien ergeben, und dann die Zusammenhänge zu behalten, während man die Feldtheorie fallenließ. In einer besonders stark an Gell-Mann angelehnten Beschreibung stellte Gross fest:

> Diesen Vorgang könnten wir mit einer manchmal in der französischen Küche genutzten Methode vergleichen: Ein Stück Fasanenfleisch wird zwischen zwei Scheiben Kalbfleisch gegart, die anschließend weggeworfen werden.

Auf diese Weise konnte man sich Eigenschaften von Quarks herausnehmen, die für Vorhersagen nützlich sein mochten, anschließend aber die mögliche Existenz von Quarks ignorieren. Doch Gross war es allmählich leid, einfach nur Ideen zu verwenden, die mit globalen Symmetrien und algebraischen Systemen zusammenhingen. Er wollte dynamische Abläufe erforschen, die möglicherweise jene physikalischen Prozesse beschrieben, die sich in stark wechselwirkenden Teilchen abspielten. Gross und sein Mitarbeiter Curtis Callan stützten sich auf frühere Arbeiten von James Bjorken, um zu zeigen, dass die anscheinend in Protonen und Neutronen vorhandenen geladenen Teilchen den Spin ½ aufweisen mussten, der mit dem in Elektronen identisch war. Mit anderen Mitarbeitern zeigte Gross später, dass eine ähnliche Analyse der am CERN gemessenen Neutrinostreuung an Protonen und Neutronen an den Tag brachte, dass die Bestandteile genau wie die von Gell-Mann vorgeschlagenen Quarks aussahen.

Wenn es quakt wie eine Ente und watschelt wie eine Ente, dann ist es wahrscheinlich eine Ente. Für Gross und andere galt die reale Existenz von Quarks damit als überzeugend belegt.

Doch so sehr viele davon überzeugt sein mochten, dass Quarks real waren – sie waren gleichermaßen davon überzeugt, dass die Feldtheorie demzufolge keinesfalls der richtige Weg sein konnte, die starke Wechselwirkung zu beschreiben. Die Resultate des Experiments verlangten, dass die Bestandteile im Wesentlichen nicht interagierten, keine starke Wechselwirkung zeigten.

Gross' Princeton-Kollegen Curtis Callan und Kurt Symanzik entdeckten 1969 einen von Lew Landau und anschließend von Gell-Mann und Francis Low erforschten Satz von Gleichungen wieder, der beschrieb, wie Größen in der Quantenfeldtheorie sich möglicherweise im Zusammenhang mit dem Maßstab entwickelten. Wenn die aus den SLAC-Experimenten abgeleiteten Partonen überhaupt an irgendwelchen Wechselwirkungen beteiligt waren – und bei Quarks musste das der Fall sein –, dann sollte es, wie deutlich wurde, messbare Abweichungen von der Skalierung geben, die Bjorken abgeleitet hatte; die Ergebnisse, die Gross und seine Mitarbeiter auch abgeleitet hatten, als sie die Theorie und die SLAC-Experimente verglichen, hätten ebenfalls modifiziert werden müssen.

Während der folgenden zwei Jahre, mit den Ergebnissen von 't Hooft und Veltman und dem wachsenden Erfolg der Vorhersagen auf Basis der Theorie der schwachen und elektromagnetischen Wechselwirkung, richteten wieder mehr Menschen ihre

Aufmerksamkeit auf die Quantenfeldtheorie. An diesem Punkt beschloss Gross, allgemeingültig zu beweisen, dass keine vernünftige Quantenfeldtheorie imstande sein würde, die am SLAC beobachteten experimentellen Resultate zur Natur von Protonen und Neutronen zu reproduzieren. Er hoffte, damit diesen ganzen Ansatz zum Verständnis der starken Wechselwirkung zu erledigen. Zunächst wollte er beweisen, dass die Resultate des SLAC nur dann erklärt werden könnten, wenn die Stärke der Quantenfeld-Interaktionen auf kurze Distanzen auf irgendeine Weise gegen null gingen, das heißt, die Felder auf kurze Distanzen letztlich nicht interagierten. Anschließend würde er zeigen, dass keine Quantenfeldtheorie diese Eigenschaft aufwies.

Erinnern wir uns, dass die Quantenelektrodynamik als prototypische konsistente Quantenfeldtheorie sich genau entgegengesetzt verhält – wie Landau gezeigt hatte. Die Stärke elektrischer Ladungen nimmt zu, wenn die Größenordnung abnimmt, in der man Teilchen (wie etwa Elektronen) sondiert – was der sie umgebenden Wolke aus virtuellen Teilchen zu verdanken ist.

Anfang 1973 hatten Gross und sein Mitarbeiter Giorgio Parisi den ersten Teil des Beweises abgeschlossen – dass nämlich die Skalierung, wie man sie am SLAC beobachtet hatte, mit einschloss, dass die starken Wechselwirkungen der Protonenbestandteile in kleinen Distanzskalen gegen null gehen mussten, wenn die starke Kernkraft durch irgendeine grundlegende Quantenfeldtheorie beschrieben werden sollte.

Dann versuchte Gross zu zeigen, dass keine Feldtheorie dieses Verhalten – auf kleine Entfernungen geht die Stärke der Wechselwirkungen gegen null – aufwies. Diesen Sachverhalt nannte er »asymptotische Freiheit«. Mit Unterstützung von Sidney Coleman, der von Harvard kam und damals als Gast in Princeton war, konnte Gross diesen Beweis für alle vernünftigen Quantenfeldtheorien mit Ausnahme der Eichtheorien des Yang-Mills-Typs abschließen.

Zu diesem Zeitpunkt nahm Gross einen neuen Doktoranden an, den 21-jährigen Frank Wilczek, der von der University of

Chicago nach Princeton gekommen war, um Mathematik zu studieren. Nachdem er Gross' Doktorandenseminar in Feldtheorie absolviert hatte, war er zur Physik gewechselt.

Gross hatte entweder Glück oder ein gutes Händchen, weil er Doktorvater der zwei wahrscheinlich bemerkenswertesten Köpfe unter den Physikern meiner Generation war: Wilczek und dazu Edward Witten. Witten führte in den 1980er- und 1990er-Jahren die Stringtheorie-Revolution mit an und erhielt als einziger Physiker die prestigeträchtige Fields-Medaille – die höchste Auszeichnung, die an Mathematiker vergeben wird. Frank Wilczek wiederum ist wahrscheinlich einer der wenigen Universalgelehrten der Physik. Zu Beginn der 1980er-Jahre arbeiteten Frank und ich häufig zusammen und wurden Freunde; er ist nicht nur einer der kreativsten Physiker, mit denen ich je zusammengearbeitet habe, sondern verfügt auch über enzyklopädische Kenntnisse auf dem Gebiet. Er hat fast jedes jemals geschriebene Physiklehrbuch gelesen und die Informationen in sich aufgesogen. Im Laufe der Jahre hat er zahlreiche fundamentale Beiträge nicht nur zur Physik, sondern auch zur Kosmologie und zur Festkörperphysik erbracht.

Gross jedenfalls betraute Wilczek mit der Aufgabe, mit ihm das einzig verbliebene Schlupfloch in seinem vorherigen Beweis zu erforschen – nämlich zu bestimmen, wie die Stärke der Wechselwirkung in Yang-Mills-Theorien sich änderte, wenn man zu kürzeren Entfernungsskalen überging. Um zu beweisen, dass auch diese Theorien keine asymptotische Freiheit aufweisen konnten, beschlossen sie, das Verhalten der Wechselwirkungen innerhalb der Theorien bei ständig abnehmenden Distanzen direkt und explizit zu berechnen.

Zu dieser Zeit war das eine beachtliche Aufgabe. Mittlerweile hat man Werkzeuge entwickelt, mit denen die Berechnung als Hausaufgabe in einem Doktorandenseminar zu erledigen ist. Im Nachhinein, wenn man weiß, welche Antwort wahrscheinlich herauskommen wird, rechnet es sich allemal leichter. Nach einigen hektischen Monaten mit zahlreichen Fehlstarts und numerischen Fehlern schlossen Gross und Wilczek ihre Berechnungen im Februar 1973 ab. Zu Gross' großer Überraschung entdeckten sie, dass Yang-Mills-Theorien tatsächlich asymptotisch frei sind – die Stärke der Wechselwirkung in diesen Theorien geht gegen null, wenn interagierende Teilchen näher zusammenkommen. In seiner Nobelpreisrede drückte Gross das später so aus: »Für mich kam die Entdeckung der asymptotischen Freiheit völlig unerwartet. Wie ein Atheist, der gerade eine Botschaft von einem brennenden Busch erhalten hat, wurde ich auf der Stelle zu einem echten Gläubigen.«

Sidney Coleman hatte seinen eigenen Doktoranden David Politzer beauftragt, eine ähnliche Berechnung durchzuführen; dessen unabhängiges Ergebnis stimmte mit dem von Gross und Wilczek überein und wurde etwa zur gleichen Zeit gewonnen. Dass die Resultate übereinstimmten, vermittelte beiden Gruppen größeres Vertrauen in ihr Ergebnis.

Yang-Mills-Theorien können nicht nur asymptotisch frei sein, sie sind auch die *einzigen* Feldtheorien, auf die das zutrifft. Deshalb, und weil für jede Theorie der starken Wechselwirkung, die mit den experimentellen Resultaten am SLAC aus dem Jahr 1968 vereinbar sein sollte, anscheinend asymptotische Freiheit erforderlich war, schlugen Gross und Wilczek in der Einführung ihres wegweisenden Aufsatzes vor, dass eine Yang-Mills-Theorie möglicherweise genau die Theorie sei, welche die starke Wechselwirkung erklären könne.

Die Frage, welche Yang-Mills-Theorie die richtige war, musste ebenso beantwortet werden wie die Frage, warum man die masselosen Eichteilchen, die das entscheidende Merkmal der Yang-Mills-Theorien sind, nicht gesehen hatte. Und in diesem Zusammenhang blieb die vielleicht wichtigste, seit Langem bestehende Frage: Wo sind die Quarks?

Doch bevor ich diese Fragen aufgreife: Sie wundern sich vielleicht, warum Yang-Mills-Theorien sich so anders verhalten als ihr schlichterer Cousin, die Quantenelektrodynamik, für die Landau gezeigt hatte, dass die Stärke der Wechselwirkung zwischen elektrischen Ladungen auf kürzere Distanzen zunimmt.

Der Grund ist ein wenig diffizil und liegt in der Natur der masselosen Eichteilchen in der Yang-Mills-Theorie. Anders als Photonen in der QED, die keine Ladung tragen, besitzen die Gluonen, die der Vorhersage nach die starke Wechselwirkung vermitteln, Yang-Mills-Ladungen, weshalb sie miteinander interagieren. Weil aber Yang-Mills-Theorien komplizierter sind als die QED, sind auch die Ladungen auf Gluonen komplizierter als die einfachen elektrischen Ladungen auf Elektronen. In gewissem Sinn sieht jedes Gluon nicht nur wie ein geladenes Teilchen aus, sondern auch wie ein kleiner geladener Magnet.

Bringt man einen kleinen Magneten in die Nähe von Eisen, wird dieses magnetisiert, und man erhält einen stärkeren Magneten. Bei Yang-Mills-Theorien ereignet sich etwas Ähnliches. Wenn ich ein Teilchen mit einer Yang-Mills-Ladung – etwa ein Quark – habe, können Quarks und Antiquarks aus dem Vakuum rund um die Ladung auftauchen und es abschirmen, wie das im Elektromagnetismus geschieht. Doch Gluonen können auch aus dem Vakuum auftauchen, und weil sie wie kleine Magneten wirken, richten sie sich tendenziell entlang des vom ursprünglichen Quark erzeugten Feldes aus. Das erhöht die Stärke des Feldes, was wiederum dafür sorgt, dass noch mehr Gluonen aus dem Vakuum auftauchen, das Feld weiter verstärken und so fort.

Je tiefer man in die Wolke aus virtuellen Gluonen eindringt – je näher man also dem Quark kommt –, desto schwächer wird das Feld folglich aussehen. Wenn man schließlich zwei Quarks immer näher zusammenbringt, wird die Wechselwirkung so schwach, dass sie sich am Ende so verhalten, als würden sie überhaupt nicht interagieren – das ist das Merkmal asymptotischer Freiheit.

Gluonen und Quarks habe ich hier als Etiketten verwendet, aber die Entdeckung der asymptotischen Freiheit verwies nicht speziell auf eine Yang-Mills-Theorie. Doch wie Gross und Wilczek erkannten, gab es eine Theorie, die sich als natürlicher Kandidat anbot – nämlich die Yang-Mills-Theorie, die Greenberg und andere als notwendig erachtet hatten, damit Gell-Manns

Hypothese die beobachtete Natur der Elementarteilchen erklären konnte. In dieser Theorie trägt jedes Quark eine von drei Arten von Ladungen, die man mangels besserer Namen nach Farben benannt hat, zum Beispiel rot, grün oder blau. Wegen dieser Namensgebung prägte Gell-Mann für diese Yang-Mills-Theorie die Bezeichnung Quantenchromodynamik, die Quantentheorie farbiger Ladungen – analog zur Quantenelektrodynamik, der Quantentheorie der elektrischen Ladungen.

Demzufolge war die Quantenchromodynamik, wie Gross und Wilczek auf Basis der beobachteten Daten zugunsten einer solchen mit Quarks verbundenen Symmetrie postulierten, die *korrekte* Eichtheorie der starken Wechselwirkung von Quarks.

Die bemerkenswerte Idee einer asymptotischen Freiheit erfuhr innerhalb eines Jahres nach diesen theoretischen Entwicklungen einen ebenso bemerkenswerten experimentellen Schub. Versuche am SLAC und einem anderen Beschleuniger in Brookhaven auf Long Island brachten die überraschende Entdeckung eines neuen, massehaltigen Elementarteilchens, das so aussah, als könne es aus einem neuen Quark bestehen – in der Tat dem sogenannten Charm-Quark, das Glashow und Freunde vier Jahre zuvor vorhergesagt hatten.

Diese neue Entdeckung war jedoch eigenartig, weil das neue Teilchen erheblich länger lebte, als man sich aufgrund der gemessenen Lebensdauer leichterer instabiler, stark wechselwirkender Teilchen vorgestellt haben mochte. Die Experimentatoren, die das neue Teilchen gefunden hatten, drückten es so aus: Die Beobachtung dieses Teilchens komme ihnen vor, als seien sie durch den Dschungel gewandert und hätten dort eine neue Menschenart gefunden, die nicht bis zu 100, sondern bis zu 10 000 Jahre alt werden konnte.

Wäre es auch nur fünf Jahre früher zu dieser Entdeckung gekommen, hätte man sie für unerklärlich gehalten. Doch in diesem Fall begünstigte das Glück tatsächlich den vorbereiteten Geist. Wie Tom Appelquist und David Politzer, damals beide in Harvard, schnell erkannten, konnte man – falls asymptotische

Freiheit tatsächlich eine Eigenschaft der starken Wechselwirkung war – zeigen, dass die Interaktionen, welche die massiveren Quarks beherrschten, weniger stark sein sollten als die Interaktionen, welche die leichteren, vertrauteren Quarks steuerten. Schwächere Wechselwirkungen würden bedeuten, dass Teilchen weniger schnell zerfallen. Was sonst ein Mysterium gewesen wäre, stellte sich in diesem Fall als Verifikation der neuen Idee einer asymptotischen Freiheit heraus. Alles schien zusammenzupassen.

Abgesehen von einem ganz schön *großen* Ding. Wenn die Theorie der Quantenchromodynamik eine Theorie der Wechselwirkungen von Quarks und Gluonen war, wo waren die Quarks und Gluonen dann? Wieso hatte sie niemals jemand in einem Experiment beobachtet? Die asymptotische Freiheit liefert einen entscheidenden Hinweis. Wenn die Stärke der starken Wechselwirkung nachlässt, je näher man einem Quark kommt, dann sollte sie umgekehrt immer mehr zunehmen, je weiter man sich von dem Quark entfernt. Stellen wir uns vor, was geschieht, wenn ich ein Quark und ein Antiquark habe, die durch die starke Wechselwirkung miteinander verbunden sind, und dann versuche, sie auseinanderzuziehen. Im Lauf dieses Versuchs benötige ich immer mehr Energie, weil die Stärke der Anziehung zwischen beiden mit der Entfernung zunimmt. Schließlich wird in den das Quark umgebenden Feldern so viel Energie gespeichert, dass es energetisch günstiger wird, wenn stattdessen ein neues Paar aus Quark und Antiquark aus dem Vakuum auftaucht und anschließend jedes sich mit einem der ursprünglichen Teilchen zusammentut. Eine schematische Darstellung des Prozesses sieht so aus:

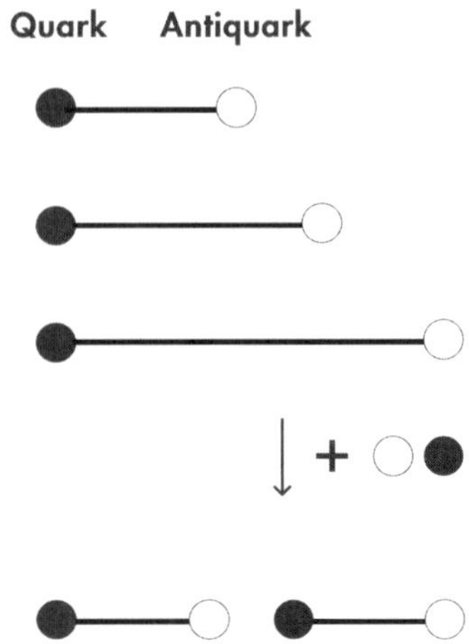

Das Ganze sähe aus wie die Dehnung eines Gummibandes. Am Ende zerreißt das Band, anstatt sich auf ewig zu dehnen. In diesem Fall stünde jeder Teil für ein neues verbundenes Paar aus Quark und Antiquark.

Was würde das in Hinblick auf Experimente bedeuten? Nun, wenn ich ein Teilchen wie etwa ein Elektron beschleunige und es mit einem Quark im Inneren eines Protons oder Neutrons kollidiert, schlägt es das Quark aus dem Proton. Doch während das Quark sich anschickt, das Proton zu verlassen, nehmen die Interaktionen des Quarks mit den verbleibenden Quarks zu. Schließlich wird es energetisch günstiger, dass Paare aus virtuellen Quarks und Antiquarks aus dem Vakuum auftauchen und sich an das ausgeworfene Quark sowie an die anderen Quarks binden. Das heißt, man erzeugt einen Schauer stark wechselwirkender Teilchen wie Protonen oder Pionen und so weiter, die sich entlang der Richtung des ursprünglich ausgeworfenen Quarks bewegen, und ebenso einen Schauer stark wechselwirkender Teilchen, die in die Bewegungsrichtung der ursprünglich von dem Proton übrig gebliebenen Quarks zurückprallen. Die Quarks selbst wird man nie sehen.

Bei der Kollision mit einem Quark kann es beim Prozess des

Zurückprallens manchmal auch vorkommen, dass das Quark ein Gluon emittiert, ehe es sich an ein Antiquark bindet, das aus dem Vakuum auftaucht. Weil Gluonen sowohl miteinander als auch mit Quarks interagieren, könnte das neue Gluon weitere Gluonen emittieren. Diese Gluonen wiederum werden von neuen Quarks umgeben sein, die aus dem Vakuum auftauchen, was neue stark wechselwirkende Teilchen hervorbringt, die sich in der Richtung jedes ursprünglichen Gluons bewegen. In diesem Fall würde man in einigen Fällen erwarten, nicht nur einen einzigen, sich in der Richtung des ursprünglichen Quarks bewegenden Schauer zu sehen, sondern mehrere Schauer für jedes auf dem Weg emittierte neue Gluon.

Aufgrund der Tatsache, dass die Quantenchromodynamik eine spezielle, gut definierte Theorie ist, konnte man die Rate vorhersagen, mit der Quarks Gluonen emittieren. Damit ließ sich ebenso die Rate vorhersagen, mit der man einen einzelnen Schauer (einen sogenannten »Jet«) beobachtet, der herausgeschlagen wird, wenn ein Elektron mit einem Proton oder Neutron kollidiert, und dazu die Rate, mit der man zwei Schauer und so fort sehen würde. Und am Ende, als die Beschleuniger so stark wurden, dass man all diese Vorgänge beobachten konnte, stimmten die beobachteten Raten gut mit den Vorhersagen der Theorie überein.

Man kann aus gutem Grund glauben, dass dieses Bild freier Quarks und Gluonen, die so rasch an neue Quarks und Antiquarks gebunden werden, dass man nie ein freies Quark oder Gluon beobachten kann, Gültigkeit besitzt. Der Prozess heißt »Einschluss«, weil Quarks und Gluonen immer in stark wechselwirkende Teilchen wie Protonen und Neutronen eingeschlossen sind und sich nie daraus lösen können, ohne in neu geschaffene stark wechselwirkende Teilchen eingeschlossen zu werden.

Weil der eigentliche Vorgang, durch den die Quarks eingeschlossen werden, abläuft, während das Quark sich immer weiter von seinen früheren Gefährten entfernt und die Kräfte zunehmend stärker werden, brechen die Standardberechnungen der

Quantenfeldtheorie, die bei schwächeren Kräften gelten, zusammen. Dieses experimentell bekräftigte Bild lässt sich also derzeit durch nachvollziehbare Berechnungen nicht vollständig bestätigen.

Werden wir je imstande sein, die erforderlichen mathematischen Werkzeuge zu entwickeln, um aus Grundprinzipien analytisch zeigen zu können, dass der Einschluss tatsächlich eine mathematische Eigenschaft der Quantenchromodynamik ist? Das ist ganz wörtlich die Eine-Million-Dollar-Frage. Das Clay Mathematics Institute hat ein Preisgeld von einer Million Dollar für einen rigorosen mathematischen Beweis ausgelobt, dass die Quantenchromodynamik keine Produktion von freien Quarks oder Gluonen zulässt. Obwohl bis jetzt noch niemand Ansprüche auf den Preis angemeldet hat, gibt es dennoch starke indirekte Anhaltspunkte für diese Idee – sie stammen nicht nur von experimentellen Beobachtungen, sondern auch von numerischen Simulationen, die den komplizierten Interaktionen der Quantenchromodynamik sehr nahe kommen. Das ist ermutigend, wenn auch nichts Endgültiges. Wir müssen immer noch bestätigen, dass der Effekt nicht etwa durch eine Eigenschaft der Computersimulation verursacht wird, sondern eine Eigenschaft der Theorie ist. Für Physiker, wenn nicht sogar für Mathematiker, scheint das aber hinreichend überzeugend.

Ein letztes Stückchen direkten Beweises, dass die QCD korrekt war, betraf ein Gebiet, in dem exakte Berechnungen ausgeführt werden *können*. Weil Quarks auf kurze Distanzen nicht vollständig frei sind, sollte es, wie ich bereits angesprochen habe, berechenbare Korrekturen für exotische Skalierungsphänomene geben, die man bei hochenergetischen Kollisionen von Elektronen mit Protonen und Neutronen beobachtet – ursprünglich am SLAC. Eine perfekte Skalierung würde Teilchen erfordern, die absolut nicht interagieren. Die Korrekturen, die man in der Quantenchromodynamik berechnen konnte, sollten nur in Experimenten beobachtbar sein, die weit empfindlicher waren als die, die man zuerst am SLAC durchgeführt hatte. Man musste neue

Beschleuniger mit höheren Energien entwickeln, um sie zu testen. Nach ungefähr 30 Jahren hatte man genug Belege gesammelt; der Vergleich theoretischer Vorhersagen mit Experimenten stimmte auf dem Niveau von 1 Prozent überein, und die Quantenchromodynamik als Theorie der starken Wechselwirkung war endlich präzise und eingehend verifiziert.

Schließlich erhielten Gross, Wilczek und Politzer für ihre Entdeckung der asymptotischen Freiheit 2004 den Nobelpreis. Die Experimentalphysiker, welche am SLAC die Skalierung erstmals entdeckt hatten, bekamen den Nobelpreis viel früher, nämlich 1990. Und die Experimentalphysiker, die das Charm-Quark 1974 entdeckten, gewannen den Nobelpreis zwei Jahre darauf im Jahr 1976.

Doch die höchste Auszeichnung von allen ist, wie Richard Feynman gesagt hat, nicht die Würdigung durch eine Medaille oder einen Geldbetrag, ja nicht einmal das Lob, das man von Kollegen oder der Öffentlichkeit erfährt, sondern die Belohnung, dass man tatsächlich etwas Neues über die Natur erfährt.

In diesem Sinn waren die 70er-Jahre vielleicht das fruchtbarste Jahrzehnt des 20. Jahrhunderts, wenn nicht der gesamten Physikgeschichte. 1970 verstanden wir nur eine Naturkraft vollständig als eine Quantentheorie, nämlich als Quantenelektrodynamik. Bis 1979 hatten wir das möglicherweise größte theoretische Gebäude entwickelt und experimentell bestätigt, das je vom menschlichen Geist geschaffen wurde – das Standardmodell der Teilchenphysik, das drei der vier bekannten Naturkräfte präzise beschreibt. Die Anstrengung erstreckte sich über die gesamte Geschichte der modernen Wissenschaft: von Galileis Untersuchungen zur Natur bewegter Körper über Newtons Entdeckung der Bewegungsgesetze, die experimentellen und theoretischen Untersuchungen der Natur des Elektromagnetismus, über Einsteins Vereinigung von Raum und Zeit, die Entdeckungen im Atomkern, Quantenmechanik, Protonen und Neutronen bis hin zur Entdeckung der schwachen und starken Kraft selbst.

Doch die bemerkenswerteste Charakteristik dieses langen Marsches zum Licht zeigt sich darin, wie sehr die grundlegende Natur der Wirklichkeit sich von den Schatten der Wirklichkeit unterscheidet, die wir im Alltag erleben, und besonders darin, dass die fundamentalen Größen, die unsere Existenz zu beherrschen scheinen, keineswegs fundamental sind.

Den Kern der beobachteten Materie bilden Teilchen, die man nie direkt beobachtet hat und die man, wenn wir korrekt sein wollen, niemals wird beobachten können – Quarks und Gluonen. Die Eigenschaften der Kräfte, welche die Interaktionen dieser Teilchen steuern – und auch die Teilchen, welche für mehr als ein Jahrhundert die Basis der modernen Experimentalphysik gewesen sind, nämlich die Elektronen – sind auf einer fundamentalen Ebene ebenfalls ganz anders als die Eigenschaften, die wir direkt beobachten und von denen wir für unsere bloße Existenz abhängen. Die starke Wechselwirkung zwischen Protonen und Neutronen ist nur ein auf große Entfernungen wirksames Überbleibsel der darunterliegenden Kraft zwischen Quarks, deren grundlegende Eigenschaften durch die komplizierten Interaktionen innerhalb des Atomkerns überdeckt werden. Die schwache Wechselwirkung und die elektromagnetische Wechselwirkung, die oberflächlich betrachtet nicht verschiedener sein könnten – eine besitzt eine kurze Reichweite, während die andere auf große Distanzen wirkt, zudem scheint eine mehrtausendfach schwächer zu sein als die andere –, sind in Wahrheit eng miteinander verbunden und reflektieren verschiedene Facetten eines einzigen Ganzen.

Dieses Ganze ist uns wegen eines Zufalls der Natur verborgen – es handelt sich um die spontane Symmetriebrechung, welche die beiden Kräfte in unserer Erfahrungswelt voneinander scheidet und ihre wahre Natur verbirgt. Mehr noch: Die Masse der Teilchen, die uns formen und die Eigenschaften der schönen Welt produzieren, und die wir nur beobachten können, weil ein Teilchen, das Photon, masselos bleibt – auch diese Masse geht aus dem Zufall der spontanen Symmetriebrechung hervor. Wenn die grundlegenden Symmetrien der die Materie beherrschenden Kräfte manifest wären, würde nichts von dem, was wir heute im Universum sehen – von Galaxien über Sterne, Planeten, Menschen bis hin zu Vögeln und Bienen – existieren.

Wie wir außerdem erfahren haben, sind diese Teilchen, aus denen wir bestehen, nicht einmal alle, die es in der Natur gibt. Die beobachteten Teilchen lassen sich in einfachen Gruppen oder Familien zusammenfassen. Das Up- und das Down-Quark bilden Protonen und Neutronen. Mit ihnen findet man das Elektron und seinen Partner, das Elektron-Neutrino. Aus Gründen, die wir nicht verstehen, gibt es dann noch eine schwerere Familie, bestehend aus dem Charm- und dem Strange-Quark einerseits und dem Myon samt seinem Neutrino auf der anderen Seite. Und schließlich haben wir da noch, wie Experimente in den letzten beiden Jahrzehnten bestätigt haben, eine dritte Familie; sie besteht aus zwei neuen Quark-Typen, dem Bottom- und dem Top-Quark, und einer damit einhergehenden Version des Elektrons mit dem Namen Tau-Teilchen einschließlich dessen Neutrino.

Wie ich gleich schildern werde, können wir aus gutem Grund erwarten, dass es über diese Teilchen hinaus noch andere Elementarteilchen gibt, die noch nie beobachtet worden sind. Jene Teilchen, von denen wir glauben, dass sie die mysteriöse Dunkle Materie bilden, welche die Masse unserer Galaxie und aller beobachteten Galaxien bestimmt, mögen für unsere Teleskope unsichtbar sein, doch unsere Beobachtungen und Theorien lassen erwarten, dass Galaxien und Sterne sich ohne die Existenz der Dunklen Materie gar nicht hätten entwickeln können.

Und im Zentrum all der Kräfte, die das dynamische Verhalten von allem bestimmen, was wir beobachten können, findet sich ein wunderbarer mathematischer Rahmen namens Eichsymmetrie. Die starke, die schwache und die elektromagnetische Kraft und sogar die Schwerkraft weisen diese mathematische Eigenschaft auf. Und was die ersten drei Beispiele angeht, ist es genau diese Eigenschaft, die sicherstellt, dass die Theorien einen mathematischen Sinn ergeben und diese üblen unendlichen Werte der

Quantentheorie aus allen Berechnungen von Größen verschwinden, die mit Experimenten verglichen werden können.

Mit Ausnahme des Elektromagnetismus entziehen sich diese anderen Symmetrien vollständig dem Blick. Die Eichsymmetrie der starken Kraft ist verborgen, weil die Elementarteilchen, welche diese Symmetrie verkörpern, vermutlich durch den Einschluss verdeckt sind. Die Eichsymmetrie der schwachen Kraft ist in unserer Lebenswelt nicht manifest, weil sie spontan gebrochen wird, sodass dem W- und dem Z-Teilchen eine extrem große Masse zuteilwird.

Die Schatten an der Wand des Alltagslebens sind wahrhaftig bloße Schatten. In diesem Sinn hat sich die größte Geschichte aller Zeiten (bis auf Weiteres) langsam abgespielt – über die mehr als 2000 Jahre hinweg, seit Plato sie sich in seinem Höhlengleichnis erstmals vorgestellt hat.

Doch so bemerkenswert die Geschichte auch ist – es sind, wenn man so will, immer noch zwei Elefanten im Raum. In unserer Geschichte treten zwei Protagonisten auf, die bis vor Kurzem bedeutet haben könnten, dass die entscheidenden Aspekte der Story nichts als ein von Theoretikern mit überschießender Fantasie erfundenes Märchen sind.

Erstens waren die 1960 zur Erklärung der schwachen Wechselwirkung postulierten W- und Z-Teilchen, fast um den Faktor 100 massiver als Protonen und Neutronen, immer noch bloße Postulate, auch wenn die indirekten Anhaltspunkte für ihre Existenz überwältigend waren. Überdies wurde ein unsichtbares Feld – das Higgs-Feld – vorhergesagt, das den gesamten Raum durchdringen sollte, die wahre Natur der Wirklichkeit verbarg und unsere Existenz überhaupt erst ermöglichte, weil es die Symmetrie zwischen den schwachen und den elektromagnetischen Wechselwirkungen spontan bricht.

Eine Geschichte zu rühmen, die zu beschreiben behauptet, warum wir existieren, die aber außerdem ein unsichtbares, den gesamten Raum durchdringendes Feld postuliert, hört sich verdächtig nach einer religiösen statt einer wissenschaftlichen Verherrlichung an. Um sicherzustellen, dass unsere Überzeugungen mit den Belegen der Wirklichkeit konform gehen und nicht nur mit unseren *Wünschen,* wie die Wirklichkeit sein sollte – um also zu gewährleisten, dass Wissenschaft ihren Namen verdient, *mussten* wir das Higgs-Feld entdecken. Nur so konnten wir tatsächlich erkennen, ob die Merkmale unserer Welt, die wir so schätzen, möglicherweise nicht bedeutsamer waren als die Merkmale eines beliebigen Eiskristalls auf einem Fenster. Oder – vielleicht präziser ausgedrückt – nicht bedeutender als die supraleitende Natur eines Drahts in einem Labor verglichen mit dem normalen Widerstand der Drähte in meinem Computer.

Die experimentellen Anstrengungen, diese Aufgabe durchzuführen, waren nicht leichter als die Entwicklung der Theorie selbst. In vielerlei Hinsicht waren sie entmutigender; sie nahmen mehr als 50 Jahre in Anspruch und umfassten die schwierigste technische Einrichtung, an der Menschen sich je versucht haben.

KAPITEL 20

DEM VAKUUM EINEN SCHLAG VERSETZEN

Wenn dich jemand auf deine rechte Backe schlägt, dem biete die andere auch dar.

MATTHÄUS 5:38

Als die 1970er-Jahre zu Ende gingen, waren die Theoretiker obenauf – triumphierend und in Jubelstimmung. Da der zum Standardmodell führende Fortschritt so rasch vonstattenging: Welche weiteren neuen Welten gab es zu erobern? Träume von einer Theorie von allem tauchten wieder auf, nachdem sie lange geruht hatten – und das nicht nur in den abgedunkelten Hinterstübchen des kollektiven Unbewussten der Theoretiker.

Das W- und das Z-Eichteilchen waren immer noch nicht beobachtet worden, und die Herausforderung, sie direkt aufzuspüren, flößte gewaltigen Respekt ein. Die Theorie hatte ihre Massen sehr genau vorhergesagt – etwa das 90-Fache der Protonenmasse. Die Herausforderung, die in der Produktion dieser Teilchen lag, ergab sich einfach aus einem bisschen Physik.

Einsteins grundlegende Gleichung der Relativität $E = mc^2$ (hier, ich habe sie tatsächlich hingeschrieben!) sagt uns, dass wir Energie in Masse umwandeln können, wenn wir Teilchen auf Energien beschleunigen, die ein Vielfaches ihrer Ruhemassen betragen. Wir können sie in Ziele krachen lassen und sehen, was dabei herauskommt.

Das Problem liegt darin, dass die Energie, die durch den Aufprall anderer, sich schnell bewegender Teilchen auf stationäre Ziele zur Produktion neuer Teilchen verfügbar ist, durch die sogenannte »Schwerpunktsenergie« vorgegeben wird. Für alle, die sich durch eine weitere Formel nicht entmutigen lassen: Es handelt sich dabei um die Quadratwurzel des zweifachen Produkts der Energie des beschleunigten Teilchens und der Ruheenergie des Zielteilchens. Stellen wir uns vor, wir beschleunigen ein Teilchen auf das 100-Fache der Ruheenergie des Protons (die etwa 1 Gigaelektronenvolt – GeV – beträgt). Bei einer Kollision mit stationären Protonen in einem Ziel liegt die Schwerpunktsenergie, die zur Schaffung neuer Teilchen verfügbar ist, bei nur etwa 14 GeV. Das ist ein klein wenig größer als die Schwerpunktsenergie, die 1972 in dem Teilchenbeschleuniger mit der höchsten Energie zur Verfügung stand.

Um auf die Energien zu kommen, die zur Erzeugung sehr massiver Teilchen wie der W- oder Z-Bosonen erforderlich sind, müssen also zwei gegenläufige Teilchenstrahlen kollidieren. In diesem Fall beträgt die Gesamtenergie des Massenmittelpunkts einfach das Doppelte jedes Einzelstrahls. Falls die kollidierenden Teilchenstrahlen jeweils eine Energie vom 100-Fachen der Ruhemasse eines Protons besitzen, werden also 200 GeV Energie zur Umwandlung in die Masse neuer Teilchen bereitgestellt.

Warum baut man dann Beschleuniger mit stationären Zielen und nicht mit gegenläufigen Strahlen (Collider)? Die Antwort ist ganz einfach. Wenn ich eine Kugel auf ein Scheunentor abfeuere, treffe ich höchstwahrscheinlich irgendetwas. Feuere ich dagegen eine Kugel gegen eine andere, heranfliegende Kugel, müsste ich, um garantiert einen Treffer zu landen, ein sehr viel besserer Schütze sein als vermutlich alle derzeit lebenden Menschen, und dazu über eine sehr viel bessere Schusswaffe verfügen, als es derzeit gibt.

Vor dieser Herausforderung standen die Experimentalphysiker 1976; zu dieser Zeit nahmen sie das Modell der elektroschwachen Wechselwirkung hinreichend ernst und glaubten deshalb, es sei der Mühe wert, Zeit, Arbeit und Geld zu investieren, um es zu überprüfen.

Das Problem war, dass niemand wusste, wie man ein Gerät mit der angemessenen Energie konstruieren konnte. Man hatte es geschafft, einzelne Strahlen von Teilchen oder Antiteilchen auf hohe Energien zu beschleunigen: 1976 beschleunigte man Protonen auf 500 GeV und Elektronen auf bis zu 50 GeV. Bei niedrigeren Energien hatte man erfolgreich Kollisionen von Elektronen und ihren Antiteilchen stattfinden lassen – auf diese Weise war 1974 das neue Teilchen entdeckt worden, welches das Charm-Quark und das Antiquark enthält.

Protonen mit ihrer größeren Masse (und entsprechend höherer Ruheenergie am Anfang) sind leichter auf hohe Energien zu beschleunigen. 1976 hatte man am CERN, der Europäischen Organisation für Kernforschung in Genf, das Super Proton Synchrotron (SPS), das mit einem Protonenstrahl von 400 GeV arbeitete, als konventionellen Beschleuniger mit festem Ziel in Auftrag gegeben. Doch als das SPS in Betrieb ging, hatte man an einem anderen Beschleuniger in den USA, am Fermilab bei Chicago, bereits Protonenstrahlen mit 500 GeV erreicht. Im Juni jenen Jahres machten die Physiker Carlo Rubbia, Peter McIntyre und David Cline anlässlich einer Neutrino-Konferenz einen kühnen Vorschlag: Sie wollten das SPS in Genf zu einer Maschine umbauen, die Protonen mit ihren Antiteilchen, den Antiprotonen, kollidieren ließ, was es dem CERN ermöglichen würde, potenziell W- und Z-Teilchen zu erzeugen.

Die Idee war wirklich gewagt: Man nutzt denselben Ringtunnel, um Protonen in die eine und Antiprotonen in die andere Richtung zu beschleunigen. Da die beiden Teilchen entgegengesetzt geladen sind, würde derselbe Beschleunigungsmechanismus auf jedes Teilchen entgegengesetzt wirken. Im Prinzip konnte also ein einziger Beschleuniger zwei hochenergetische Strahlen erzeugen, die gegenläufig zirkulierten.

Die Logik des Vorschlags war klar, die Umsetzung dagegen

nicht. Angesichts der Stärke der schwachen Wechselwirkung würde selbst die Produktion von einigen wenigen W- und Z-Teilchen erstens die Kollision von vielen hundert Milliarden Protonen und Antiprotonen erfordern. Doch noch nie hatte jemand so viele Antiprotonen erzeugt und zusammengeführt, dass man daraus einen Beschleunigerstrahl hätte machen können.

Zweitens könnte man sich vorstellen, dass bei zwei Strahlen, die denselben Tunnel in gegenläufige Richtungen durchfliegen, die Teilchen überall im Tunnel und nicht in den Detektoren kollidieren würden, die so ausgelegt waren, dass sie die Ergebnisse der Kollisionen aufzeichneten. Doch das ist keineswegs der Fall. Selbst der Querschnitt eines kleinen Tunnels ist im Vergleich zur Größe des Bereichs, in dem ein Proton und ein Antiproton kollidieren könnten, so riesig, dass genau das entgegengesetzte Problem vorliegt. Es schien unmöglich, so viele Antiprotonen zu erzeugen und sicherzustellen, dass sie und die Protonen im Protonenstrahl hinreichend stark komprimiert würden, dass man, wenn man die beiden, von starken Magneten gelenkten Strahlen zusammenführte, überhaupt Kollisionen beobachten konnte.

Die Leitung des CERN davon zu überzeugen, einen der mächtigsten Beschleuniger der Welt, der sich in einem großen Ringtunnel von 7 Kilometern Umfang an der Grenze zwischen Frankreich und der Schweiz befand, in einen neuartigen Beschleuniger umzubauen, wäre für viele Leute schwierig gewesen, doch Carlo Rubbia, eine pompöse Naturgewalt, war der Aufgabe gewachsen. Wahrscheinlich waren nur wenige Leute, die Rubbia über den Weg liefen, im Nachhinein froh darüber. 18 Jahre lang jettete er wöchentlich zwischen dem CERN und Harvard, wo er Professor war. Sein Büro lag zwei Stockwerke unter meinem, doch ich wusste, wann er im Hause war, weil ich ihn hören konnte. Außerdem war Rubbias Idee gut, und um sie voranzubringen, schlug er dem CERN doch tatsächlich vor, das SPS (Super Proton Synchrotron) – eine Maschine mit dem Prädikat »ferner liefen« – zum aufregendsten Beschleuniger der Welt aufzupeppen. Als Sheldon Glashow die Leitung des CERN zum Voranschreiten ermunterte, drückte er es so aus: »Wollen Sie gehen, oder wollen Sie fliegen?«

Zum Fliegen braucht man nach wie vor Flügel, und die Aufgabe, ein neues Verfahren zu erschaffen, mit dem man einen Strahl von Antiprotonen erzeugen, speichern, beschleunigen und fokussieren konnte, fiel dem brillanten CERN-Physiker Simon van der Meer zu. Die von ihm entwickelte Methode war so clever, dass viele Physiker, als sie zum ersten Mal davon hörten, an eine Verletzung mancher Grundprinzipien der Thermodynamik glaubten. Bei dieser Methode wurden die Eigenschaften der Teilchen im Strahl an einem Ort des Ringtunnels gemessen, worauf ein Signal an Magneten im weiteren Verlauf des Tunnels ging; diese Magneten konnten den vorbeifliegenden Teilchen im Strahl nach und nach viele kleine Anstöße geben und so die Energien und Impulse von möglicherweise eigenwilligen Teilchen geringfügig verändern. Dadurch wurden sie schließlich zu einem sehr dünnen Strahl im Raum fokussiert. Dieses Verfahren namens stochastische Kühlung stellte sicher, dass Teilchen, die sich aus dem Zentrum des Strahls entfernten, wieder in die Mitte zurückgelenkt wurden.

Van der Meer und Rubbia trieben das Projekt gemeinsam voran, und 1981 arbeitete der Beschleuniger wie geplant. Rubbia stellte die größte Arbeitsgruppe von Physikern zusammen, die es je gegeben hat, und baute einen großen Detektor, der Milliarden von Kollisionen zwischen Protonen und Antiprotonen daraufhin untersuchen konnte, ob eine Handvoll möglicher W- und Z-Teilchen darunter war. Doch Rubbias Team war nicht das einzige, das nach W und Z jagte. Man hatte noch eine weitere Detektor-Arbeitsgruppe zusammengestellt, die ebenfalls am CERN aufgebaut wurde. Es erschien angemessen, bei einer so bedeutenden Beobachtung für Redundanz zu sorgen.

Es war nicht einfach, bei diesen Experimenten aus dem ungeheuren Hintergrund ein Signal herauszufischen. Erinnern wir uns, dass Protonen aus mehr als einem Quark bestehen, und bei einer einzelnen Kollision eines Protons mit einem Antiproton kann eine Menge geschehen. Außerdem würden die W- und Z-Teilchen nicht direkt beobachtet werden, sondern anhand ihrer Zerfallsprodukte – beim W waren das Elektronen und Neutrinos. Und auch Neutrinos würden nicht direkt beobachtet werden. Vielmehr wollten die Experimentatoren die Gesamtenergie und die Impulse aller Teilchen, die bei einem in Frage kommenden Ereignis auftreten, zusammenrechnen und nach großen Beträgen »fehlender Energie« suchen – dem Signal, dass ein Neutrino erzeugt worden war.

Im Dezember 1983 hatten Rubbia und seine Kollegen einen Kandidaten für ein W beobachtet. Rubbia war erpicht darauf, einen auf diesem einzelnen Ereignis beruhenden Aufsatz zu veröffentlichen, doch seine Kollegen waren aus guten Gründen vorsichtiger. Es sah so aus, als habe Rubbia eine Vorgeschichte von Entdeckungen aufzuweisen, die es nicht immer gegeben hatte. Inzwischen ließ er bei einigen Kollegen in aller Welt Details zu dem Ereignis durchsickern.

Während der folgenden Wochen gewann seine UA1-Arbeitsgruppe Belege für fünf weitere Ereignisse mit W-Kandidaten, und die Physiker des Teams entwickelten mehrere weit strengere Tests, um zu gewährleisten, dass die Kandidaten real waren. Am 20. Januar 1983 verkündete Rubbia auf einer erinnerungswürdigen und meisterlichen Konferenz am CERN das Resultat. Die Standing Ovations, die ihm zuteilwurden, machten deutlich, dass die Physikergemeinde überzeugt war. Einige Tage darauf reichte Rubbia bei der Zeitschrift *Physics Letters* einen Aufsatz ein, der die Entdeckung von sechs W-Ereignissen verkündete. Das W-Teilchen war mit exakt der vorhergesagten Masse entdeckt worden.

Die Suche war jedoch nicht vorbei – das Z musste noch gefunden werden. Seine vorhergesagte Masse lag knapp über der des W, weshalb sein Signal schwerer zu gewinnen war. Doch innerhalb eines Monats nach der Verkündung des W ergaben sich in beiden Experimenten Belege für Z, und auf der Basis eines einzelnen klaren Ereignisses gab Rubbia am 27. Mai desselben Jahres dessen Entdeckung bekannt.

Man hatte die Eichbosonen des elektroschwachen Modells gefunden. Wie bedeutsam diese Entdeckungen zur Festigung der empirischen Basis des Standardmodells waren, wurde durch die Tatsache unterstrichen, dass Rubbia und seinem Beschleuniger-Kollegen van der Meer schon knapp ein Jahr nach der Bekanntgabe der Nobelpreis für Physik zuerkannt wurde. Auch wenn die Teams, die den Beschleuniger und den Detektor betrieben hatten, riesig waren, war kaum zu leugnen, dass die Entdeckung ohne Rubbias Antrieb und Durchhaltevermögen und ohne van der Meers geniale Erfindung nicht möglich gewesen wäre.

Nun blieb noch ein großer Heiliger Gral: das behauptete Higgs-Teilchen. Anders als das W- und das Z-Boson wird die Masse des Higgs-Teilchens durch die Theorie nicht festgelegt. Seine Kopplungen an Materie und an Eichbosonen waren vorhergesagt, da diese Kopplungen dem in der Natur vermutlich existierenden Higgs-Feld im Hintergrund ermöglichen, die Symmetrie zu brechen und nicht nur dem W und dem Z, sondern auch Elektronen, Myonen und Quarks – tatsächlich allen Elementarteilchen im Standardmodell außer dem Neutrino und dem Photon – Masse zu vermitteln. Doch weder die Masse des Higgs-Teilchens noch die Stärke seiner Interaktionen mit sich selbst waren durch die damals vorhandenen Messungen im Vorhinein separat bestimmt worden. Die Theorie legte nur ihr Verhältnis in Ausdrücken der gemessenen Stärke der schwachen Wechselwirkung zwischen bekannten Teilchen fest.

Anhand konservativer Schätzungen des möglichen Betrags für die Stärke der Selbstinteraktion des Higgs ging man davon aus, dass die Masse des Higgs-Teilchens zwischen 2 und 2000 GeV liegen sollte. Der obere Grenzwert wurde durch die Tatsache bestimmt, dass bei einer zu großen Selbstkopplung des Higgs-Felds die Theorie eine starke Wechselwirkung ergab, weshalb viele Berechnungen, die man mithilfe der einfachsten Vorstellung des Higgs-Feldes durchgeführt hatte, zusammenbrechen würden.

Abgesehen von seiner notwendigen Rolle bei der Brechung der elektroschwachen Symmetrie und der Vermittlung von Masse an andere Elementarteilchen, waren diese quantitativen Details des

Higgs-Sektors deshalb experimentell weitgehend unbestimmt. Das ist wahrscheinlich der Grund, weshalb Sheldon Glashow das Higgs in den 1980er-Jahren als »Toilette« der modernen Physik bezeichnete: Jeder war sich der Notwendigkeit seiner Existenz bewusst, doch keiner wollte öffentlich über die Details sprechen.

Die Tatsache, dass das Standardmodell an sich viele Details des Higgs-Sektors nicht im Vorhinein festlegte, hielt viele Theoretiker damals nicht davon ab, Modelle vorzuschlagen, welche die Masse des Higgs-Teilchens auf der Basis einiger neuer theoretischer Ideen »vorhersagten«. Immer dann, wenn die Beschleuniger in den frühen 1980er-Jahren ihre Energien erhöhten, erschienen auch neue physikalische Aufsätze, die vorhersagten, man werde ein Higgs-Teilchen entdecken, sobald die Maschine eingeschaltet würde. Und dann erreichte man eine neue Schwelle, doch man beobachtete nichts. Wenn man den gesamten Spielraum der verfügbaren Parameter erforschen wollte, um zu sehen, ob es das Higgs tatsächlich gab, musste eindeutig ein vollkommen neuer Beschleuniger gebaut werden.

Ich war die ganze Zeit über davon überzeugt gewesen, dass das Higgs nicht existierte. Es war klar, dass die spontane Symmetriebrechung der elektroschwachen Eichsymmetrie stattfand – das W und das Z besitzen schließlich eine Masse –, doch ein grundlegend neues Skalarfeld einzuführen, das genau dafür konzipiert war, diese Aufgabe zu erfüllen, kam mir zu künstlich vor. Erstens hatte man in der Teilchenmenagerie der Natur noch nie ein anderes existierendes Skalarfeld beobachtet. Zweitens hatte ich den Eindruck, dass die Natur bei all der noch zu entdeckenden unbekannten Physik in kleinen Maßstäben eine weit genialere und unerwartetere Möglichkeit entwickelt haben würde, die Eichsymmetrie zu brechen. Denn sobald man das Higgs-Teilchen postulierte, lauteten die nächsten auf der Hand liegenden Fragen »Warum das?« oder spezifischer »Warum genau die passende Dynamik, die es dazu bringt, in dieser Größenordnung und mit dieser Masse zu kondensieren?« Ich meinte, die Natur würde einen Weg finden, die Theorie auf eine weniger aus dem Augenblick geborene Weise zu brechen, und diese Überzeugung brachte ich ziemlich nachdrücklich vor, als man mich nach meiner Promotion in Hinblick auf meine letztlich erfolgte Aufnahme in die Society of Fellows in Harvard befragte.

Erinnern wir uns nun, was die Existenz des Higgs impliziert. Sie erfordert nicht einfach ein neues Teilchen in der Natur, sondern ein unsichtbares Hintergrundfeld, das den gesamten Raum durchdringen muss. Außerdem schließt sie ein, dass alle Teilchen – nicht nur das W- und Z-Teilchen, sondern auch Elektronen und Quarks – in der grundlegenden Theorie eigentlich masselos sind. Diese Teilchen, die mit dem Higgs-Hintergrundfeld interagieren, erfahren dann eine Art Widerstand gegen ihre Bewegung, was ihre Geschwindigkeit unter die des Lichts verlangsamt – etwa so, wie ein in Sirup schwimmender Schwimmer langsamer unterwegs sein wird als ein Schwimmer im Wasser. Sobald diese Teilchen sich mit Unterlichtgeschwindigkeit bewegen, verhalten sie sich, als besäßen sie Masse. Diejenigen Teilchen, die stärker mit diesem Hintergrundfeld interagieren, erfahren einen größeren Widerstand und verhalten sich, als hätten sie eine größere Masse – wie ein Auto, das von der Straße in den Schlamm gerät, wo es wegen des höheren Widerstands schwerer voranzubringen ist als auf der Fahrbahn und den Schiebenden schwerer vorkommt.

Dies ist eine bemerkenswerte Behauptung über die Natur der Wirklichkeit. Im Bewusstsein, dass das in Supraleitern entstehende Kondensat ein komplizierter Verbindungszustand von Elektronenpaaren ist, war ich natürlich skeptisch, ob die Dinge in fundamentalen Größenordnungen im leeren Raum sich so viel einfacher und sauberer ausarbeiten ließen.

Wie also lässt sich eine so bemerkenswerte Behauptung überprüfen? Wir nutzen die zentrale Eigenheit der Quantenfeldtheorie, die Higgs selbst verwendet hatte, als er seine Idee vorlegte. Zu jedem neuen Feld in der Natur muss es mindestens eine neue Art von Elementarteilchen geben, das mit diesem Feld zusammenhängt. Wie produziert man dann die Teilchen, wenn ein solches Hintergrundfeld den gesamten Raum ausfüllt?

Ganz einfach: Wir versetzen dem Vakuum *einen Schlag*.

Das heißt, wenn wir ausreichend Energie auf einen einzelnen Raumpunkt fokussieren können, sind wir imstande, das Erscheinen von Higgs-Teilchen anzuregen, die messbar sind. Man kann das so veranschaulichen: In der Sprache der Elementarteilchenphysik können wir uns mithilfe von Feynman-Diagrammen vorstellen, wie ein aus dem Higgs-Hintergrundfeld hervorgehendes virtuelles Higgs-Teilchen anderen Teilchen Masse gibt. Dazu eignet sich eine Vielfalt von Diagrammen, in denen die linke Zeichnung Teilchen wie etwa Quarks und Elektronen darstellt, die an einem virtuellen Higgs-Teilchen gestreut und abgelenkt werden, wodurch sie Widerstand gegen ihre Vorwärtsbewegung erfahren. Das rechte Diagramm repräsentiert den gleichen Vorgang für Teilchen wie etwa das W und das Z:

Dieses Bild können wir einfach umdrehen:

In diesem Fall scheinen energiereiche Teilchen wie die W- und Z-Teilchen oder Quarks und/oder Antiquarks oder Elektronen und/oder Positronen virtuelle Higgs-Teilchen zu emittieren und abzuprallen. Wenn die Energien der ankommenden Teilchen hinreichend groß sind, dann könnte das emittierte Higgs ein reales Teilchen sein. Wenn nicht, wäre das Higgs ein virtuelles Teilchen.

Wenn das Higgs den Teilchen Masse vermittelt, so sollten die Teilchen, mit denen es am stärksten interagiert, auch die Teilchen sein, welche die größten Massen bekommen. Das wiederum bedeutet, dass die Teilchen, die mit größter Wahrscheinlichkeit ein Higgs ausspucken, den einfallenden Teilchen mit der größten Masse entsprechen. Das heißt, leichte Teilchen wie etwa Elektronen sind wahrscheinlich keine guten Kandidaten für die direkte Erzeugung von Higgs-Teilchen in einem Beschleuniger. Stattdessen können wir uns einen Beschleuniger mit ausreichend hoher Energie vorstellen, mit dem schwere virtuelle Teilchen zu erzeugen sind, die entweder virtuelle oder reale Higgs-Teilchen ausspucken.

Die natürlichen Anwärter sind demnach Protonen. Man baut einen Beschleuniger oder Collider, der mit Protonen arbeitet. Diese beschleunigt man dann auf so hohe Energien, dass genug schwere Bestandteile entstehen, mit denen Higgs-Teilchen erzeugt werden können. Da die Higgs-Teilchen – ob virtuell oder real – sehr schwer sind, zerfallen sie rasch in die leichteren Teilchen, mit denen das Higgs am stärksten interagiert – auch hier sind das entweder die Top- oder Bottom-Quarks oder die W- und Z-Teilchen. Diese wiederum zerfallen in andere Teilchen.

Der Trick bestünde darin, sich sauber detektierbare Ereignisse mit der kleinsten Anzahl herauskommender Teilchen anzusehen, um dann deren Energien und Impulse genau zu bestimmen und nachzuschauen, ob man eine Reihe von Ereignissen rekonstruieren könnte, die auf ein einziges massehaltiges, vermittelndes Teilchen mit den vorhergesagten Interaktionen eines Higgs-Teilchens zurückzuführen sind. Das ist keine leichte Aufgabe!

Diese Konzepte standen schon 1977 – noch vor der Entdeckung des Top-Quarks selbst (weil das Bottom-Quark bereits entdeckt worden war und all die anderen Quarks in schwachen Paaren – Up und Down, Charm und Strange – auftraten, war klar, dass es noch ein weiteres Quark geben musste, obwohl man dieses Quark erst 1995 fand – es war um den sagenhaften Faktor 175 schwerer als das Proton). Doch zu wissen, was erforderlich war, und tatsächlich eine Maschine zu konstruieren, welche diese Aufgabe erfüllen konnte, waren zweierlei Dinge.

KAPITEL 21

GOTISCHE KATHEDRALEN DES 21. JAHRHUNDERTS

Wer Weisheit erwirbt,
hat mehr als Perlen.

HIOB 28:18

Eine Maschine zu schaffen, die Protonen auf ausreichend hohe Energien beschleunigen konnte, um die volle Spannweite möglicher Higgs-Massen zu erforschen, war eine Aufgabe, die weit über alles hinausging, was irgendeine Maschine 1978 – als alle anderen Vorhersagen der elektroschwachen Theorie bestätigt waren – oder 1984 nach der Entdeckung von W und Z zu leisten imstande war. Man benötigte einen Beschleuniger, der wenigstens eine Größenordnung stärker war als die damals vorhandenen Maschinen. Kurz, keinen Collider, sondern einen Supercollider.

In den USA, die bereits seit dem Ende des Zweiten Weltkriegs die Gebiete Wissenschaft und Technik beherrscht hatten, wünschte man sich aus gutem Grund, eine solche Maschine zu bauen. Schließlich hatte das CERN sich seit 1984 zum weltweit führenden Labor für Teilchenphysik entwickelt. Als man am CERN sowohl das Z- als auch das W-Teilchen entdeckt hatte, war Amerikas Stolz so verletzt, dass die *New York Times* sechs

Tage nach der Pressekonferenz, auf der die Entdeckung von Z verkündet worden war, einen Leitartikel mit dem Titel »Europe 3, U. S. Not Even Z-Zero« (»Europa: 3 – USA: nicht einmal Z-null«) veröffentlichte!

Binnen einer Woche nach der Entdeckung von Z beschlossen amerikanische Physiker, die Konstruktion eines Beschleunigers mittlerer Größenordnung auf Long Island einzustellen und aufs Ganze zu gehen. Sie wollten einen schweren Beschleuniger mit einer Schwerpunktsenergie bauen, die fast um den Faktor 100 über dem des SPS am CERN lag. Dazu benötigten sie neue supraleitende Magneten, und so erhielt ihre Erfindung den Namen Superconducting Super Collider (SSC).

Nachdem das Projekt 1983 von der US-Gemeinde der Teilchenphysiker vorgeschlagen worden war, begann das übliche Gerangel zwischen mehreren Bundesstaaten, die alle ein Stück des enormen Steuerkuchens abbekommen wollten, der mit dem Bau und der Verwaltung des Projekts verbunden sein würde. Nach vielen politischen und wissenschaftlichen Querelen wurde Waxahachie auserwählt – ein Ort südlich von Dallas, Texas. Was immer der Grund gewesen sein mag, im Nachhinein schien Texas besonders geeignet – weil alles an dem Projekt, das 1987 von Präsident Reagan genehmigt wurde, überdimensioniert war.

Der gewaltige unterirdische Tunnel sollte mit 87 Kilometer Umfang der größte je erbaute Tunnel werden. Das Projekt sollte 20-mal größer werden als jedes andere je versuchte Vorhaben in der Physik. Die vorgesehene Kollisionsenergie der beiden Strahlen von jeweils dem 20 000-Fachen der Protonenmasse hätte 100-mal größer sein sollen als die Kollisionsenergie der CERN-Maschine, die das W und das Z entdeckt hatte. Man hätte 10 000 supraleitende Magneten von beispielloser Stärke benötigt.

Kostenüberschreitungen, mangelnde internationale Kooperation, eine schwächelnde US-Wirtschaft und politische Machenschaften führten dazu, dass der SSC im Oktober 1993 aufgegeben wurde. Ich erinnere mich gut an diese Zeit. Ich war gerade von Yale an die Case Western Reserve University umgezogen, wo ich Lehrstuhlinhaber der Physik-Fakultät werden sollte. Meine Aufgabe bestand darin, die Abteilung umzubauen und binnen fünf Jahren zwölf neue Fakultätsmitglieder anzuwerben. Im ersten Jahr, in dem wir Anzeigen schalteten (1993/1994), erhielten wir mehr als 200 Bewerbungen von verdienten Wissenschaftlern, die am SSC beschäftigt gewesen waren und jetzt ohne Job oder Perspektive dastanden. Viele von ihnen hatten sehr gute Positionen innegehabt und volle Professorenstellen an herausragenden Universitäten aufgegeben, um an vorderster Front dabei zu sein. All das war sehr traurig, und mehr als die Hälfte dieser Leute musste das Gebiet am Ende ganz verlassen.

Die voraussichtlichen Kosten von 4,4 Milliarden Dollar, die man beim Start des Projekts im Jahr 1987 kalkuliert hatte, waren bis 1993, dem Jahr, in dem es eingestellt wurde, auf etwa 12 Milliarden Dollar gestiegen. Auch wenn das in absoluten Zahlen eine sehr große Summe war und immer noch ist, kann man darüber streiten, ob die Entscheidung, das Projekt einzustellen, relativ gesehen wirklich richtig war. Man hatte bereits 2 Milliarden dafür ausgegeben und 24 Kilometer Tunnel fertiggestellt.

Die Entscheidung, das Vorhaben weiterzuführen oder einzustellen, war keine Entweder-Oder-Entscheidung. Aber eine Reihe von Dingen hätte bei der Abwägung eine größere Rolle spielen können, darunter auch die Opportunitätskosten, einen erheblichen Anteil der begabten Beschleuniger-Physiker und Teilchenphysik-Experimentatoren im Land zu verlieren. Oder auch die vielen neuen technologischen Durchbrüche, die sich aus den Ausgaben für die Entwicklung hochwertiger Technik hätten ergeben können und einen Beitrag für unsere Wirtschaft geleistet hätten. Zudem: Wäre der SSC wie geplant konstruiert und in Betrieb genommen worden, hätten wir die Antworten auf experimentelle Fragen, mit denen wir uns immer noch befassen, vielleicht schon vor zehn Jahren erhalten. Hätten wir durch diese Antworten vielleicht alles, was wir inzwischen gemacht haben, ganz anders gemacht? Das werden wir wahrscheinlich nie erfahren.

Die 12 Milliarden Dollar wären während der Errichtung und dem Operationsbeginn über eine Zeitspanne von ungefähr 15 bis 20 Jahren ausgegeben worden, was pro Jahr etwa 1 bis 2 Milliarden ausgemacht hätte. In Relation zum US-Bundeshaushalt ist das kein großer Betrag. Meine politischen Ansichten sind bekannt, weshalb es keine große Überraschung sein dürfte, wenn ich beispielsweise vorbringe, dass die USA genauso sicher gewesen wären, wenn das US-Verteidigungsbudget um diese Summe gekürzt worden wäre – es hätte weit weniger als 1 Prozent des Gesamtbetrags ausgemacht. Außerdem wären die Gesamtkosten des SSC wahrscheinlich gerade einmal mit den Kosten für Klimatisierung und Transport bei dem katastrophalen Einmarsch in den Irak 2003 vergleichbar gewesen, der unsere Sicherheit und unser Wohlbefinden unter dem Strich verringert hat. In diesem Sinn kann ich nicht anders, als erneut Robert Wilsons Aussage zu zitieren, die er hinsichtlich des Beschleunigers am Fermilab vor dem Kongress vorgebracht hat: »Mit der Verteidigung unseres Landes hat er nicht unmittelbar zu tun, außer dass er dafür sorgt, dass es sich lohnt, es zu verteidigen.«

Das sind jedoch politische und keine wissenschaftlichen Fragen, und in einer Demokratie hat der die Öffentlichkeit repräsentierende Kongress das Recht und die Verantwortung, die Prioritäten bei den Ausgaben für große öffentliche Projekte zu überwachen. Und die Gemeinde der Teilchenphysiker, vielleicht zu sehr an den sicheren Zufluss von Geldern während des Kalten Krieges gewöhnt, hat es nicht angemessen verstanden, die Öffentlichkeit und den Kongress darüber zu informieren, was es mit dem Projekt überhaupt auf sich hatte. In einer solchen Lage ist es keine Überraschung, dass in wirtschaftlich schweren Zeiten zunächst bei einem Projekt gekürzt wird, das so esoterisch erscheint. Damals fragte ich mich, warum es nötig war, das Projekt folgenlos zu beerdigen, anstatt zu überlegen, ob man die Finanzierung in der Schwebe ließ, bis es der Wirtschaft besser ging oder bis technologische Fortschritte eine Reduktion der Kosten ermöglicht hätten. Weder der Tunnel (der inzwischen mit

Wasser vollläuft) noch die Laborgebäude (heute von einer Technikfirma genutzt) haben zu irgendetwas geführt.

Wie auch immer – die Geschichte blieb nicht stehen. Während dieser Vorgänge in den USA kam man am CERN, auf Drängen seines neuesten Nobelpreisträgers, des unbeugsamen Carlo Rubbia, mit einer neuen Maschine voran – dem Large Electron-Positron (LEP-) Collider (Großer Elektron-Positron-Speicherring), darauf ausgelegt, die Physik des W- und des Z-Teilchens eingehend zu erforschen. Rubbia wurde 1989 Leiter des Labors – es war das Jahr, in dem die neue Maschine in Betrieb ging.

In ungefähr 100 Metern Tiefe grub man einen großen, 27 Kilometer langen Tunnel rund um die alte Maschine. Diese nutzte man nun, um Elektronen und Positronen in den größeren Ring einzuspeisen, wo sie auf gewaltige Energien weiterbeschleunigt wurden. Die neue, am Rand von Genf angelegte Einrichtung war so groß, dass sie unter dem Jura-Gebirge bis nach Frankreich reichte. Die Europäer sind mit dem Bau von Tunneln besser vertraut als die US-Amerikaner, und als der 27 Kilometer lange Ringtunnel gebohrt wurde, trafen die beiden Enden mit einer Genauigkeit von einem Zentimeter aufeinander. Außerdem nagte das CERN als internationale Kooperation vieler Länder nicht am Bruttoinlandsprodukt eines einzelnen Landes.

Die neue Maschine lief mehr als ein Jahrzehnt erfolgreich, doch nach der Einstellung des SSC in den USA wurde klar, dass der gewaltige Tunnel des LEP auch dazu genutzt werden konnte, eine Miniversion des SSC zu schaffen – nicht so stark, aber immer noch energiereich genug, um einen großen Teil des Parameterraums zu erkunden, in dem das lang gesuchte Higgs-Teilchen existieren mochte. Es gab einen gewissen Wettbewerb mit einer Maschine am Fermilab in den USA, dem seit 1976 betriebenen Tevatron, das 1984 als energiereichste Proton-Antiproton-Maschine zu arbeiten begann. 1986 war die Kollisionsenergie von Protonen und Antiprotonen, die am Fermilab in dem 6,5 Kilometer langen Ring aus Supraleitern zirkulierten, fast um den Faktor 2000 größer als die äquivalente Ruhemasse des Protons.

So wichtig das auch war, es reichte nicht aus, um den größten Teil des für das Higgs verfügbaren Parameterraums zu sondieren, und für eine Entdeckung am Tevatron hätte die Natur entgegenkommend sein müssen. Das Tevatron fuhr einen Erfolg ein, als es 1995 das seit Langem vorhergesagte riesige Top-Quark mit der 175-fachen Masse des Protons entdeckte. Es war das massereichste Teilchen, das man bis dahin in der Natur aufgespürt hatte.

Innerhalb von 14 Monaten nach der Einstellung des SSC billigte der Rat des CERN, weil es keine klare Konkurrenz gab, die Entscheidung, eine neue Maschine zu konstruieren: den Large Hadron Collider im LEP-Tunnel. Entwurf und Entwicklung der Maschine und der Detektoren sollten einige Zeit beanspruchen, weshalb der LEP-Collider im Tunnel noch fast sechs Jahre in Betrieb bleiben würde – dann musste er heruntergefahren werden, damit der Umbau beginnen konnte. Von da an sollte es noch fast ein weiteres Jahrzehnt dauern, den Bau der Maschine und der Teilchendetektoren zu vollenden, die man nutzen wollte, um nach dem Higgs und/oder einer neuen Physik zu suchen.

Das heißt, *falls* eine funktionsfähige Maschine und verlässliche Detektoren konstruiert werden konnten. Es würde die komplizierteste technische Aufgabe sein, die Menschen je unternommen hatten. Die Konstruktionsparameter für supraleitende Magneten, Rechenzentren und viele andere Facetten der Maschine und der Detektoren gingen weit über alles hinaus, was mit der damals gängigen Technologie erreichbar war.

Die Konzeption der Maschine dauerte ein ganzes Jahr, und ein weiteres Jahr später wurden zwei der wichtigsten Vorschläge der Arbeitsgruppe für den Hauptdetektor genehmigt. Gleichzeitig wurden die USA, die ja nicht beteiligt waren, mit dem Status eines »Beobachters« am CERN zugelassen, was es US-Physikern ermöglichte, bei der Entwicklung und Auslegung der Detektoren entscheidend mitzuwirken. 1998 wurde der Bau der Kaverne, die einen der beiden Hauptdetektoren, den CMS-Detektor, aufnehmen sollte, für sechs Monate unterbrochen, weil Arbeiter dort gallisch-römische Ruinen aus dem 4. Jahrhundert, inklusive einer Villa und umliegenden Feldern, entdeckt hatten.

Viereinhalb Jahre später waren die gewaltigen Kavernen, die beide Hauptdetektoren aufnehmen sollten, fertiggestellt. Während der folgenden zwei Jahre wurden 1232 riesige Magneten von jeweils 15 Metern Länge und einem Gewicht von 50 Tonnen in einem speziellen Schacht 50 Meter unter die Oberfläche abgelassen. An ihren eigentlichen Bestimmungsort wurden sie dann mit einem Spezialfahrzeug gebracht, das im Tunnel fahren konnte. Ein Jahr darauf wurden die letzten Teile der beiden großen Detektoren hinabgelassen, und am 10. September 2008 um 10 Uhr 28 nahm man die Maschine erstmals offiziell in Betrieb.

Zwei Wochen später brach eine Katastrophe herein. In einem der Schalter für die Magneten kam es zu einem Kurzschluss, was den damit verbundenen supraleitenden Magneten in den Normalzustand zurückfallen ließ. Der enorme Energiebetrag, der dabei freigesetzt wurde, verursachte mechanische Schäden und ließ einiges von dem zur Kühlung der Maschine dienenden Helium entweichen. Der Schaden war so groß, dass alle Schweißnähte und Schalter im LHC (Large Hadron Collider – großer Hadronen-Speicherring) neu konzipiert und untersucht werden mussten, was ein volles Jahr in Anspruch nahm. Im November 2009 wurde der LHC schließlich wieder angefahren, doch aufgrund von Bedenken wegen der Konzeption verzichtete man darauf, ihn mit einer Schwerpunktsenergie zu betreiben, die um den Faktor 14 000 größer war als die Ruhemasse-Energie des Protons. Stattdessen nutzte man das 7000-Fache der Ruhemasse-Energie. Am 19. März 2010 nahm die Maschine schließlich ihre Arbeit auf und ließ Strahlen mit dieser Energie aufeinanderprallen; binnen zwei Wochen begannen beide Detektoren, Kollisionen mit dieser Gesamtenergie zu registrieren.

Dieser simple Zeitstrahl verrät nichts über die unglaublichen technischen Leistungen, die man am CERN in den 15 Jahren seit dem ersten Projektvorschlag vollbracht hat. Wenn man auf dem Flughafen Genf landet und aus dem Fenster schaut, sieht man sanfte Felder mit Bergen in der Ferne. Wenn es einem nicht gesagt wird, würde man nicht auf die Idee kommen, dass unter diesem Ackerland die komplizierteste Maschine liegt, die Menschen je konstruiert haben. Sehen wir uns einige der Merkmale dieser technischen Einrichtung an, die an manchen Stellen 175 Meter unter dieser stillen und ländlichen Szenerie liegt:

(1) In dem 27 Kilometer langen Tunnel mit 3,8 Metern Durchmesser verlaufen zwei parallele Strahlrohre, die einander an vier Stellen des Rings kreuzen. Über die Länge des Rings verteilt sind mehr als 1600 supraleitende Magneten, von denen die meisten mehr als 27 Tonnen wiegen. Der Tunnel ist so lang, dass man seine Krümmung fast nicht wahrnehmen kann:

(2) 96 Tonnen von suprafluidem ^{4}He werden gebraucht, damit die Magneten bei einer Temperatur von 2 Grad über dem absoluten Nullpunkt arbeiten können – kälter als die Temperatur der Hintergrundstrahlung in den Tiefen des interstellaren Weltraums. Insgesamt werden 120 Tonnen flüssiges Helium verwendet, das zunächst mithilfe von 10 000 Tonnen flüssigem Stickstoff gekühlt wird. Dazu mussten an die 40 000 absolut dichte Röhrenverbindungen hergestellt werden. Das Volumen des verwendeten Heliums macht den LHC zur größten Tiefkühleinrichtung der Welt.

(3) Das Vakuum in den Strahlröhren muss weniger Moleküle enthalten als das Vakuum im Weltall, wie es die Astronauten bei Weltraumspaziergängen außerhalb der ISS erfahren, und sein Atmosphärendruck muss zehnmal kleiner sein als der an der Mondoberfläche. Das größte am LHC auf dieses Vakuumniveau gepumpte Volumen liegt bei 9000 Kubikmetern, vergleichbar mit dem Volumen einer großen Kathedrale.

(4) Die im Tunnel in beide Richtungen beschleunigten Protonen sind mit 99,9999991 Prozent der Lichtgeschwindigkeit unterwegs – nur etwa 3 Meter pro Sekunde langsamer als die Lichtgeschwindigkeit. Die Energie jedes einzelnen Protons bei der Kollision entspricht der Energie einer fliegenden Stechmücke, ist jedoch auf einen Durchmesser komprimiert, der um den Faktor 10^{12} kleiner ist als die Körperlänge einer Stechmücke.

(5) Jeder Protonenstrahl ist in 2808 getrennte Pakete gebündelt, die an den Kollisionspunkten auf etwa ein Viertel der Dicke eines menschlichen Haars zusammengepresst werden; jedes Paket enthält etwa 115 Milliarden Protonen; alle 25 Nanosekunden (Milliardstelsekunden) kommt es zu Paketkollisionen mit mehr als 600 Millionen Teilchenkollisionen pro Sekunde.

(6) Das zur Verarbeitung der Daten des LHC ausgelegte Rechnernetz ist das größte der Welt. Die vom LHC in jeder Sekunde generierten Rohdaten füllen mehr als 1000 Festplatten mit 1 Terabyte. Diese Rohdatenmenge muss erheblich reduziert werden, damit man sie analysieren kann. Von den 6×10^{18} allein im Jahr 2012 analysierten Proton-Proton-Kollisionen wurden über 25 000 Terabyte Daten verarbeitet – mehr als der Informationsgehalt aller je geschriebenen Bücher –, was einem etwa 20 Kilometer hohen Stapel von CDs entspräche. Zu diesem Zweck hat man ein weltweites Computernetz mit 170 Rechenzentren in 36 Ländern geschaffen. Die beim Betrieb der Maschine anfallende Datenrate liegt bei etwa 700 Megabytes pro Sekunde.

(7) Die Anforderungen an die 1600 Magneten, die ausreichend starke Strahlen für eine Kollision bündeln müssen, entsprechen dem Abfeuern von zwei Nadeln aus einer Entfernung von 10 Kilometern mit so hoher Präzision, dass sie exakt auf halbem Weg zwischen den beiden Abschussstellen aufeinanderprallen.

(8) Die Ausrichtung der Strahlen erfolgt so genau, dass die Auswirkungen der Gezeitenkräfte auf die Röhre berücksichtigt werden müssen, die sich aus der Schwerkraft des Mondes (der jeden Tag eine andere Position einnimmt) ergeben – die tägliche Abweichung beim Umfang des LHC beträgt 1 Millimeter.

(9) Um die zur Lenkung der Protonenstrahlen benötigten unglaublich starken Magnetfelder zu erzeugen, fließt durch jeden der supraleitenden Magneten ein Strom von fast 12000 Ampere, etwa das 120-Fache der Stromstärke in einem durchschnittlichen Einfamilienhaus.

(10) Die für die Magnetspulen im LHC erforderlichen Kabelstränge erreichen zusammen eine Länge von etwa 270000 Kilometern – ungefähr das 6-Fache des Erdumfangs. Würde man alle Einzeldrähte in den Strängen hintereinander auslegen, würden sie fünfmal bis zur Sonne und zurück reichen.

(11) Die Gesamtenergie eines jeden Strahls entspricht etwa der eines mit 150 km/h rollenden Zuges von 400 Tonnen Gewicht. Das würde ausreichen, 500 Kilo Kupfer zu schmelzen. Die in den supraleitenden Magneten gespeicherte Energie beträgt das 30-Fache dieses Werts.

(12) Sogar mit den supraleitenden Magneten – die den Energieverbrauch der Maschine in praktikablen Grenzen halten – verbraucht die Einrichtung im Betrieb ungefähr so viel Energie wie alle Genfer Haushalte zusammen.

So viel zu der Maschine selbst. Für die Analyse der Kollisionen am LHC hat man eine Vielfalt großer Detektoren konstruiert. Jeder der vier derzeit laufenden Detektoren hat die Größe eines beachtlichen Bürogebäudes und ist so komplex wie ein bedeutendes Labor. Wer die Gelegenheit bekommt, in den Untergrund zu gehen und die Detektoren zu besichtigen, fühlt sich wie Gulliver in Brobdingnag. Absolut jede Komponente erreicht eine ungeheure Größenordnung. Hier folgt ein Foto des CMS-Detektors, des kleineren der beiden größten Detektoren des LHC:

Wer dem Detektor gegenübersteht, hat Mühe, das Bild überhaupt im Ganzen zu erfassen, wie sich in der persönlicheren Perspektive einer Nahaufnahme erkennen lässt:

Die Komplexität der Maschinen lässt sich fast nicht ermessen. Für einen Theoretiker wie mich ist es kaum vorstellbar, wie eine einzelne Gruppe von Physikern den Überblick über die Vorrichtung behalten kann, ganz zu schweigen davon, sie genau nach den erforderlichen Auslegungen zu entwerfen und zu bauen.

Jeder der beiden größten Detektoren – ATLAS und CMS – wurde von einer Arbeitsgruppe aus mehr als 2000 Wissenschaftlern konstruiert. Insgesamt waren mehr als 10 000 Wissenschaftler und Ingenieure aus über 100 Ländern am Bau der Maschine und der Detektoren beteiligt. Nehmen wir CMS, den kleineren Detektor: Er ist über 20 Meter lang, 15 Meter hoch und 15 Meter breit. Im Detektor sind 12 500 Tonnen Eisen verbaut – mehr als im Eiffelturm. Die beiden Hälften des Detektors werden um ein paar Meter auseinandergefahren, wenn daran gearbeitet wird. Obwohl sie nicht auf Rädern gelagert sind, würden die beiden getrennten Hälften zusammengezogen, wenn man das große Magnetfeld des Detektors einschaltete.

Jeder Detektor ist in Millionen Einzelkomponenten aufgeteilt; es gibt Tracker, die Teilchenspuren mit einer Genauigkeit von einem zehnmillionstel Meter verfolgen können, dazu Kalorimeter, welche die in den Detektoren deponierte Energie mit großer Präzision aufspüren, und dazu Einrichtungen, welche die Geschwindigkeit von Teilchen messen – dazu erfassen sie die beim Durchgang durch den Detektor von ihnen emittierte Strahlung. Bei jeder Kollision können Hunderte oder Tausende einzelner Teilchen erzeugt werden, und der Detektor muss fast alle nachverfolgen, damit jedes Ereignis rekonstruiert werden kann.

Zwischen 1961 und 1966 war der Physiker Victor Weisskopf der vierte Generaldirektor des CERN, und er verglich die großen Beschleuniger dieser Zeit mit den gotischen Kathedralen des mittelalterlichen Europa. Denkt man an CERN und den LHC, ist der Vergleich besonders interessant.

Die gotischen Kathedralen forderten die Technologie der Zeit auf das Äußerste; sie erforderten neue Bautechniken, und um sie zu errichten, mussten neue Werkzeuge geschaffen werden. Hunderte oder Tausende Handwerksmeister aus vielen Dutzend Ländern bauten viele Jahrzehnte lang daran. Ihre Größenordnung stellte alle Gebäude in den Schatten, die man zuvor geschaffen hatte. Und ihr Bau hatte nur einen Zweck: die Herrlichkeit Gottes zu preisen.

Der LHC ist die komplizierteste je gebaute Maschine; sie erforderte neue Bautechniken, und um sie zu errichten, mussten neue Werkzeuge geschaffen werden. Tausende promovierte Wissenschaftler und Ingenieure aus vielen Hundert Ländern – die in Dutzenden von Sprachen redeten und mindestens ebenso vielen Religionen angehörten –, wurden für die Konstruktion des Beschleunigers und der Detektoren, die ihn überwachen, gebraucht; es dauerte fast zwei Jahrzehnte, die Aufgabe zu vollenden. Ihre Größenordnung stellte alle Maschinen in den Schatten, die zuvor geschaffen worden waren. Und ihr Bau hatte nur einen praktischen Zweck: die Schönheit der Natur zu preisen und zu erforschen.

Aus dieser Perspektive sind die Kathedralen wie die Collider Monumente für das, was vielleicht das Beste an der menschlichen Zivilisation ist: die Fähigkeit und der Wille, sich Objekte vorzustellen und sie zu konstruieren, deren Größenordnung und Komplexität die Zusammenarbeit zahlloser Individuen (falls nötig, aus aller Welt) erfordert, allein zu dem Zweck, unsere Ehrfurcht und Bewunderung für die Werke des Kosmos auf etwas Konkretes zu lenken, das die Lebensbedingungen des Menschen vielleicht verbessern kann. Collider und Kathedralen sind Werke von unvergleichlicher Größe – sie feiern die menschliche Erfahrung in unterschiedlichen Reichen. Nichtsdestoweniger bin ich davon überzeugt, dass der LHC gewinnt und seine erfolgreiche Errichtung über zwei Jahrzehnte hinweg zeigt, dass das 21. Jahrhundert noch nicht bar jeglicher Kultur und Vorstellungskraft ist.

Was mich schließlich auf den Weg zum 4. Juli 2012 bringt.

Im Jahr 2011 fuhr der LHC, wie es einer der CERN-Offiziellen ausdrückte, so dahin. Die bis zum Oktober jenen Jahres aufgezeichnete Datenmenge war bereits 4 Millionen Mal größer als im ersten Betriebszyklus im Jahr 2010, und 30 Mal größer als die, welche man Anfang 2011 gewonnen hatte.

An diesem Punkt der Sammlung von Daten, auf die Physiker 40 Jahre lang gewartet hatten, begannen Gerüchte durch die Gemeinschaft zu schwirren. Viele davon stammten von den Experimentatoren selbst. Ich habe eine Teilzeitstelle an der Australischen Nationaluniversität in Canberra, und die Internationale Konferenz für Hochenergiephysik sollte im Juli 2012 in Melbourne stattfinden. Melbourne hat ein großes LHC-Kontingent, und als ich dort zu Besuch war, hörte ich ständig, dass die Experimentatoren für die mögliche Masse des Higgs-Teilchens eine immer größere mögliche Spanne ausschlossen.

Viele Experimentalphysiker genießen es regelrecht, Theoretikern nachzuweisen, dass diese falsch liegen. Auch in diesem Fall war es so. Weniger als sechs Monate vor der Konferenz erzählte mir eine Experimentalphysikerin aufgeregt, man habe den gesamten Bereich der Higgs-Masse mit Ausnahme einer schmalen Spanne zwischen dem 120- und dem 130-Fachen der Protonenmasse ausgeschlossen. Und sie ging davon aus, dass sie spätestens im Juli auch diesen Bereich würden ausschließen können. Als einer, der das Higgs mit Skepsis betrachtete, war ich nicht unglücklich über diese Nachricht. Tatsächlich bereitete ich gerade einen Aufsatz vor, der erklären sollte, warum es das Higgs möglicherweise nicht gab.

Am 5. April, als man am LHC die Schwerpunktsenergie des Strahls leicht auf das 8000-Fache der Protonen-Ruhemasse erhöhte, wurde es interessanter. Die Veränderung äußerte sich in einem erhöhten Potenzial für die Entdeckung neuer Teilchen. Mitte Juni wurde angekündigt, dass die Leiter der beiden Hauptexperimente sowie der Generaldirektor des CERN nicht zu der Konferenz nach Melbourne reisen, sondern am Morgen des 4. Juli im zentralen Kolloquiensaal des CERN in einer Videokonferenz Resultate bekannt geben würden – in diesem Raum hatte Rubbia die Entdeckung der W-Teilchen verkündet.

Zu dieser Zeit nahm ich an einer Physik-Tagung in Aspen, Colorado, teil. Wegen der Bedeutung der anstehenden Bekanntgabe hatte die dortige Physikergemeinde einen Bildschirm zur Videoübertragung aufgestellt, sodass wir um 1 Uhr nachts dasitzen und zusehen konnten, wie Geschichte gemacht wurde. Ungefähr 15 von uns tauchten in der Dunkelheit im Aspen Center for Physics auf – vor allem Physiker, aber auch ein paar Journalisten, darunter Dennis Overbye von der *New York Times,* der wusste, dass er spätnachts noch etwas zu schreiben haben würde. Wie sich herausstellte, galt das auch für mich. Die *Times* hatte mich um einen Essay für die Beilage *Science Times* der folgenden Woche gebeten, falls die Dinge sich wie erwartet entwickelten.

Dann fing die Show an, und in den folgenden 45 Minuten präsentierten Sprecher für beide große Detektoren Daten, welche die Existenz eines neuen Elementarteilchens mit der ungefähr 125-fachen Masse des Protons überzeugend demonstrierten. Nach der anfänglichen Katastrophe des Jahres 2009 hatte der LHC – ebenso wie die beiden Detektoren – tadellos funktioniert. Während der ersten Monate waren ich und viele meiner Kollegen über die makellos sauberen Resultate erstaunt, welche die Detektoren angesichts der bekannten Hintergrundprozesse zeigten. Deshalb waren wir nicht überrascht, dass diese Detektoren, ungeachtet des unglaublich komplizierten Umfelds, in dem sie arbeiteten, etwas neu Auftretendes finden konnten.

Doch das Teilchen wurde auch deshalb entdeckt, weil man sich genau die Zerfallskanäle angesehen hatte, die für ein normales Higgs-Teilchen vorhergesagt worden waren. Die anteiligen Zerfälle in Photonen (über intermediäre Top-Quarks oder W-Teilchen) im Verhältnis zu Teilchen wie Elektronen (über intermediäre Z-Bosonen) stimmten mehr oder weniger mit den Vorhersagen überein, ebenso wie die Produktionsrate des neuen Teilchens in den Proton-Proton-Kollisionen. In den Abermilliarden Kollisionen, welche die beiden Detektor-Arbeitsgemeinschaften bis dahin analysiert hatten, waren ungefähr 50 potenzielle Higgs-Kandidaten entdeckt worden. Um sie genauer zu identifizieren, mussten noch viele Tests durchgeführt werden, doch wenn es watschelte wie ein Higgs und quakte wie ein Higgs, dann war es wahrscheinlich ein Higgs. Die Belege genügten, um François Englert und Peter Higgs im Oktober 2013 den Nobelpreis zu verleihen – im ersten nach der behaupteten Entdeckung möglichen Jahr.

Im Februar 2013 hörte man am LHC auf, die Maschine nachzurüsten, sodass sie mit der Energie und Lichtstärke betrieben werden konnte, für die sie ausgelegt war. In den letzten Wochen vor der Abschaltung hatten die Massenspeichersysteme des CERN mehr als 100 Petabytes an Daten gespeichert – mehr als der Informationsgehalt von 100 Millionen CDs. Von Daten, die man bei der ersten Bekanntgabe noch nicht einmal analysiert hatte, kamen weiterhin neue Resultate herein. (Dazu gehörten auch quälende Hinweise auf ein mögliches neues, sehr schweres unerwartetes Teilchen – sechsmal schwerer als das Higgs; die Hinweise verschwanden in dem Moment, in dem dieses Buch an die Presse verschickt wurde.)

Für eine echte Entdeckung sieht es umso besser aus, je mehr Daten man hat, während anomale Ergebnisse im Lauf der Zeit tendenziell verschwinden. Dieses Mal sah es so gut aus, dass es fast schon peinlich war. Wenn man fünf unterschiedliche Zerfallskanäle zu Photonen, Z-Teilchen, W-Teilchen, Tau-Teilchen (dem schwersten bekannten Cousin des Elektrons) und Teilchen mit B-Quarks mit Beobachtungen verglich, stimmten die Vorhersagen des einfachen Higgs-Standardmodells überzeugend überein.

Zur gleichen Zeit konnten die LHC-Detektoren aus der Winkelverteilung und den Energien der Zerfallsprodukte anhand einer neuen, größeren Stichprobe von Higgs-Kandidaten erkunden, ob es sich bei dem Teilchen tatsächlich um ein Skalarteilchen handelte – was es zum ersten je in der Natur beobachteten Elementarskalar gemacht hätte. Am 26. März 2015 lieferte der ATLAS-Detektor des CERN Ergebnisse, die mit mehr als 99 Prozent Gewissheit zeigten, dass das neue Teilchen ein Teilchen mit dem Spin 0 war und genau die richtige Paritätszuordnung auswies, die es zum Higgs-Skalar machten. Die Natur hatte vorgeführt, dass sie Skalarfelder nicht verabscheut, wie zum Beispiel ich gedacht hatte. Die Existenz eines so fundamentalen Skalars ändert das, was in der Natur möglich sein dürfte, ganz erheblich, und Leute wie ich fingen an, Szenarien zu erwägen, an die wir vorher nie gedacht hätten.

Im September 2015, etwa einen Monat vor Fertigstellung des ersten Entwurfs dieses Buches, fassten die beiden großen Detektoren ATLAS und CMS ihre Daten von 2011 und 2012 zusammen und präsentierten erstmals einen einheitlichen Vergleich von Theorie und Experiment. Das Ergebnis – einhergehend mit einer riesigen Rechenanstrengung, die separate systematische Effekte in jedem Versuch einbezog, was insgesamt 4200 Parameter einschloss – zeigte mit einer verbleibenden Unsicherheit von etwa 10 Prozent, dass das neue Teilchen alle Eigenschaften besaß, die vom einfachen Higgs-Standardmodell vorhergesagt wurden.

Diese simple Folgerung könnte einem fast enttäuschend vorkommen, folgt sie doch auf ein halbes Jahrhundert gezielter Bemühungen Tausender Individuen – der Theoretiker, die das Standardmodell entwickelten, und derjenigen, welche die unglaublich komplexen Berechnungen durchführten, die nötig waren, um Vorhersagen mit Experimenten vergleichen zu können, Hintergrundraten zu bestimmen und so weiter, sowie der vielen Tausend Experimentalphysiker, welche die komplexeste je konstruierte Maschine gebaut, getestet und betrieben hatten. Ihre Geschichte war gekennzeichnet von unglaublichen Höhepunkten des intellektuellen Wagemuts, von Jahren der Verwirrung, von Pech und glücklichen Zufällen, Rivalitäten und Leidenschaft, und über allem von der Ausdauer einer Gemeinschaft, die auf ein einziges Ziel ausgerichtet war – die Natur in ihren fundamentalen Größenordnungen zu verstehen. Wie jedes menschliche Drama schloss sie natürlich auch ihren Anteil an Neid, Halsstarrigkeit und Eitelkeit ein, doch wichtiger war, dass sie eine einzigartige Gemeinschaft umfasste, die von ethnischer Zugehörigkeit, Sprache, Religion oder Geschlecht vollkommen unabhängig war. Es ist eine Geschichte, die all die Dramatik der besten epischen Erzählungen in sich trägt und das Beste dessen widerspiegelt, was die Wissenschaft der modernen Zivilisation bieten kann.

Dass die Natur so freundlich sein würde, die Ideen zu verwenden, die eine kleine Gruppe von Individuen, inspiriert durch abstrakte Vorstellungen von Symmetrie und mithilfe der mathematisch komplexen Quantenfeldtheorie, auf Papier niederschrieb, wird mir immer irgendwie bemerkenswert vorkommen. Man kann kaum nachvollziehbar ausdrücken, welche Mischung aus Hochstimmung und Schrecken die Erkenntnis hervorruft, dass die Natur vielleicht wirklich so funktioniert, wie man es vorschlägt, während man womöglich spät nachts und allein in seinem Arbeitszimmer die letzten Worte eines Aufsatzes verfasst. Ich nehme an, es ähnelt vielleicht der Reaktion, die Plato für seine armen Philosophen beschrieb, als diese zum ersten Mal ins Sonnenlicht außerhalb der Höhle gezerrt wurden.

Entdeckt zu haben, dass die Natur tatsächlich den einfachen und eleganten Regeln folgt, die im 20. und 21. Jahrhundert von Leuten ersonnen wurden, welche man als moderne Versionen von Platos Philosophen ansehen könnte, ist schockierend und beruhigend zugleich. Es ist ein Hinweis darauf, dass die Bereitschaft von Wissenschaftlern, ein intellektuelles Kartenhaus zu errichten, das beim leisesten experimentellen Zittern zusammenfallen konnte, nicht fehl am Platz war. Es gibt uns Mut zu der Annahme, dass das Universum – worüber Einstein einst sein Erstaunen zum Ausdruck brachte – in seiner Großartigkeit letztlich ergründbar ist.

Nachdem ich am 4. Juli 2012 Zeuge geworden war, wie man die Entdeckung des Higgs bekanntgegeben hatte, schrieb ich folgende Worte:

> Die offenkundige Entdeckung des Higgs führt vielleicht nicht zu einem besseren Toaster oder einem schnelleren Auto. Doch sie feiert die Fähigkeit des menschlichen Geistes, die Geheimnisse der Natur aufzudecken, und die Technologie, die wir entwickelt haben, um sie in den Griff zu bekommen. Verborgen in dem, was scheinbar dem leeren Raum gleicht – tatsächlich dem Nichts, das ständig interessanter wird –, finden sich genau die Elemente, die unsere Existenz ermöglichen.
>
> Die Entdeckung aus der letzten Woche, die das demonstriert, wird die Sicht verändern, die wir von uns und unserem Ort im Universum haben. Genau das zeichnet große Musik, große Literatur, große Kunst … und große Wissenschaft aus.

Es ist noch zu früh, als dass man beurteilen oder gar umfassend vorwegnehmen könnte, welche Änderungen sich aus der Entdeckung des Higgs am LHC für unser Bild der Wirklichkeit ergeben oder welche Entdeckungen daraus hervorgehen werden. Doch das Glück bevorzugt den vorbereiteten Geist, und für Theoretiker wie mich ist es sowohl Verantwortung als auch Freude, genau das zu bedenken.

Auch wenn die Natur uns gegenüber dieses Mal anscheinend freundlich gewesen ist – möglicherweise war sie zu freundlich. Das Epos, das ich hier geschildert habe, könnte für die Physik und die Physiker eine dramatische neue Herausforderung bereithalten und uns explizit daran erinnern, dass die Natur nicht dazu da ist, dass wir es bequem haben. Denn wir haben vielleicht gefunden, was wir erwartet hatten, aber wir hatten nicht erwartet, nur das und nichts anderes zu finden …

KAPITEL 22

MEHR FRAGEN ALS ANTWORTEN

Ein Tor hat nicht Gefallen an Einsicht, sondern will kundtun, was in seinem Herzen steckt.

SPRÜCHE 18:2

Eigentlich könnte unsere Geschichte hier enden, weil wir an die Grenzen unseres direkten empirischen Wissens über das Universum in seinen fundamentalen Größenordnungen gelangt sind. Doch niemand sagt, wir müssten aufhören zu träumen, auch wenn die Träume nicht immer erfreulich sind. Vor Juli 2012 wurden die Teilchenphysiker von zwei Albträumen geplagt. Der erste war, dass der LHC genau gar nichts sehen würde. Denn in diesem Fall wäre es wahrscheinlich der letzte je gebaute große Beschleuniger, mit dem der fundamentale Aufbau des Kosmos erforscht werden konnte. Der zweite war, dass der LHC das Higgs entdecken würde. Punkt.

Jedes Mal, wenn wir eine Schicht der Realität abziehen, locken weitere Schichten. Und so lässt uns jede bedeutende neue Entwicklung in der Wissenschaft gewöhnlich mit mehr Fragen als Antworten zurück. Doch in der Regel lässt sie uns wenigstens auch mit einer Kartenskizze zurück, die uns hilft, nach Antworten auf diese Fragen zu suchen. Die Entdeckung des Higgs-Teilchens und damit die Bestätigung, dass es ein den gesamten Raum durchdringendes, unsichtbares Higgs-Feld im Hintergrund gibt, war eine tief reichende Bekräftigung der kühnen wissenschaftlichen Entwicklungen des 20. Jahrhunderts.

Doch die Worte von Sheldon Glashow klingen nach wie vor wahr: Das Higgs ist wie eine Toilette. Es verbirgt all die chaotischen Details, über die wir lieber nicht sprechen. Das Higgs-Feld, so elegant es auch sein mag, ist innerhalb des Standardmodells im Wesentlichen eine ad-hoc-Erweiterung. Es wird der Theorie hinzugefügt, damit es das Erforderliche vollbringt, um die Welt unserer Erfahrung akkurat zu modellieren. Doch von der Theorie wird es *nicht* gefordert. Mit einer schwachen Kraft großer Reichweite und masselosen Teilchen hätte das Universum fröhlich existieren können. Wir wären nur nicht vorhanden, um nach ihnen zu fragen. Außerdem ist die detaillierte Physik des Higgs, wie wir gesehen haben, im Kontext des Standardmodells allein nicht determiniert. Das Higgs hätte 20-mal schwerer oder 100-mal leichter sein können.

Warum aber gibt es dann das Higgs überhaupt? Und warum hat es genau diese Masse? (Wobei ich wieder einmal einräume, dass wir Physiker mit »warum?« letztlich »wie?« meinen.) Gäbe es das Higgs nicht, würde es die Welt, die wir sehen, nicht geben, doch das ist mit Sicherheit keine Erklärung. Oder doch? Wenn wir die grundlegende Physik hinter dem Higgs wirklich verstehen, verstehen wir, wie es dazu kam, dass wir existieren. Wenn wir fragen »Warum sind wir hier?«, so könnten wir auf einer fundamentalen Ebene genauso gut fragen: »Warum ist das Higgs hier?« Und auf diese Frage gibt das Standardmodell keine Antwort.

Es gibt aber einige Hinweise; sie entspringen einer Kombination aus Theorie und Experiment. Kurz nachdem man 1974 die Grundstruktur des Standardmodells fest etabliert hatte, und weit vor dem folgenden Jahrzehnt, in dem die Details experimentell bestätigt wurden, fiel zwei Physikergruppen in Harvard, wo sowohl Glashow als auch Weinberg arbeiteten, etwas Interessantes auf. Zusammen mit Howard Georgi machte Glashow das, was Glashow am besten konnte: Er suchte unter den vorhandenen Teilchen und Kräften nach Mustern und forschte mithilfe der Mathematik der »Gruppentheorie« nach neuen Möglichkeiten.

Erinnern wir uns, dass die schwache und die elektromagnetische Kraft im Standardmodell bei einer hohen Energieskala vereint werden. Wenn jedoch die Symmetrie durch das Kondensat des Higgs-Feldes spontan gebrochen wird, bleiben in beobachtbaren Größenordnungen zwei getrennte und sehr unterschiedliche Kräfte zurück – die schwache Kraft besitzt eine kurze Reichweite, während der Elektromagnetismus seine große Reichweite behält. Georgi und Glashow versuchten diese Vorstellung so zu erweitern, dass die starke Kraft einbezogen wurde, und entdeckten, dass alle bekannten Teilchen und die drei nichtgravitativen Kräfte auf natürliche Weise in eine einzige grundlegende und größere Eichsymmetriestruktur eingepasst werden konnten. Dann spekulierten sie, dass diese fundamentale Symmetrie bei einer ultrahohen Energie und auf einer kurzen Entfernungsskala weit jenseits der Reichweite aktueller Experimente spontan brechen und zwei separate und unterschiedliche ungebrochene Eichsymmetrien zurücklassen könnte – daraus ergäben sich die starke und die elektroschwache Kraft. In der Folge würde die elektroschwache Symmetrie bei niedrigerer Energie und auf einer größeren Entfernungsskala brechen und sich in die schwache Kraft mit kurzer Reichweite und die elektromagnetische Kraft mit großer Reichweite aufteilen.

Eine entsprechende Theorie bezeichneten sie bescheiden als eine Grand Unified Theory (GUT), im Deutschen: Große Vereinheitlichte Theorie.

Ungefähr zur gleichen Zeit bemerkten auch Weinberg und Georgi zusammen mit Helen Quinn etwas Interessantes – sie orientierten sich an der Arbeit von Wilczek, Gross und Politzer. Während die starke Wechselwirkung schwächer wird, wenn man sie auf kleineren Entfernungsskalen erforscht, werden elektromagnetische und schwache Wechselwirkungen tatsächlich stärker.

Man musste kein grandioser Wissenschaftler sein, um sich zu fragen, ob die Stärken der drei verschiedenen Wechselwirkungen auf irgendeiner kleinen Entfernungsskala tatsächlich identisch werden könnten. Als sie die Berechnungen durchführten, fanden sie (mit der Genauigkeit, in der die Wechselwirkungen damals gemessen wurden) heraus, dass eine solche Vereinigung tatsächlich möglich schien, allerdings nur, wenn die Größenskala der Vereinigung um etwa 15 Größenordnungen kleiner war als der Durchmesser des Protons.

Sollte die Große Vereinheitlichte Theorie in der Tat die von Georgi und Glashow vorgeschlagene sein, wäre das eine gute Nachricht. Denn wenn all die in der Natur beobachteten Teilchen in dieser neuen großen Eichgruppe vereint würden, dann sollte es neue Eichbosonen geben, die Übergänge zwischen Quarks (aus denen Protonen und Neutronen bestehen) und Elektronen und Neutrinos hervorrufen. Das würde bedeuten, dass Protonen in leichtere Teilchen zerfallen können. Glashow formulierte es so: »Diamanten sind nicht für die Ewigkeit.«

Schon damals wusste man, dass Protonen eine unglaublich lange Lebensdauer haben müssen. Nicht nur deshalb, weil es uns auch fast 14 Milliarden Jahre nach dem Urknall noch gibt, sondern weil wir nicht schon als Kinder alle an Krebs sterben. Wenn Protonen mit einer durchschnittlichen Lebensdauer von weniger als einer Milliarde Milliarden (10^{18}) Jahren zerfallen würden, zerfielen im Lauf unserer Kindheit in unserem Körper immer noch so viele Protonen, dass die dabei erzeugte Strahlung uns töten würde. Erinnern wir uns, dass die Prozesse in der Quantenmechanik probabilistisch ablaufen. Wenn ein durchschnittliches Proton eine Milliarde Milliarden Jahre lebt und man eine Milliarde Milliarden Protonen in sich trägt, so würde im Schnitt ein Proton pro Jahr zerfallen. In unserem Körper befinden sich aber sehr viel mehr als eine Milliarde Milliarden Protonen.

Doch mit der vorgeschlagenen unglaublich kleinen Entfernungsskala und der daraus hervorgehenden unglaublich großen Massenskala, die mit der spontanen Symmetriebrechung in der »Großen Vereinheitlichung« zusammenhängen, würden die neuen Eichbosonen sehr große Massen bekommen. Das würde die Wechselwirkungen, die sie vermitteln, auf eine so kurze Reichweite beschränken, dass sie in der Größenordnung der Protonen und Neutronen heute unglaublich schwach wären. Deshalb würden Protonen, auch wenn sie zerfallen könnten, in diesem Szenario möglicherweise eine Million Milliarden Milliarden Milliarden Jahre leben, ehe sie zerfallen. Kein Problem also.

Mit diesen Ergebnissen von Glashow und Georgi sowie von Georgi, Quinn und Weinberg lag der Geruch einer großen Synthese in der Luft. Nach den Erfolgen der elektroschwachen Theorie zeigten sich die Teilchenphysiker ehrgeizig und bereit für die weitere Vereinheitlichung.

Doch wie sollte man wissen, ob diese Vorstellungen korrekt waren? Es gab keine Möglichkeit, einen Beschleuniger zu bauen, der auf einer Energieskala sondieren konnte, die eine Million Milliarden Mal größer war als die Ruhemassenenergie von Protonen. Eine derartige Maschine müsste einen Umfang von der Umlaufbahn des Mondes haben. Selbst wenn das technisch möglich wäre, würde nach dem Debakel mit dem SSC keine Regierung mehr die Kosten übernehmen.

Zum Glück gab es eine andere Möglichkeit, basierend auf der eben geschilderten Art von Wahrscheinlichkeitsargumenten, die der Lebensdauer von Protonen Grenzen setzen. Wenn die neue GUT eine Protonenlebensdauer von vielleicht 1000 Milliarden Milliarden Milliarden Jahren vorhersagt und man 1000 Milliarden Milliarden Milliarden Protonen in einen einzelnen Detektor bringen könnte, so würde im Schnitt jedes Jahr eines von ihnen zerfallen. Wo konnte man so viele Protonen auftreiben? Ganz einfach, in ungefähr 3000 Tonnen Wasser.

Man brauchte also nichts weiter als einen Tank mit, sagen wir ruhig, 3000 Tonnen Wasser. Man würde ihn im Dunklen aufbauen, sicherstellen, dass es keine radioaktive Hintergrundstrahlung gibt, mit empfindlichen Fotoröhren umgeben, die Lichtblitze im

Detektor aufspüren können, und dann ein Jahr warten, um beim Zerfall eines Protons einen Lichtblitz zu sehen. Das mag entmutigend klingen, doch es wurden immerhin zwei große Experimente in Auftrag gegeben und gebaut, die genau das vollbringen sollten – eines tief im Untergrund in der Nähe des Eriesees in einem Salzbergwerk (IMB genannt, nach den beteiligten Universitäten Irvine, Michigan und Brookhaven), und eines in einem Bergwerk bei Kamioka in Japan (Kamiokande genannt, der Abkürzung für Kamioka Nucleon Decay Experiment). Die Bergwerke waren notwendig, um einfallende kosmische Strahlung abzuschirmen. Andernfalls hätte diese für einen Hintergrund gesorgt, in dem jedes Signal eines Protonen-Zerfalls untergegangen wäre.

Beide Experimente lieferten ab etwa 1982/1983 Daten. Die Große Vereinheitlichung schien so zwingend zu sein, dass die Gemeinde fest damit rechnete, dass bald ein Signal auftauchen und die Große Vereinheitlichung zum Höhepunkt eines Jahrzehnts der erstaunlichen Veränderungen und Entdeckungen in der Teilchenphysik werden würde – ganz zu schweigen von einem weiteren Nobelpreis für Glashow und vielleicht noch ein paar anderen.

Leider war die Natur in diesem Fall nicht so freundlich. Keine Signale im ersten, im zweiten, im dritten Jahr. Das von Glashow und Georgi vorgeschlagene einfachste und elegante Modell wurde bald ausgeschlossen. Nachdem sich die fixe Idee von der Großen Vereinheitlichung erst einmal festgesetzt hatte, war es natürlich nicht einfach, sie wieder fallen zu lassen. Es gab weitere Vorschläge für vereinheitlichte Theorien, wonach der Protonen-Zerfall möglicherweise über die Grenzen der laufenden Experimente hinaus unterdrückt wurde.

Am 23. Februar 1987 kam es jedoch zu einem anderen Ereignis; es zeigt einen Grundsatz auf, der nach meiner Erfahrung fast universell gilt: Jedes Mal, wenn wir ein neues Fenster zum Universum öffnen, werden wir überrascht. An diesem Tag entdeckte eine Gruppe von Astronomen auf in der Nacht belichteten Fotoplatten einen explodierenden Stern (eine Supernova), der so nah war wie kein anderer in den letzten 400 Jahren beobachteter Stern. Der fragliche Stern befand sich in ungefähr 160 000 Lichtjahren Entfernung in der Großen Magellanschen Wolke – einer kleinen Satellitengalaxie der Milchstraße, die auf der südlichen Halbkugel zu sehen ist.

Falls unsere Vorstellungen zu explodierenden Sternen korrekt sind, sollte der größte Teil der Energie in Form von Neutrinos freigesetzt werden – trotz der Tatsache, dass das freigesetzte sichtbare Licht selbst so stark ist, dass Supernovae bei der Explosion die hellsten kosmischen Feuerwerke sind (mit einer Rate von etwa einer Explosion pro Galaxie in 100 Jahren). Grobe Schätzungen legten damals nahe, dass die riesigen Wasserdetektoren von IMB und Kamiokande ungefähr 20 Neutrino-Ereignisse registrieren sollten. Als die Experimentalphysiker vor Ort ihre Daten für diesen Tag sichteten, lagen bei IMB – siehe da – acht mögliche Ereignisse in einem Zeitintervall von zehn Sekunden vor; bei Kamiokande waren es elf Ereignisse. In der Welt der Neutrinophysik war das eine wahre Datenflut. Das Gebiet der Neutrino-Astrophysik hatte plötzlich die Reifeprüfung bestanden. Diese 19 Ereignisse führten zu geschätzten 1900 Aufsätzen von Physikern wie mir, die erkannten, dass sich hier ein beispielloses Fenster ins Innerste eines explodierenden Sterns aufgetan hatte und ein Labor nicht nur für die Astrophysik, sondern auch für die Physik der Neutrinos selbst bereitgestellt worden war.

Angespornt durch die Erkenntnis, dass große Detektoren für den Protonen-Zerfall als neue astrophysikalische Neutrino-Detektoren einem weiteren Zweck dienen konnten, fingen mehrere Gruppen an, eine neue Generation solcher doppelt nutzbarer Detektoren zu bauen. Der weltweit größte wurde wieder im Bergwerk von Kamioka eingerichtet und aus gutem Grund als Super-Kamiokande bezeichnet. Dieser gewaltige, von 11 800 Fotoröhren umgebene 50 000-Tonnen-Wassertank wurde zwar in einem aktiven Bergwerk betrieben, das Experiment jedoch mit der Sauberkeit eines Reinraumlabors durchgeführt. Das war absolut notwendig, weil man sich in einem Detektor dieser

Größe nicht nur über von außen kommende kosmische Strahlung Gedanken machen musste, sondern auch über innere radioaktive Verunreinigungen im Wasser, die sonst vielleicht alle gesuchten Signale überflutet hätten.

Indessen erreichte auch das Interesse an einer damit zusammenhängenden astrophysikalischen Neutrino-Signatur einen neuen Höhepunkt. Die Sonne produziert in ihrem Kern aufgrund der nuklearen, ihre Energie liefernden Reaktionen Neutrinos, und Ray Davis hatte mithilfe eines riesigen unterirdischen Detektors Neutrinos von der Sonne aufgespürt. Die von ihm vorgefundene Ereignisrate lag jedoch ungefähr um den Faktor drei niedriger als von den besten Sonnenmodellen vorhergesagt. In einem sehr tiefen Bergwerk im kanadischen Sudbury konstruierte man einen neuen Detektortyp für Sonnen-Neutrinos – er wurde unter dem Namen Sudbury Neutrino Observatory (SNO) bekannt.

Super-Kamiokande arbeitet inzwischen mit mehreren Aktualisierungen seit mehr als 20 Jahren fast ununterbrochen. Man hat keine Signale eines Protonen-Zerfalls gesehen und keine neuen Supernovae beobachtet. Doch zusammen mit komplementären Beobachtungen am SNO wurde aufgrund der Präzisionsbeobachtungen dieses gewaltigen Detektors definitiv bestätigt, dass das von Ray Davis beobachtete Defizit der Sonnen-Neutrinos real ist; außerdem ist es nicht auf astrophysikalische Effekte in der Sonne zurückzuführen, sondern auf die Eigenschaften von Neutrinos. Wenigstens einer der drei bekannten Neutrinotypen ist nicht masselos – allerdings ist seine Masse tatsächlich sehr klein; sie ist möglicherweise um einen Faktor von 100 Millionen kleiner als die Masse des Elektrons, des zweitleichtesten Teilchens in der Natur. Weil das Standardmodell für die Masse von Neutrinos keinen Platz hat, war dies die erste definitive Beobachtung, dass in der Natur jenseits des Standardmodells und des Higgs irgendeine neue Art von Physik wirksam sein musste.

Beobachtungen von Neutrinos mit höheren Energien, welche die Erde regelmäßig bombardieren, wenn hochenergetische

Protonen der kosmischen Strahlung auf die Atmosphäre treffen und einen Schauer von Teilchen einschließlich der auf uns herabregnenden Neutrinos erzeugen, zeigten kurz darauf, dass noch ein zweites Neutrino Masse besitzt. Diese Masse ist ein wenig größer, aber immer noch sehr viel kleiner als die des Elektrons. Für diese Ergebnisse erhielten die Teamleiter am SNO und am Kamiokande 2015 den Physik-Nobelpreis – eine Woche, bevor ich den ersten Entwurf dieses Texts verfasste. Im Moment sind diese aufregenden Hinweise auf eine neue Physik im Kontext aktueller Theorien noch nicht erklärt.

Dass man keinen Protonen-Zerfall beobachtete, war zwar enttäuschend, kam aber – wie sich herausstellte – nicht völlig unerwartet. Seit die Große Vereinheitlichte Theorie erstmals vorgeschlagen worden war, hatte sich die Landschaft der Physik leicht verschoben. Wie präzisere Messungen der tatsächlichen Stärke der drei nichtgravitativen Wechselwirkungen – zusammen mit verbesserten Berechnungen zu den Änderungen in der Stärke dieser Interaktionen mit der Entfernung – gezeigt hatten, würde die Stärke der drei Kräfte, falls die Teilchen des Standardmodells die einzigen in der Natur waren, sich nicht in einer einzigen Größenordnung vereinen lassen. Wenn es zu einer Großen Vereinheitlichung kommen soll, muss es auf Energieskalen jenseits der bisher beobachteten Maßstäbe irgendeine neue Physik geben. Das Vorhandensein neuer Teilchen würde nicht nur die Rate ändern, in der die drei bekannten Wechselwirkungen sich mit der Größenordnung ändern – es würde tendenziell auch den Maßstab der Großen Vereinheitlichung nach oben verlagern und damit die Rate des Protonen-Zerfalls senken. Das würde zu vorhergesagten Lebenszeiten oberhalb von einer Million Milliarden Milliarden Milliarden Jahren führen.

Während dieser Entwicklungen wurden Theoretiker durch neue mathematische Werkzeuge dazu angeregt, eine mögliche neue Art von Symmetrie in der Natur zu erforschen – sie wurde als Supersymmetrie bekannt. Diese Art von fundamentaler Symmetrie unterscheidet sich insofern von allen zuvor bekannten

Symmetrien, als sie die beiden verschiedenen Teilchenarten der Natur, die Fermionen (Teilchen mit halbzahligem Spin) und die Bosonen (Teilchen mit ganzzahligem Spin) miteinander verbindet. Letztlich geht es darum (viele andere Bücher, darunter auch einige von mir, erörtern diese Vorstellung im Detail), dass es, falls diese Symmetrie in der Natur existiert, für jedes bekannte Teilchen des Standardmodells wenigstens ein entsprechendes neues Elementarteilchen geben muss. Für jedes bekannte Boson muss ein neues Fermion existieren. Für jedes bekannte Fermion muss es ein neues Boson geben.

Da wir diese Teilchen nicht gesehen haben, kann diese Symmetrie in unserer Erfahrungswelt nicht manifest sein; außerdem muss sie gebrochen sein, das heißt, die neuen Teilchen werden alle jeweils eine Masse erhalten, die so schwer sein sollte, dass man sie in keinem bisher konstruierten Beschleuniger beobachtet haben kann.

Was könnte an einer Symmetrie, die plötzlich alle Teilchen in der Natur verdoppelt, ohne dass es für die neuen Teilchen irgendeinen Beleg gibt, so attraktiv sein? Verführerisch war sie vor allem wegen der Großen Vereinheitlichung selbst. Denn wenn es bei einer Massenskala mit einer um 15 bis 16 Größenordnungen über der Ruhemasse des Protons liegenden Energie eine Große Vereinheitlichte Theorie (GUT) gibt, so liegt dieser Bereich auch um etwa 13 Größenordnungen über der Skala der elektroschwachen Symmetriebrechung. Die große Frage ist, warum es bei den fundamentalen Naturgesetzen eine so riesige Differenz der Größenordnungen geben sollte. Falls das Higgs des Standardmodells das eigentliche letzte Überbleibsel des Standardmodells ist, erhebt sich speziell die Frage: Warum ist die Energieskala der Higgs-Symmetriebrechung um 13 Größenordnungen kleiner als die Skala der Symmetriebrechung im Zusammenhang mit jedem neuen Feld das man einführen muss, um die GUT-Symmetrie in ihre separaten, sie konstituierenden Kräfte aufzubrechen?

Das Problem ist ein klein wenig ernster, als es aussieht. Skalarteilchen wie das Higgs besitzen mehrere neue quantenmechanische Eigenschaften, die sich von denen der Fermionen oder der Spin-1-Teilchen wie Eichteilchen unterscheiden. Wenn man die Effekte virtueller Teilchen einschließlich von Teilchen mit beliebig großer Masse (wie die Eichteilchen der angenommenen Großen Vereinheitlichten Theorie) betrachtet, so treiben sie die Masse und die symmetriebrechende Skala des Higgs so hoch, dass sie letztlich in die Nähe der schweren GUT-Skala gelangt oder mit ihr identisch wird. Das führt zu einem Problem, das als Natürlichkeitsproblem bekannt ist: In diesem Sinn ist es technisch nicht natürlich, dass eine riesige Hierarchie vorliegt zwischen der Skala, bei der die elektroschwache Symmetrie durch das Higgs-Teilchen gebrochen wird, und der Skala, bei der die GUT-Symmetrie durch irgendeinen neuen, schweren Feldskalar gebrochen wird.

1981 brachte der brillante mathematische Physiker Edward Witten in einem sehr einflussreichen Aufsatz vor, dass diese neue Symmetrie, die Supersymmetrie, eine ganz spezielle Eigenschaft besitze. Sie konnte demnach den Effekt in den Griff bekommen, den virtuelle Teilchen beliebig hoher Masse und Energie auf die Eigenschaften der Welt in den Größenordnungen ausüben, die wir derzeit erforschen können. Weil virtuelle Fermionen und virtuelle Bosonen mit gleicher Masse Quantenkorrekturen erzeugen, die bis auf das Vorzeichen identisch sind, heben sich, wenn jedes Boson von einem Fermion gleicher Masse begleitet wird, die Quanteneffekte der virtuellen Teilchen auf. Das heißt, die Auswirkungen von virtuellen Teilchen mit beliebig hoher Masse und Energie auf die physikalischen Eigenschaften des Universums in Größenordnungen, die wir messen können, würden jetzt vollständig entfernt werden.

Falls aber die Supersymmetrie selbst gebrochen wird, dann werden die Quantenkorrekturen sich nicht ganz aufheben. Stattdessen würden sie Beiträge zu Massen in der gleichen Größenordnung wie die Skala liefern, auf der die Supersymmetrie bricht. Wäre sie mit der Skala der elektroschwachen Symmetriebrechung vergleichbar, würde das erklären, warum die Massenskala des

Higgs ist, wie sie ist. Und das bedeutet auch, dass wir im derzeit am LHC untersuchten Maßstab damit rechnen sollten, allmählich eine Menge neuer Teilchen zu beobachten – die supersymmetrischen Partner der normalen Materie.

Damit würde das Natürlichkeitsproblem gelöst, weil die Massen des Higgs-Bosons vor möglichen Quantenkorrekturen geschützt wären, die es auf eine so hohe Energieskala hochtreiben könnten wie die, die mit der Großen Vereinheitlichung verknüpft ist. Die Supersymmetrie könnte eine »natürliche« umfangreiche Hierarchie in der Energie (und Masse) ermöglichen, welche die elektroschwache Skala von der Skala der Großen Vereinheitlichung trennt.

Die Tatsache, dass die Supersymmetrie das Hierarchieproblem (unter diesem Namen wurde es bekannt) prinzipiell lösen konnte, hob ihr Ansehen bei den Physikern beträchtlich. Sie veranlasste Theoretiker dazu, realistische Modelle zu erproben, die eine Brechung der Supersymmetrie einschlossen, und die weiteren physikalischen Konsequenzen dieser Idee zu erforschen. Dadurch ging der Börsenkurs der Supersymmetrie durch die Decke. Wenn man nämlich die Möglichkeit einer spontan gebrochenen Supersymmetrie in Berechnungen darüber einbezog, wie die drei nichtgravitativen Kräfte sich mit der Entfernung ändern, dann sollte die Stärke der drei Kräfte auf einer einzigen sehr kleinen Entfernungsskala auf natürliche Weise konvergieren. Die Große Vereinheitlichung kam wieder in Reichweite!

Modelle, in denen die Supersymmetrie gebrochen wird, zeigen noch ein weiteres attraktives Merkmal. Lange vor Entdeckung des Top-Quarks war darauf hingewiesen worden, dass das Top-Quark, sollte es sehr schwer sein, durch seine Interaktionen mit anderen supersymmetrischen Partnern Quantenkorrekturen bei den Eigenschaften des Higgs-Teilchens hervorrufen konnte, die das Higgs-Feld dazu brächten, bei seiner aktuell gemessenen Energieskala zu kondensieren – falls die Große Vereinheitlichung auf einer viel höheren, superschweren Energieskala stattfand. Kurz, die Energieskala der elektroschwachen Symmetriebrechung konnte im Zusammenhang mit einer Theorie, in der die Große Vereinheitlichung auf einer viel höheren Energieskala stattfindet, auf natürliche Weise generiert werden. Als man das Top-Quark entdeckte, das in der Tat sehr schwer war, wurde die Möglichkeit noch attraktiver, dass die Brechung der Supersymmetrie für die beobachtete Energieskala der schwachen Wechselwirkung verantwortlich sein könnte.

All das ist jedoch nicht umsonst zu haben. Damit die Theorie funktioniert, muss es nicht nur ein Higgs-Boson geben, sondern zwei. Zudem würde man erwarten, allmählich die neuen supersymmetrischen Teilchen zu sehen, wenn man einen Beschleuniger wie den LHC bauen würde, der eine neue Physik in der Nähe der elektroschwachen Skala ausloten könnte. Und zu guter Letzt, was für einige Zeit wie eine eher vernichtende Einschränkung aussah: Das leichteste Higgs in der Theorie konnte nicht allzu schwer sein, weil der Mechanismus sonst nicht funktionieren würde.

Während die Suche nach dem Higgs ohne Ergebnis fortgesetzt wurde, näherten Beschleuniger sich mehr und mehr der theoretischen Obergrenze für die Masse des leichtesten Higgs-Bosons in Theorien der Supersymmetrie. Der Wert betrug etwa das 135-Fache der Protonenmasse, wobei die Details in gewissem Maß vom Modell abhingen. Hätte man das Higgs bis hinauf zu dieser Grenze ausschließen können, hätte das nahegelegt, dass der ganze Hype um die Supersymmetrie tatsächlich nicht mehr als ein Hype gewesen war.

Nun, die Angelegenheit nahm eine andere Wendung. Das am LHC beobachtete Higgs hat eine um den Faktor 125 größere Masse als das Proton. Eine große Synthese war möglicherweise in Reichweite.

Die Antwort ist im Moment – nicht so eindeutig. Die Signaturen neuer supersymmetrischer Partner gewöhnlicher Teilchen – falls es sie gibt – sollten am LHC so überzeugend sein, dass viele von uns dachten, es gebe dort für die Entdeckung der Supersymmetrie eine weit größere Chance als für die Entdeckung des Higgs. Doch es kam anders. Nach drei Jahren mit LHC-Durchläufen gibt es keinerlei Anzeichen. Langsam wird es unangenehm. Die Untergrenzen, die man nun für die supersymmetrischen Partner gewöhnlicher Materie festlegen kann, werden höher. Wenn sie zu hoch werden, läge die Größenordnung für den Bruch der Supersymmetrie nicht mehr in der Nähe der elektroschwachen Skala, und viele der attraktiven Merkmale der Supersymmetriebrechung in Hinblick auf die Lösung des Hierarchieproblems würden sich verflüchtigen.

Hoffnungslos ist die Lage aber noch nicht, und man hat das LHC erneut in Gang gesetzt – dieses Mal mit höherer Energie. Es könnte sein, dass just in dem Jahr, das zwischen dem Moment, in dem ich diese Worte schreibe, und der 10. Auflage dieses Buches liegt, supersymmetrische Teilchen entdeckt werden.

Wenn das geschieht, wird sich daraus eine weitere bedeutende Konsequenz ergeben. Zu den größeren Mysterien der Kosmologie gehört die Natur der Dunklen Materie, welche die Masse der gesamten sichtbaren Galaxien zu dominieren scheint. Wie ich weiter oben kurz angedeutet habe, gibt es so viel davon, dass sie nicht aus denselben Teilchen bestehen kann wie die normale Materie. Andernfalls würden die Vorhersagen zu der beim Urknall erzeugten Menge der leichten Elemente wie Helium nicht mehr mit den Beobachtungen übereinstimmen. Folglich sind sich die Physiker einigermaßen sicher, dass die Dunkle Materie aus einer neuen Art von Elementarteilchen besteht. Doch aus welcher Art?

Nun, der leichteste supersymmetrische Partner gewöhnlicher Materie ist in den meisten Modellen absolut stabil und weist viele der Eigenschaften von Neutrinos auf. Er würde sehr schwach wechselwirken und wäre elektrisch neutral, sodass er kein Licht absorbieren oder emittieren würde. Berechnungen, die ich und andere vor mehr als 30 Jahren durchgeführt haben, zeigten zudem, dass die nach dem Urknall bis heute verbliebene Menge des leichtesten supersymmetrischen Teilchens auf natürliche Weise innerhalb der Spanne läge, weshalb es die Dunkle Materie sein könnte, welche die Masse der Galaxien dominiert.

In diesem Fall gäbe es in unserer Galaxie einen Halo aus Teilchen Dunkler Materie, die darin umherschwirren – auch in dem Zimmer, in dem Sie gerade lesen. Und wie einige von uns ebenfalls vor einiger Zeit erkannt haben, heißt das, dass man diese Teilchen der Dunklen Materie direkt nachweisen könnte, wenn man empfindliche Detektoren konstruiert und sie in den Untergrund bringt – zumindest der Idee nach nicht unähnlich den Neutrino-Detektoren, die dort schon vorhanden sind. Rund um die Welt laufen gerade ein halbes Dutzend Experimente, bei denen genau das durchgeführt wird. Doch bis jetzt hat man nichts beobachtet.

Demnach befinden wir uns in den potenziell besten *oder* den schlimmsten aller Zeiten. Zwischen den Detektoren am LHC und den unterirdischen Detektoren für Dunkle Materie besteht ein Wettbewerb, wer die Natur der Dunklen Materie als Erster entdeckt. Wenn eine der Detektorengruppen einen Fund dokumentiert, wird sie die Offenlegung einer ganzen neuen Welt der Entdeckungen verkünden, die potenziell zu einem Verständnis der Großen Vereinheitlichung selbst führen sollte. Und falls in den kommenden Jahren keine Entdeckung erfolgt, könnten wir die Vorstellung von einem einfachen supersymmetrischen Ursprung der Dunklen Materie ausschließen – und dann wiederum die ganze Idee einer Supersymmetrie als Lösung des Hierarchieproblems ausschließen. In diesem Fall müssten wir ans Reißbrett zurückkehren, wobei wir ganz ohne neue Signale am LHC wenig Hinweise darauf haben würden, in welche Richtung wir gehen müssten, um ein Modell der Natur abzuleiten, das wirklich korrekt sein könnte.

Interessanter wurde es wieder, als man am LHC ein aufregendes mögliches Signal aufzeichnete und auf ein neues Teilchen zurückführte, das etwa sechsmal schwerer war als das Higgs. Dieses Teilchen zeigte nicht die Eigenschaften, die man für einen supersymmetrischen Partner der normalen Materie erwarten würde. In der Regel verschwinden die aufregendsten unechten Hinweise auf Signale, sobald sich mehr Daten ansammeln, und ungefähr sechs Monate nach dem ersten Auftreten, als die Datenmenge zunahm, verschwand das Signal tatsächlich. Andernfalls hätte es alles an der Art verändern können, in der wir über Große Vereinheitlichte Theorien und elektroschwache Symmetrie nachdenken; es hätte stattdessen auf eine neue Grundkraft samt einer neuen Gruppe von Teilchen schließen lassen, die diese Kraft wahrnehmen. Doch obwohl das potenzielle Teilchen viele hoffnungsvolle theoretische Aufsätze hervorrief, scheint die Natur sich anders entschieden zu haben. Das Fehlen einer klaren experimentellen Richtung oder Bestätigung der Supersymmetrie hat eine Gruppe theoretischer Physiker bislang nicht gestört. Die schönen mathematischen Aspekte der Supersymmetrie förderten 1984 das Wiedererwachen einer Idee, die seit den 1960er-Jahren geruht hatte: Damals hatten Nambu und andere versucht, die starke Kraft so zu verstehen, als sei sie eine Theorie von Quarks, die durch saitenähnliche Anregungen miteinander verbunden waren. Als man die Supersymmetrie in eine Quantentheorie von Strings (englisch für »Saiten/Fäden«) einbaute und die sogenannte Superstringtheorie schuf, traten allmählich einige erstaunlich schöne mathematische Ergebnisse auf, darunter die Möglichkeit, nicht nur die drei nichtgravitativen Kräfte zu vereinigen, sondern alle vier bekannten Naturkräfte in einer einzigen, widerspruchsfreien Quantenfeldtheorie zusammenzuführen.

Das einzige Problem liegt darin, dass die Theorie für ihre Existenz eine Menge neuer Raumzeit-Dimensionen erfordert, von denen – bisher – keine beobachtet worden ist. Dazu kommt die Tatsache, dass die Theorie keine anderen Vorhersagen liefert, die mit aktuell konzipierten Experimenten überprüft werden könnten. Außerdem ist die Theorie kürzlich erheblich komplizierter geworden: Inzwischen scheint es, als seien die Strings möglicherweise nicht einmal die zentralen dynamischen Variablen in der Theorie.

Nichts davon dämpfte die Begeisterung eines harten Kerns entschlossener und hochtalentierter Physiker, die in den 30 Jahren seit der Glanzzeit der Superstringtheorie Mitte der 1980er-Jahre – inzwischen heißt sie M-Theorie – weiter an ihr gearbeitet haben. Von Zeit zu Zeit werden große Erfolge behauptet, doch bisher fehlt der M-Theorie das entscheidende Element, welches das Standardmodell zu einem solchen Triumph des Wissenschaftsbetriebs macht: die Fähigkeit, Kontakt mit der Welt herzustellen, die wir messen können, Rätsel zu lösen, die ansonsten unerklärlich wären, und grundlegende Erklärungen dafür zu liefern, wie unsere Welt so geworden ist, wie sie ist. Das heißt nicht, dass die M-Theorie falsch ist. Doch zu diesem Zeitpunkt ist sie überwiegend Spekulation, wenn auch eine gut gemeinte und gut begründete Spekulation.

Hier ist nicht der Ort, um die Geschichte, die Herausforderungen und Erfolge der Stringtheorie aufzurollen. Tatsächlich habe ich das, wie einige meiner Kollegen, an anderer Stelle getan. Doch wenn einen die Lehren der Geschichte überhaupt leiten können, so sollte man sich daran erinnern, dass die meisten physikalischen Ideen an vorderster Front falsch sind. Andernfalls könnte jeder Mensch theoretische Physik betreiben. Es waren mehrere Jahrhunderte, wenn man bis zu den Griechen des Altertums zurückgeht, sogar mehrere Jahrtausende voller Treffer und Fehlschläge nötig, bis man das Standardmodell entwickelt hatte.

Und da sind wir nun. Warten gleich um die Ecke großartige neue experimentelle Erkenntnisse, die einige der größeren Spekulationen der theoretischen Physiker bestätigen oder widerlegen könnten? Oder stehen wir am Rand einer Wüste, wo die Natur uns keinen Hinweis gibt, in welcher Richtung wir suchen müssen, um die grundlegende Natur des Kosmos weiter zu erforschen? Wir werden es herausfinden, und wir werden so oder so mit der neuen Realität leben müssen.

Was immer die Natur für uns bereithalten mag – die jüngste Entdeckung des Higgs, die letzte und eine der größten experimentellen und theoretischen Errungenschaften des bemerkenswerten Standardmodells der Teilchenphysik, hat auf wunderschöne Weise die mehr als zwei Jahrtausende währende geistige Anstrengung kühner und entschlossener Philosophen, Mathematiker und Wissenschaftler gekrönt, das verborgene Gewebe aufzudecken, welches unserer Existenz zugrunde liegt.

Das lässt auch den Schluss zu, dass das wundervolle Universum, in dem wir uns befinden, einer Eisblume auf dem Fenster – zumindest metaphorisch – nicht nur ähnelt, sondern möglicherweise ebenso kurzlebig ist.

KAPITEL 23

VON EINER BIERPARTY ANS ENDE DER ZEIT

Denn das Wesen dieser Welt vergeht.

1. KORINTHER 7:31

Der Forschungsschwerpunkt, der einen großen Teil meiner beruflichen Laufbahn bestimmt hat, betraf ein aufstrebendes Gebiet der Kosmologie namens Teilchen-Astrophysik. Die Flut der theoretischen Entwicklungen in den 1960er- und 1970er-Jahren brachte es mit sich, dass terrestrische Experimente, eingeschränkt durch unsere Möglichkeiten, komplexe Maschinen wie Teilchenbeschleuniger zu bauen, nur schwer mithalten konnten. Deshalb wandten sich einige von uns dem Universum zu, um dort Wegweiser zu finden. Da der Urknall impliziert, dass das frühe Universum heiß und dicht war, müssen dort Bedingungen geherrscht haben, wie wir sie in irdischen Laboren möglicherweise nie erreichen werden. Doch wenn wir schlau sind, können wir draußen im Kosmos nach Überresten dieser frühen Zeiten suchen, und dabei gelingt es uns vielleicht, selbst unsere Ideen zu den esoterischsten Aspekten der Fundamentalphysik zu überprüfen.

Mein voriges Buch *Ein Universum aus Nichts* beschrieb die Umwälzungen in unserem Verständnis von der Evolution des Universums im großen Maßstab und über lange Zeiträume hinweg. Unsere Erkundungen haben nicht nur die Existenz der Dunklen Materie enthüllt, die sich, wie ich dargestellt habe, wahrscheinlich aus neuen, in Beschleunigern noch nicht beobachteten Teilchen zusammensetzt (obwohl wir kurz davorstehen dürften, sie zu finden). Wir haben zudem, was noch viel exotischer ist, entdeckt, dass die vorherrschende Energie des Universums im leeren Weltraum liegt – und derzeit haben wir keine Ahnung, wie sie zustande kommt.

Inzwischen sind wir durch unsere Beobachtungen beim neugeborenen Universum angekommen. Wir haben die feineren Details der Strahlung beobachtet, die wir als Kosmischen Mikrowellen-Hintergrund bezeichnen; sie stammt aus einer Zeit, in der das Universum gerade einmal 300 000 Jahre alt war. Unsere Teleskope führen uns zu den frühesten Galaxien, die sich möglicherweise eine Milliarde Jahre nach dem Urknall gebildet haben, und sie haben es uns erlaubt, riesige kosmische Strukturen zu kartieren, die Tausende Galaxien umfassen und sich über Hunderte Millionen Lichtjahre erstrecken – sie liegen verstreut inmitten der vielleicht hundert Milliarden Galaxien im sichtbaren Universum.

Um diese Merkmale zu erklären, stützen die Kosmologen sich auf eine Idee, die infolge der Entwicklung Großer Vereinheitlichter Theorien aufkam. 1981 erkannte Alan Guth, dass der symmetriebrechende Übergang, der auf der GUT-Skala sehr früh im Universum stattfinden könnte, möglicherweise von anderer Art ist als der Übergang, der die Symmetrie zwischen der schwachen Wechselwirkung und dem Elektromagnetismus bricht. Im Fall der GUT könnte das Higgs-ähnliche Feld, das im Raum kondensiert, um die GUT-Symmetrie zwischen der starken Kraft und der elektroschwachen Kraft zu brechen, für einen Moment in einem metastabilen hohen Energiezustand hängen bleiben, ehe es sich zu seiner finalen Konfiguration entspannt. Während es sich in dieser Konfiguration eines »falschen Vakuums« befände, würde das Feld Energie speichern, die freigesetzt würde, wenn das Feld sich schließlich zu seiner bevorzugten niedrigsten Energiekonfiguration entspannte.

Die Situation würde ein wenig dem ähneln, was Ihnen passieren könnte, wenn Sie eine große Party geplant und vergessen hätten, das Bier rechtzeitig im Kühlschrank zu verstauen. Sie legen das Bier dann in den Gefrierschrank und vergessen es während der Party. Am nächsten Tag entdecken Sie das Bier, öffnen eine Flasche und *Klirr!* – das Bier in der Flasche gefriert plötzlich, dehnt sich aus, zerbricht das Glas und verursacht eine ziemliche Sauerei. Ehe man den Verschluss entfernt, steht das Bier unter hohem Druck, und bei diesem Druck und dieser Temperatur nimmt das Bier den flüssigen Aggregatzustand ein. Sobald man aber den Kronkorken entfernt und den Druck ablässt, gefriert das Bier schlagartig. Während des Phasenübergangs wird Energie frei, weil das Bier sich zu seinem neuen Zustand entspannt – genug Energie, damit das sich ausdehnende Eis die Flasche zerlegen kann.

Stellen wir uns nun eine ähnliche Situation in kaltem Klima vor. An einem frischen und regnerischen Wintertag kann die Temperatur rasch unter den Gefrierpunkt fallen, sodass der Regen in Schnee übergeht. Wasserpfützen auf der Straße frieren vielleicht nicht sofort ein, besonders dann nicht, wenn sie von den Reifen hindurchfahrender Autos ständig bewegt werden. Später, wenn der Verkehr nachlässt, kann das Wasser plötzlich gefrieren, was auf der Straße gefährliches Glatteis entstehen lässt. Aufgrund der vorhergehenden Bewegung durch Autos und des raschen Temperaturabfalls war das Wasser in einer »metastabilen« Phase hängen geblieben – nämlich als Flüssigkeit. Schließlich kommt es jedoch zu einem Phasenübergang, und es bildet sich Glatteis. Weil der bevorzugte Grundzustand niedrigster Energie des Wassers bei so tiefen Temperaturen der feste Zustand ist, setzt die einfrierende Flüssigkeit die im metastabilen Flüssigzustand gespeicherte Energie frei.

Guth fragte sich, was im frühen Universum geschehen würde, wenn ein solches Verhalten während eines Übergangs der Großen

Vereinheitlichten Theorie aufträte. Wenn also irgendeine Art von Skalarfeld, das für diesen Übergang wie das Higgs-Feld agiert, für kurze Zeit in seinem ursprünglichen (die Symmetrie bewahrenden) Grundzustand bliebe, auch dann, wenn das Universum sich unter den Punkt abkühlt, an dem der neue (symmetriebrechende) Grundzustand als Kondensat zum bevorzugten Zustand würde. Guth erkannte, dass diese Art von Energie, die mit diesem Feld durch den gesamten Raum hindurch gespeichert würde, ehe der Übergang abgeschlossen ist, letztlich gravitativ abstoßend wirkte. Deshalb würde sie in mikroskopisch kurzer Zeit eine Ausdehnung des Universums verursachen – potenziell mit einem riesigen Faktor in einer Größenordnung von 25 oder mehr.

Als Nächstes fand er heraus, dass diese Phase der raschen Expansion, die er »Inflation« nannte, eine Reihe bestehender Paradoxa im Zusammenhang mit der Vorstellung des Urknalls lösen konnte – darunter die Fragen, warum das Universum in großen Maßstäben so gleichförmig ist und warum der dreidimensionale Raum auf großen Skalen geometrisch beinahe flach zu sein scheint. Ohne eine Inflation scheint beides unerklärlich zu sein. Das erste Problem wird gelöst, weil alle anfänglichen Inhomogenitäten während der raschen Expansion geglättet werden – wie ein schrumpeliger Ballon sich beim Aufblasen glättet. Wenn wir die Ballonanalogie noch weiter treiben, so könnte die Oberfläche eines Ballons, der sehr stark aufgeblasen wird – sagen wir, bis auf die Größe der Erde –, sehr flach aussehen, so wie Kansas beispielsweise. Während sich dadurch intuitiv eine zweidimensionale Oberfläche darbietet, ließe sich dieses Phänomen auch auf die dreidimensionale Krümmung des Raumes selbst anwenden. Nach der Inflation würde der Raum flach erscheinen – er würde nämlich dem Universum gleichen, in dem die meisten von uns schon zu leben glauben: Dort schneiden sich parallele Linien niemals, und die x-, y- und z-Achsen zeigen überall im Universum in die gleiche Richtung.

Nach dem Ende der Inflation würde die im falschen, den ganzen Raum durchdringenden Vakuumzustand gespeicherte

Energie freigesetzt. Dadurch würden Teilchen erzeugt und das Universum erneut auf hohe Temperatur erhitzt, woraus sich ein natürlicher und realistischer Anfangszustand für die anschließende normale heiße Urknall-Expansion ergeben hätte.

Es kam noch besser. Ein Jahr, nachdem Guth sein Modell vorgelegt hatte, führten einige Gruppen Berechnungen dazu durch, was mit den Teilchen und Feldern geschehen würde, wenn das Universum sich während der Inflation rasch ausdehnte. Sie entdeckten, dass kleine, zu einer frühen Zeit aus Quanteneffekten hervorgegangene Inhomogenitäten dann während der Inflation »eingefroren« würden. Nach dem Ende der inflatorischen Phase konnten diese kleinen Inhomogenitäten zu Galaxien, Sternen, Planeten und so weiter heranwachsen und auch einen Abdruck in der Kosmischen Mikrowellen-Hintergrundstrahlung (die englische Abkürzung CMB steht für *Cosmic Microsoft Background*)) hinterlassen, der exakt dem Muster entspricht, das man seither gemessen hat. Dennoch ist es möglich, mithilfe anderer Inflationsmodelle auch abweichende Vorhersagen für die CMB-Anisotropien zu erhalten (die Inflation ist derzeit eher ein Modell als eine Theorie, und weil experimentell kein einzigartiger Übergang gemäß der Großen Vereinheitlichten Theorie bestimmt worden ist, könnten viele verschiedene Varianten funktionieren.)

Die Inflation hält noch eine andere aufregende und eindeutigere Vorhersage bereit. Während der Phase der raschen Expansion sollten Kräuselungen im Raum, sogenannte Gravitationswellen, erzeugt werden. Diese Kräuselungen sollten eine weitere charakteristische Signatur im Mikrowellen-Hintergrund hervorrufen, nach der man suchen könnte. 2014 behauptete man für das sogenannte BICEP-Experiment, es habe ein Signal aufgefangen, das dem Signal der Vorhersage genau entsprach. Das löste sowohl bei den theoretischen als auch bei den Experimentalphysikern unglaubliche Aufregung aus. Zusammen mit Frank Wilczek verfasste ich einen Aufsatz. Wir wiesen nicht nur darauf hin, dass eine derartige Beobachtung eine Größenordnung der Symmetriebrechung anzeigen würde, die den Skalen der Symmetriebrechung der Großen Vereinheitlichten Theorie in Modellen mit Supersymmetrie recht gut entspreche, sondern auch darauf, dass die Gravitation der Beobachtung zufolge eindeutig eine Quantentheorie in kleinen Maßstäben sein müsse – eine Suche nach einer Quantentheorie der Gravitation sei also nicht unangebracht.

Leider erwies sich die BICEP-Bekanntmachung als verfrüht. Andere Hintergründe in unserer Galaxie konnten ein sehr ähnliches Signal erzeugt haben, und während ich dies schreibe, erscheint die Lage weiterhin düster – ohne eine eindeutige Bestätigung für Inflation oder Quantengravitation.

In jüngster Zeit – zwischen der Vervollständigung des ersten Entwurfs dieses Buches und dem Abschluss der Endfassung – wurden definitiv erstmals Gravitationswellen direkt beobachtet. Das geschah mit einer erstaunlichen Anordnung von Detektoren, dem Laser-Interferometer Gravitationswellen-Observatorium (LIGO) in Hanford, Washington, und Livingston, Louisiana. LIGO ist eine aufsehenerregende und ambitionierte Vorrichtung. Um die von kollidierenden Schwarzen Löchern in fernen Galaxien emittierten Gravitationswellen registrieren zu können, mussten die Experimentalphysiker imstande sein, eine (oszillierende) Längendifferenz zwischen zwei je 4 Kilometer langen, senkrecht zueinander angeordneten Detektorarmen aufzuspüren. Die zu messende Längendifferenz entspricht einem Tausendstel der Größe eines Protons – das ist, als würde man die Entfernung zwischen der Erde und dem nächsten Stern jenseits der Sonne, Alpha Centauri, mit einer Genauigkeit vom Durchmesser eines menschlichen Haares ermitteln!

So erstaunlich die Entdeckung von Gravitationswellen durch LIGO auch sein mag – die registrierten Wellen einer fernen astrophysikalischen Kollision stammen nicht direkt aus den frühesten Augenblicken des Urknalls. Doch der Erfolg von LIGO wird den Bau neuer Detektoren nach sich ziehen, sodass die Gravitations-Astronomie wahrscheinlich zur Astronomie des 21. Jahrhunderts werden wird.

Falls die Nachfolger von LIGO oder BICEP in diesem oder im nächsten Jahrhundert in der Lage sind, die Signatur von Gravitationswellen der Inflation direkt zu messen, werden sie uns einen Zugang zur Physik des Universums bieten, als es jünger als 10^{-36} Sekunden war. Außerdem werden sie es uns ermöglichen, unsere Vorstellungen von einer Inflation und sogar von der Großen Vereinheitlichung zu überprüfen und vielleicht sogar ein Licht auf die mögliche Existenz anderer Universen zu werfen, womit das, was heute Metaphysik ist, in Physik verwandelt würde.

Im Augenblick ist die Inflation jedoch nichts weiter als ein sehr gut begründeter Vorschlag, der die meisten Hauptfragen in der Kosmologie auf natürliche Weise zu lösen scheint. Doch auch wenn die Inflation der theoretische Kandidat für eine Erklärung der wichtigsten beobachteten Eigenschaften unseres Universums aus Grundprinzipien ist, gibt es da ein Problem: Sie beruht – zumindest tat sie das zu der Zeit, als ich mein letztes Buch schrieb – auf der Existenz eines neuen Skalarfeldes, das allein zu dem Zweck erfunden wurde, eine Inflation hervorzubringen und so abzustimmen, dass sie angestoßen wurde, als das sehr frühe Universum sich nach dem Urknall abzukühlen begann.

Vor der Entdeckung des Higgs-Teilchens war diese Spekulation bestenfalls plausibel. Ohne ein einziges bekanntes Beispiel für irgendein grundlegendes Skalarfeld war die Annahme, die Große Vereinheitlichte Symmetriebrechung könne aus einem *weiteren* einfachen Mechanismus nach Art des Higgs hervorgehen, eine Extrapolation, die nicht gerade auf festem Boden stand. Die Brechung der elektroschwachen Symmetrie war, wie ich geschildert habe, durch die Entdeckung von W- und Z-Teilchen klar. Doch das einfache Higgs-Feld hätte ein märchenhafter Platzhalter für einen weit komplizierteren und vielleicht weit interessanteren zugrunde liegenden Mechanismus sein können.

Inzwischen hat sich einiges geändert. Das Higgs existiert, und mit ihm anscheinend auch ein Skalarfeld im Hintergrund, das heute den gesamten Raum im Universum durchdringt, den Teilchen Masse gibt und die Eigenschaften eines Universums hervorbringt, in dem wir leben können. Wenn es wirklich eine Große Vereinheitlichte Theorie gibt, welche die drei Kräfte in einer einzigen vereint, muss sich damals, gleich zu Beginn der Zeit, eine Symmetriebrechung ereignet haben, sodass die drei bekannten nichtgravitativen Kräfte erst danach begonnen haben sollten, sich in ihren Eigenschaften auseinanderzuentwickeln. Und das Higgs zeigt, dass eine Symmetriebrechung in den Naturgesetzen als Resultat eines den ganzen Raum durchdringenden Skalarfeld-Kondensats stattfinden kann. Abhängig von den Details wird die Inflation somit zu einer weit natürlicheren und potenziell typischen Möglichkeit. Mein Kollege Michael Turner drückte es vor einiger Zeit (in Anlehnung an Alan Greenspan, den damaligen Vorsitzenden des Federal Reserve Board) so aus: »Zeiten der Inflation sind unvermeidlich!«

Diese Aussage dürfte vorausschauender gewesen sein, als man sich damals hätte vorstellen können. 1998 entdeckte man, dass unser Universum inzwischen einer neuen Variante der Inflation unterworfen ist, was einige frühere und ziemlich ketzerische Voraussagen von ein paar Leuten aus unserer Zunft bestätigte. Wie ich schon angedeutet habe, schließt dies auch ein, dass die vorherrschende Energie des Universums jetzt im leeren Raum zu existieren scheint; das ist die plausibelste Erklärung für die Tatsache, dass die beobachtete Expansion des Universums sich beschleunigt. Der Nobelpreis ging an Brian Schmidt, Adam Reiss und Saul Perlmutter, die dieses bemerkenswerte und weitgehend unerwartete Phänomen entdeckt hatten. Das wirft natürlich Fragen auf: Was könnte diese aktuelle, beschleunigte Expansion verursachen und was ist die Quelle dieser neuartigen Energie?

Hier bieten sich zwei Möglichkeiten an. Entweder könnte es sich um eine grundlegende Eigenschaft des leeren Raums handeln, eine Möglichkeit, die Albert Einstein vorhergesehen hatte, kurz nachdem er die Allgemeine Relativitätstheorie entwickelt hatte. Seiner Ansicht nach konnte diese eine, wie er es nannte, »kosmologische Konstante« enthalten, die aber, wie uns heute klar ist, einfach für einen Grundenergiezustand null des Universums stehen könnte, das in Zukunft unbegrenzt existieren wird.

Oder es könnte sich um Energie handeln, die in einem weiteren unsichtbaren Hintergrund-Skalarfeld im Universum gespeichert ist. In diesem Fall liegt die nächste Frage auf der Hand: Wird diese Energie in noch einem weiteren künftigen inflatorischen Phasenübergang freigesetzt werden, während das Universums beständig weiter abkühlt?

Inzwischen ist die Antwort in Reichweite. Während die theoretisch abgeleitete Energiedichte des leeren Raumes heute größer ist als die Energiedichte von allem, was wir im Universum sehen, ist sie – absolut betrachtet – in der Größenordnung der mit den Massen aller uns bekannten Elementarteilchen zusammenhängenden Energien extrem winzig. Niemand verfügt über eine vernünftige, auf den Grundprinzipien bekannter Mechanismen der Teilchenphysik beruhende Erklärung dafür, wie der Energiegrundzustand des Universums nicht null – was auf Einsteins kosmologische Konstante hinausliefe – und doch so klein sein könnte, dass er die Art sachter Beschleunigung zuließe, die wir nun erleben. (Eine plausible Erklärung gibt es – wir verdanken sie zuerst Steve Weinberg –, obwohl sie sehr spekulativ ist und sich auf äußerst spekulative Vorstellungen über eine mögliche Physik stützt, die weit jenseits all dessen liegt, was wir derzeit verstehen. Falls es viele Universen gibt und die Energiedichte im leeren Raum unter der Annahme, es handle sich um eine kosmologische Konstante, nicht durch elementare physikalische Einschränkungen festgelegt ist, sondern stattdessen von Universum zu Universum zufallsbestimmt variiert, dann könnten sich Galaxien nur in den Universen bilden, in denen die Energie des leeren Raums nicht viel größer ist als der von uns gemessene Wert; nur dann könnten Sterne entstehen, und nur dann Planeten, und nur dann Astronomen …)

Indessen besitzt niemand ein vernünftiges Modell für einen neuen Phasenübergang, den man für die Teilchenphysik vorhersagt und der ein neues Skalarfeld einschließt, das heute einen derart kleinen Energiebetrag im Raum speichern würde. Mit vernünftig meine ich hier ein Modell, das nicht nur diejenigen plausibel finden, die es vorschlagen.

Nichtsdestoweniger ist das Universum so, wie es ist, und die Tatsache, dass die aktuelle grundlegende Theorie keine aus Grundprinzipien hergeleitete Vorhersage macht, die etwas so Fundamentales wie die Energie des leeren Raums erklärt, hat nichts Mystisches an sich. Wie schon gesagt, fehlendes Verständnis ist *kein* Beleg für Gott. Es ist lediglich ein Beleg für fehlendes Verständnis.

Da wir die Quelle der theoretisch abgeleiteten Energie im leeren Raum nicht kennen, steht es uns frei, das Beste zu hoffen. In diesem Fall bedeutet das möglicherweise die Hoffnung, dass die Erklärung der kosmologischen Konstante korrekt ist und sie nicht auf ein bislang unentdecktes Skalarfeld zurückzuführen ist, das sich eines Tages zu einem neuen Zustand entspannt und die derzeit im Raum gespeicherte Energie freisetzt.

Erinnern wir uns: Wegen der Kopplung des Higgs-Feldes an die übrige Materie im Universum änderten sich die Eigenschaften der Materie und der Kräfte, welche die Interaktionen der Materie lenken, in dem Augenblick dramatisch, in dem das Feld zu seinem die elektroschwache Symmetrie brechenden Zustand kondensierte.

Wenn es nun also einen ähnlichen, irgendwann in der Natur stattfindenden Phasenübergang mit einem neuen Skalarfeld im Raum gibt, dann könnte es mit der Stabilität der Materie, wie wir sie kennen, zu Ende sein. Galaxien, Sterne, Planeten, Menschen, Politiker und alles, was wir jetzt sehen, könnten buchstäblich verschwinden. Die einzige gute Nachricht (wenn man vom Verschwinden der Politiker absieht) lautet, dass der Phasenübergang – unter der Annahme, er beginnt mit einem kleinen Keimling an einem bestimmten Ort unseres Universums (so, wie kleine Staubkörnchen dazu beitragen können, die Bildung der Eisblumen auf unserer Fensterscheibe einzuleiten oder die Ausbildung von Schneeflocken auf ihrem Weg zum Boden) – sich dann mit

Lichtgeschwindigkeit durch das Weltall ausbreiten wird. Wir werden nicht wissen, was uns treffen wird, bis es geschehen ist, und danach wird keiner mehr da sein, der es weiß.

Hier dürfte der neugierige Leser bemerkt haben, dass all diese Diskussionen sich auf mögliche neue Skalarfelder in der Natur beziehen. Was hat es mit dem Higgs-Feld des Standardmodells auf sich? Könnte es bei all diesen aktuellen kosmischen Faxen eine Rolle spielen? Könnte das Higgs-Feld Energie speichern und für die Inflation verantwortlich sein, entweder im frühen Universum oder jetzt? Könnte das Higgs-Feld sich vielleicht nicht in seinem finalen Grundzustand befinden, und wird sich ein weiterer Phasenübergang ereignen, der die Konfiguration der elektroschwachen Kraft sowie die Massen der Teilchen im Standardmodell ein weiteres Mal verändert?

Gute Fragen. Und die Antwort auf all diese Fragen lautet: Wir wissen es nicht.

Das hat eine Reihe von Theoretikern nicht davon abgehalten, über diese Möglichkeit zu spekulieren. Mein Lieblingsbeispiel – nicht weil es besser ist als die anderen, sondern weil es eine Spekulation ist, die ich zusammen mit meinem Kollegen James Dent kurz nach der Entdeckung des Higgs angestellt habe – läuft darauf hinaus, dass das Higgs vielleicht tatsächlich eine Rolle bei der beobachteten kosmischen Expansion spielt. Wie einige Autoren erkannt haben, kann die Existenz eines Hintergrundfeld-Kondensats mitsamt den Teilchen, aus denen es besteht, ein einzigartiges Fenster oder »Portal« bieten, das vielleicht eine ansonsten unerwartete Empfindlichkeit für die Existenz anderer, Higgs-ähnlicher Felder in der Natur haben könnte – unabhängig davon, wie schwach ihre direkte Kopplung an die im Standardmodell beobachteten Teilchen auch sein mag.

Wenn es das Higgs-Teilchen und andere, Higgs-ähnliche Teilchen tatsächlich gibt – vielleicht in der Größenordnung der Großen Vereinheitlichten Theorie –, so kann es sein, dass das physikalische Higgs, das am CERN entdeckte Teilchen, eine leichte Beigabe zwischen dem Higgs der schwachen Wechselwirkung und einem weiteren Higgs-ähnlichen Teilchen ist. (In dieser Hinsicht lassen wir uns von der Physik der Neutrinos leiten, in der ähnliche Phänomene eine zentrale Rolle für das Verständnis von Neutrinos spielen, die beispielsweise aus nuklearen Reaktionen in der Sonne stammen und auf der Erde gemessen werden.) Wenn das Higgs-Feld der schwachen Wechselwirkung im leeren Raum kondensiert, könnte das – zumindest ist es dann möglich, so zu argumentieren – die Kondensation eines anderen Higgs-ähnlichen Feldes stimulieren, dessen Eigenschaften es ihm erlauben würden, genau die passende Energie zu speichern, welche die heute beobachtete Inflation des Universums erklärt. Die Mathematik, die man braucht, um dies geschehen zu lassen, ist tatsächlich ziemlich verwickelt – das Modell ist hässlich. Aber wer weiß. Vielleicht ist es hässlich, weil wir den richtigen Rahmen, in den es einzubetten ist, nicht gefunden haben.

Dieses Szenario weist jedoch ein attraktives Merkmal auf, das seine Erwähnung etwas weniger eigennützig erscheinen lässt. Die vom zweiten Feld getragene Energie, welche die aktuell gemessene beschleunigte Expansion des Universums von heute antreiben würde, wird in diesem Bild wahrscheinlich in einem neuen Phasenübergang freigesetzt werden, in dem das Universum seinen wahren Grundzustand erreicht. Weil das neue Feld in diesem Fall sehr schwach mit allen beobachteten Teilchen gekoppelt sein kann, wird dieser Übergang im Gegensatz zu vielen anderen Möglichkeiten für künftige Phasenübergänge in unserem Universum keine merkliche Veränderung in den beobachteten Eigenschaften der bekannten Teilchen in der Natur verursachen. Kurz, wenn das Modell richtig ist, dürfte das Universum, wie wir es kennen, überleben.

Es könnte aber zu früh sein, das zu feiern. Unabhängig von solchen Spekulationen hat die Entdeckung des Higgs-Teilchens das Gespenst einer weit weniger optimistischen Möglichkeit heraufbeschworen. Eine Zukunft, in der die beobachtete Beschleunigung des Universums ewig weitergeht, ist zwar eine elende Zukunft, zumindest, was das Leben und die Möglichkeit zur

Erforschung des Universums betrifft: Am Ende werden alle Galaxien, die wir im Moment beobachten können, schneller als das Licht vor uns zurückweichen und schließlich von unserem Horizont verschwinden, wodurch ein kaltes, dunkles und leeres Universum zurückbliebe. Doch die Zukunft, die sich wegen eines Higgs-Feldes mit der 125-fachen Masse des Protons ergeben könnte, wäre vielleicht weit schlimmer.

Wenn wir für einen Moment davon ausgehen, dass das Standardmodell nicht durch eine Menge neues Zeug bei hoher Energie ergänzt wird, so lassen Berechnungen für eine Higgs-Masse, die mit der zulässigen Spanne des beobachteten Higgs zusammenfällt, den Schluss zu, dass das bestehende Higgs-Feld-Kondensat am Rand der Instabilität schwankt – es könnte nämlich von seinem aktuellen Wert zu einem völlig anderen Wert übergehen, der mit einem niedrigeren Energiezustand zusammenhängt.

Falls ein solcher Übergang stattfindet, ändert normale Materie, wie wir sie kennen, ihre Form, und Galaxien, Sterne, Planeten und Menschen verschwinden höchstwahrscheinlich wie die Eisblume an einem warmen, sonnigen Morgen.

Für diejenigen, die Horrorstorys mögen, hat man eine weitere, noch gruseligere Möglichkeit vorgeschlagen. Es gibt vielleicht eine Instabilität, die das Higgs-Feld veranlassen würde, unaufhörlich an Größe zuzunehmen. Ein solches Wachstum würde letztlich dazu führen, dass die von dem evolvierenden Higgs-Feld gespeicherte Energie negativ werden könnte. Das könnte das gesamte Universum in einer verheerenden Umkehrung des Urknalls (engl. *Big Bang*) wieder kollabieren lassen – in einem sogenannten Big Crunch (dtsch. etwa »großes Zusammenkrachen«). Die Daten machen diese Möglichkeit zum Glück sehr unwahrscheinlich, so poetisch sie manchem auch erscheinen mag.

Was das Szenario betrifft, bei dem alles, was wir jetzt sehen, verschwindet, wenn das Higgs einem plötzlichen Übergang zu einem neuen Grundzustand unterworfen ist, möchte ich hervorheben, dass der Wert der Higgs-Masse, wie wir ihn derzeit messen, Stabilität begünstigt, aber hinreichend unsicher ist, um auf jede der beiden Seiten kippen zu können. Dabei entstünde entweder das offenbar stabile Vakuum, in dem wir gerade gedeihen, oder es würde ein derartiger Übergang begünstigt. Wie ich betont habe, beruht dieses Szenario zudem auf Berechnungen, die allein im Rahmen des Standardmodells erfolgt sind. Jede neue Physik, die am LHC oder andernorts entdeckt werden könnte, würde das Bild vielleicht vollkommen ändern und das stabilisieren, was sonst ein instabiles Higgs-Feld wäre. Und da wir aus gutem Grund sicher sind, dass noch neue Physik zu entdecken bleibt, gibt es derzeit keinen Anlass zur Verzweiflung.

Und falls das für all jene kein ausreichender Trost ist, die immer noch fürchten, das Schicksal des Universums könnte das von mir gerade geschilderte, elendigere sein: Die gleichen Berechnungen, die das nahelegen, lassen auch den Schluss zu, dass unsere derzeitige metastabile Konfiguration der Wirklichkeit nicht nur für Milliarden Jahre bestehen könnte, sondern für Milliarden Milliarden Milliarden Jahre.

Ungeachtet der Sorgen um die Zukunft ist jetzt der passende Zeitpunkt, noch einmal zu betonen, dass es dem Universum absolut egal ist, was wir gerne hätten oder ob wir überleben. Seine dynamischen Abläufe setzen sich fort, ob es uns nun gibt oder nicht. Aus diesem Grund fühle ich mich von dem Untergangsszenario, das ich eben beschrieben habe, merkwürdig angezogen. In diesem Fall wird der bemerkenswerte Zufall, der für unsere Existenz verantwortlich ist – die Kondensation eines Feldes, das die derzeitige Stabilität der Materie, der Atome und des Lebens selbst ermöglicht –, als kurzfristiger Glücksfall betrachtet.

Die weiter oben beschriebenen imaginären Wissenschaftler, die auf dem Mittelast einer Eisblume auf der Fensterscheibe leben, entdecken zuerst, dass in ihrem Universum eine der Richtungen eine ganz besondere ist (eine Tatsache, die von den Theologen in einer solchen Gesellschaft zweifellos als Beispiel für die Liebe Gottes gefeiert würde). Wenn sie tiefer schürfen, dürften sie zudem entdecken, dass dieser besondere Umstand nur ein

Zufall ist und dass es andere Eisblumen geben kann, in denen andere Richtungen bevorzugt werden.

Und so haben auch wir entdeckt, dass unser Universum mit seinen Kräften und Teilchen und dem erstaunlichen Standardmodell (aus dem sich der bemerkenswerte Glücksfall eines expandierenden Universums mit Sternen und Planeten und Leben, das ein Bewusstsein entwickeln kann, ergibt) ein einfacher Zufall ist. Ermöglicht wurde er, weil das Higgs-Feld genau in der Weise kondensierte, wie es geschah, als das Universum sich in einem frühen Stadium seiner Geschichte entwickelte.

Und während die imaginären Wissenschaftler auf der hypothetischen Eisblume noch ihre Entdeckungen feiern, wie wir das zu tun pflegen, könnte ihnen verborgen bleiben, dass bald die Sonne aufgehen und ihre Eisblume schmelzen wird, worauf alle Spuren ihrer kurzen Existenz verschwänden. Wäre die Begeisterung während ihrer kurzen Existenz dadurch weniger mitreißend gewesen? Sicher nicht. Falls unsere Zukunft ähnlich vergänglich sein sollte, können wir uns zumindest über den wilden Ritt freuen, den wir geschafft haben, und jeden Aspekt der – bis auf Weiteres – größten Geschichte aller Zeiten genießen.

EPILOG

KOSMISCHE DEMUT

Denn du bist Erde und sollst zu Erde werden.

1. MOSE 3:19

Hier sind Tränen dem Leid, und das Herz rührt menschliches Schicksal.«

So sprach Vergil, als er das erste große Epos des klassischen Zeitalters niederschrieb. Diese Worte habe ich als Motto für dieses Buch gewählt, weil die Geschichte, die ich erzählen wollte, nicht nur ebenso viel Dramatik, menschliche Tragödien und Begeisterung enthält, sondern letztlich von einer ähnlichen Absicht inspiriert wurde.

Warum betreiben wir Wissenschaft? Zum Teil sicher deswegen, weil wir unsere Umwelt damit stärker kontrollieren können. Indem wir das Universum besser verstehen, können wir die Zukunft präziser vorhersagen und Gerätschaften bauen, die die Zukunft ändern könnten – hoffentlich zum Besseren.

Was uns letztlich dazu bringt, Wissenschaft zu betreiben, beruht aber meiner Ansicht nach vor allem auf dem Drang, unsere Ursprünge, unsere Sterblichkeit und am Ende uns selbst zu verstehen. Wir sind von Natur aus darauf angelegt, durch das Lösen von Rätseln zu überleben, und dieser evolutionäre Vorteil hat uns im Lauf der Zeit den Luxus ermöglicht, dass wir Rätsel jeglicher Art lösen möchten – auch solche, die weniger dringend sind, als

Nahrung zu finden oder einem Löwen zu entkommen. Und welches Rätsel ist verführerischer als das Rätsel unseres Universums?

Die Menschheit hatte in ihrer Evolution keine Wahl. Wir befinden uns auf einem 4,5 Milliarden Jahre alten Planeten in einer 12 Milliarden Jahre alten Galaxie und in einem 13,8 Milliarden Jahre alten Universum mit möglicherweise 100 Milliarden Galaxien, das sich immer schneller in eine Zukunft ausdehnt, die wir noch nicht vorhersagen können.

Was fangen wir nun mit dieser Information an? Liegt darin eine besondere Bedeutung für das Verständnis unserer eigenen Geschichte als Menschen? Wie können wir uns inmitten dieser kosmischen Grandiosität und Tragödie mit unserer eigenen Existenz versöhnen?

Für die meisten Menschen führen die zentralen Fragen der Existenz letztlich auf transzendentale Fragen zurück: Warum gibt es überhaupt ein Universum? Warum gibt es uns?

Welche Annahmen man auch mit der Frage »Warum?« verbinden mag: Wenn wir das »Wie« besser verstehen, wird sich das »Warum« schärfer abzeichnen. In meinem letzten Buch habe ich dargestellt, was die Wissenschaft zur ersten der oben genannten Fragen zu sagen hat. Die hier erzählte Geschichte bietet das, was ich für die beste Antwort auf die zweite Frage halte.

Angesichts des Mysteriums unserer Existenz haben wir zwei Möglichkeiten zur Auswahl. Wir können annehmen, uns komme eine besondere Bedeutung zu und das Universum sei für uns geschaffen worden. Für viele ist das die bequemste Wahl. Sie wurde von frühen Stammesgesellschaften getroffen, die der Natur menschliche Züge zuwiesen und damit zu verstehen hofften, was andernfalls eine feindliche, oft um Leid und Tod kreisende Welt gewesen wäre. Es ist die Wahl, die fast alle Weltreligionen getroffen haben – jede von ihnen behauptet, eine eigene Lösung für das Dilemma unserer Existenz zu besitzen.

Diese Entscheidung, welche Erzählung man übernimmt, hat zur heiligen Schrift einer Kultur geführt – dem Neuen Testament, das gelegentlich als die größte Geschichte aller Zeiten bezeichnet worden ist. Es ist die Geschichte darüber, wie diese Gesellschaft ihre eigene mutmaßliche Gottheit entdeckt hat. Wenn ich aber Zeuge von Kriegen und Morden werde, die darauf beruhen, welche Gebete wir sprechen sollen, welche Menschen wir zu heiraten oder welchem Propheten wir zu folgen haben, erinnert mich das unvermeidlich wieder an Gulliver, der Gesellschaften entdeckte, die wegen der Frage Krieg führten, welche Weise Gott vorgegeben hatte, um ein Ei aufzuschlagen.

Die zweite Möglichkeit beim Umgang mit diesen transzendentalen Mysterien läuft darauf hinaus, dass man im Vorhinein keine Annahmen über die Antwort macht. Was zu einer anderen Geschichte führt. Eine, die ich für bescheidener halte. In dieser Geschichte entwickeln wir uns in einem Universum, dessen Gesetze unabhängig von unserer eigenen Existenz vorhanden sind. In dieser Geschichte überprüfen wir die Details, um zu erkennen, ob sie vielleicht falsch sind. In dieser Geschichte können wir bei jeder Wendung überrascht werden.

Die Geschichte, die ich hier geschrieben habe, schildert ein menschliches wie auch ein universelles Drama. Sie beschreibt die wagemutigste geistige Suche, die Menschen je unternommen haben. Für diejenigen, die so etwas bevorzugen, enthält sie sogar biblische Allegorien. Nach der Entwicklung des Standardmodells wanderten wir 40 Jahre lang durch die Wüste, ehe wir das Gelobte Land entdeckten. Die Wahrheit, oder zumindest so viel Wahrheit, wie wir heute kennen, wurde uns in einer Form offenbart, die den meisten Menschen als unverständliches Gekritzel erscheint – in der Mathematik der Eichtheorien. Diese wurden uns nicht auf goldenen Schrifttafeln durch einen Engel übermittelt, sondern durch praktischere Mittel: auf dem Papier von Labortagebüchern, angefüllt von der harten Arbeit einer Legion von Individuen, die wussten, dass ihre Behauptungen daraufhin überprüft werden konnten, ob sie die reale Welt – die Welt der Beobachtungen und Experimente – richtig modellierten. Doch ebenso wichtig wie die Art, in der wir hier angekommen sind, ist die Tatsache, dass wir jetzt so weit gekommen sind.

Was können wir an dieser Stelle der Geschichte darüber ableiten, warum wir hier sind? Die Antwort scheint umso bemerkenswerter, weil sie genau jetzt explizit die tief reichende Tatsache enthüllt, dass das Universum unserer Erfahrung ein Schatten der Wirklichkeit ist.

Ich habe dieses Buch auch mit einem Zitat des Naturforschers J. A. Baker aus seinem Buch *Der Wanderfalke* eingeleitet: »Am schwierigsten ist es, das zu sehen, was tatsächlich da ist.« Der Grund war, dass die Geschichte, die ich erzählt habe, das tiefgründigste mir bekannte Beispiel für diese kluge Bemerkung ist.

Anschließend habe ich Platos Höhlengleichnis geschildert, weil ich keine bessere oder lyrischere Darstellung der Wissenschaftsgeschichte kenne. Der Triumph der menschlichen Existenz bestand darin, sich von den Ketten zu befreien, die uns von unseren eingeschränkten Sinnen auferlegt sind, und intuitiv erkannt zu haben, dass jenseits unserer Erfahrungswelt eine Wirklichkeit liegt, die oft erheblich seltsamer ist. Es ist eine Realität, deren mathematische Schönheit zwar unantastbar sein dürfte, aber auch eine Realität, in der unsere Existenz – mehr, als wir uns das vielleicht im Vorhinein jemals hätten vorstellen können – zu einer bloßen Zugabe wird.

Wenn wir heute fragen, warum die Dinge sind, wie sie sind, lautet die beste mögliche Antwort, dass sie infolge eines Zufalls in der Geschichte des Universums so geworden sind – infolge des Zufalls, dass ein Feld im leeren Raum in einer bestimmten Weise kondensierte. Wenn wir überlegen, welche Bedeutung das haben könnte, könnten wir ebenso gut darüber sinnieren, welche Bedeutung jene spezielle Eisblume hat, die wir im morgendlichen Frost an einer Fensterscheibe sehen. Die Regeln, die unseren Weg ins Dasein ermöglicht haben, sind es anscheinend ebenso wenig wert, dass man für sie kämpft und stirbt, wie eine Klärung der Frage, ob im Universum der Eisblume »aufwärts« wirklich besser ist als »abwärts«, oder ob es besser ist, ein Ei von der Spitze oder von der Basis her zu knacken.

Unsere primitiven Vorfahren überlebten vor allem deswegen,

weil sie erkannten, dass die Natur zwar bemerkenswert war, aber auch feindlich und gewalttätig sein konnte. Der wissenschaftliche Fortschritt hat deutlich gemacht, wie gewalttätig und feindlich das Universum tatsächlich für das Leben sein kann. Doch auch wenn man diese Tatsache anerkennt, ist das Universum deswegen nicht weniger erstaunlich. In einem solchen Universum ist viel Raum für Ehrfurcht, Bewunderung und Aufregung. Die Anerkennung dieser Tatsache gibt uns eher noch mehr Grund, unsere Ursprünge und unser Überleben zu feiern.

Die Ansicht, ein Universum, in dem es für unsere Existenz keinen Zweck zu geben scheint, sei selbst ohne Bedeutung oder ohne Wert, beruht auf einem beispiellosen Solipsismus, weil sie suggeriert, ohne uns sei das Universum wertlos. Das größte Geschenk, das die Wissenschaft uns geben kann, ist die Möglichkeit, unser Bedürfnis zu überwinden, der Mittelpunkt der Existenz zu sein – gerade dann, wenn wir das Privileg zu schätzen lernen, Zeuge dieses wunderbaren Zufalls zu sein.

Wie in Platos Gleichnis spielte auch in unserer Geschichte das Licht eine wichtige Rolle. Unsere sich wandelnde Wahrnehmung des Lichts brachte uns ein sich wandelndes Verständnis vom wahren Wesen des Raumes und der Zeit. Und diese sich wandelnde Wahrnehmung machte letztlich klar, dass sogar dieser Bote der Wirklichkeit, der für uns und unsere Existenz so entscheidend ist, seinerseits nur die glückliche Folge eines kosmischen Zufalls ist. Eines Zufalls, der eines Tages vielleicht revidiert werden wird.

In diesem Sinne sollte man sich klarmachen, dass auf das zu Beginn dieses Epilogs zitierte Motto aus Vergils *Aeneis* der hoffnungsvolle Ausruf »Zage nicht mehr« folgt. Eine Zukunft, die vielleicht unser eigenes Ende mit sich bringen könnte, verleugnet die majestätische Natur der Reise nicht, die wir immer noch unternehmen.

Und somit ist die Geschichte, die ich hier erzählt habe, natürlich nicht die ganze Story. Im Vergleich zu dem, was wir im Moment verstehen, gibt es wahrscheinlich weit mehr, was wir nicht verstehen. Während die Story sich weiter entfaltet, wird sich unser Verständnis der Wirklichkeit auf der Suche nach Bedeutung sicherlich verändern. Ich höre oft, dass es einiges gibt, wozu die Wissenschaft nie imstande sein wird. Nun, wie können wir das wissen, solange wir es nicht ausprobiert haben?

Wie das Schicksal so spielt: Ich schreibe diese letzten Worte an dem Schreibtisch sitzend, an dem Christopher Hitchens, mein inzwischen verstorbener Freund und Mitverschwörer im Kampf gegen Mythen und Aberglauben, sein Meisterwerk *God is not Great* (*Der Herr ist kein Hirte: Wie Religion die Welt vergiftet*) verfasste. Das Gefühl, dass meine Worte hier durch seine Präsenz gelenkt werden, ist schwer abzuschütteln – obwohl er, wie ich weiß, der Erste wäre, der mich daran erinnern würde, dass solche Gefühle in meinem Kopf entstehen und nicht aus etwas hervorgehen, das kosmisch bedeutsamer wäre. Doch der Titel seines Buches unterstreicht, dass menschliche Geschichten, die er so sehr schätzte und so brillant beschrieb, im Vergleich zu der Geschichte, zu deren Entdeckung die Natur uns getrieben hat, verblassen. Und so verblassen auch die menschlichen Geschichten über Gott im Vergleich zur echten *größten Geschichte aller Zeiten*.

Diese Story ist definitiv keine Geschichte, die der Vergangenheit eine besondere Bedeutung zumisst. Über den Weg, den wir genommen haben, können wir nachdenken – wir können ihn sogar feiern –, doch die größte Befreiung und der größte Trost der Wissenschaft ergeben sich möglicherweise aus ihrer großartigsten Lektion – dass die besten Teile der Geschichte noch geschrieben werden können.

Diese Möglichkeit macht das kosmische Drama unserer Existenz ganz sicher lohnenswert.

DANK

Dieses Buch ist zum Teil als Tribut an all jene entstanden, die dazu beigetragen haben, unser Verständnis des Universums auf den heutigen Stand zu bringen. Weil ich die Wissenschaft wie die Geschichte korrekt und angemessen darstellen wollte, wandte ich mich nach Abschluss der ersten Version dieses Buches an einige meiner Kollegen, die mir halfen, beides zu überprüfen. Ich erhielt daraufhin Kommentare sowie nützliche Vorschläge und Korrekturen, und ich möchte Sheldon Glashow und Wally Gilbert für ihre Anregungen danken, genau wie Richard Dawkins. Besonderen Dank schulde ich einem meiner Kollegen (er wollte lieber anonym bleiben), den ich wegen seiner Beiträge als Wissenschaftler und seiner wissenschaftlichen Integrität am meisten bewundere; er hat das Manuskript sehr sorgfältig gelesen und zahlreiche Korrekturen vorgeschlagen. Außerhalb der Welt der Naturwissenschaft bat ich einen Freund, mir seine Gedanken zum Manuskript mitzuteilen; er gehört zu den Schriftstellern, die ich am meisten bewundere, und ist auch ein wunderbarer Freund der Wissenschaft. Cormac McCarthy, der sich erstaunlicherweise freiwillig bereit erklärt hatte, die Paperback-Version meines früheren Buches *Quantum Man* zu redigieren, ging erneut jede Seite des Manuskripts durch, die er erhielt, und fügte Kommentare und Vorschläge hinzu, um »das Buch perfekt zu machen«, wie er selbst sagte. Ich werde mich nicht erdreisten zu behaupten, dass es das nun ist, kann aber sagen, dass es dank seiner Freundlichkeit, Klugheit und Begabung viel besser geworden ist.

Selbstverständlich wäre dieses Buch nie geschrieben worden, wenn mein neuer Agent und alter Freund John Brockman und seine Leute nicht so geschickt darin gewesen wären, einen Verleger zur Veröffentlichung zu bringen. Zum Glück ergab es sich zudem, dass meine Lektorin für dieses Buch auch meine Lektorin bei *Ein Universum aus Nichts* gewesen war – Leslie Meredith von Atria Books. Leslie ist nicht nur eine Geistesverwandte, sondern war glücklicherweise auch ein wunderbarer Spiegel, der die Ideen in diesem Buch reflektierte. Sie brachte mich dazu, verschiedene wissenschaftliche Erörterungen deutlicher zu machen, auch wenn ich meinte, sie seien bereits klar genug. Außerdem ermutigte sie mich, mich mit meiner festen Überzeugung bezüglich der Notwendigkeit, dass Wissenschaftler sich zu wissenschaftlichem Unsinn äußern, nicht zurückzuhalten.

Als ich vor der mühsamen Aufgabe stand, eine Fülle bedeutsamer Korrekturen in der letzten Version dieses Manuskripts durchzusehen, wusste ich, dass ich Sicherheit, Unterstützung und Abgeschiedenheit in dem Heim finden konnte, das meine wunderbare Frau Nancy, die mich unzählige Male gerettet und inspiriert hat, für uns bereitet, und dass meine Stieftochter Santal die Tippgeräusche aus dem Büro direkt über ihrem Schlafzimmer spätabends still tolerieren würde. Meine Mitarbeiter beim Origins-Projekt, insbesondere meine stellvertretende Direktorin und rechte Hand Amelia Huggins sowie meine langjährige Assistentin am ASU, Jessica Strycker, sprangen ein, als ich meine normale Tätigkeit für die Arbeit an diesem Buch unterbrechen musste, und gaben mir die nötige Unterstützung und Zeit. Und Thomas Houlon und Patty Barnes in Phoenix, die mich zu diesem Buch und anderen ermutigten, haben oft bei einem Frühstück ihre Ansichten zu zahlreichen Darstellungen geäußert, die ich ihnen während der Arbeit daran präsentierte.

Schließlich, als ich mich der letzten Runde näherte, wurde mir von meiner Freundin Carol Blue, der Witwe von Christopher Hitchens, und ihrem Vater Edwin Blue angeboten, ein Gästehaus zu nutzen, in dem Christopher viele Essays und Bücher verfasst hatte, darunter auch *God is Not Great – Gott ist kein Hirte*. Ich kann mir keinen inspirierenderen Ort für den Abschluss meines Buches vorstellen, und ich kann nur hoffen, dass die letzte Version wenigstens einen kleinen Bruchteil der Eloquenz in sich trägt, die für Christophers Schreiben so charakteristisch gewesen ist.

BIBLIOGRAFISCHER HINWEIS

Für die Übersetzung haben wir Zitate aus folgenden Werken verwendet:

John Alec Baker, *Der Wanderfalke,* übers. von Andreas Jandl u. Frank Sievers, Matthes & Seitz, Berlin 2014.

Paul Arthur Schilpp (Hg.), *Albert Einstein als Philosoph und Naturforscher,* Vieweg, Wiesbaden 1983.

Werner Heisenberg, *Der Teil und das Ganze: Gespräche im Umkreis der Atomphysik,* Piper, München 1969.

REGISTER

Das Original erschien 2017 unter dem Titel
The Greatest Story Ever Told – So Far: Why Are We Here?
bei Atria Books, Simon & Schuster, Inc., New York.

MIX
Papier aus verantwortungsvollen Quellen
FSC® C014496
FSC
www.fsc.org

Verlagsgruppe Random House FSC® N001967

1. Auflage

Neumarkter Straße 28, 81673 München
Redaktion: Manuela Knetsch
Satz: Vornehm Mediengestaltung GmbH, München
Druck und Einband: GGP Media GmbH, Pößneck
Printed in Germany
ISBN 978-3-8135-0660-0

www.knaus-verlag.de